LEHRBÜCHER UND MONOGRAPHIEN
AUS DEM GEBIETE DER
EXAKTEN WISSENSCHAFTEN
13

MINERALOGISCH-GEOTECHNISCHE REIHE

BAND II

DIE BEWEGUNGSGRUPPEN

DER

KRISTALLOGRAPHIE

VON

Johann Jakob Burckhardt

Springer Basel AG

1947

ISBN 978-3-0348-4038-5   ISBN 978-3-0348-4110-8 (eBook)
DOI 10.1007/978-3-0348-4110-8

Meiner Frau gewidmet

VORWORT

«Man kann wohl sagen, daß der Logos, der heute den Zugang zur Natur im Großen und im Kleinen aufschließt, der Gruppenbegriff ist. Er gestattet die Aufstellung von Raumformen für den Kosmos so gut wie die Aufsuchung der möglichen Anordnungen der Atome im Kristall. Auf ihn muß sich auch die Kunst gründen.»
(ANDREAS SPEISER, Die mathematische Denkweise, Zürich 1932.)

Mich heute von dieser Arbeit zu trennen, fällt mir schwer: Während zwanzig Jahren war sie mein Stab und meine Stütze zugleich. Denke ich aber daran, allen Freunden, die mir je und je zum guten Gelingen geholfen haben, danken zu können, so wird mir leichter. Ihre Unterstützung gab mir die Kraft, trotz widrigster Umstände doch noch das Ziel zu erreichen.

ANDREAS SPEISER machte mich mit der Gruppentheorie vertraut und zeigte mir das weite Land, das der Erforschung offensteht. Auch ich habe in seiner «Theorie der Gruppen von endlicher Ordnung» stets wieder Anregung für meine Arbeit gefunden. In einem großen Kreis von Freunden in Göttingen wurde mein Blick weiter, und ich verdanke insbesondere den Vorlesungen von G. HERGLOTZ mehrere Ansätze zur Bewältigung der vorliegenden Aufgabe. In vielen Gesprächen hat mir F. BÄBLER während der Abfassung des Manuskriptes den Stoff formen helfen und manchen wertvollen Ratschlag erteilt. Den unmittelbaren Anlaß zur Darstellung verdanke ich einer freundlichen Aufforderung von B. L. VAN DER WAERDEN. Er hat das Manuskript gelesen und vielfache Verbesserungen angebracht, insbesondere bei der Darstellung der Kristallklassen. Durch seine Vermittlung sollte das Buch in der Sammlung «Grundlehren der mathematischen Wissenschaften» des Springer-Verlages erscheinen, was aber durch die Zeitumstände verunmöglicht wurde. So harrte das Manuskript seit dem Herbst 1943 der Drucklegung.

Unter großen Schwierigkeiten ist es dem Verlage Birkhäuser geglückt, das Buch in vortrefflicher Ausstattung herauszugeben, und Herr Professor P. NIGGLI hatte die große Freundlichkeit, es in die *Mineralogische Reihe* aufzunehmen, wofür ich auch an dieser Stelle aufrichtig danke. Herrn R. JETZER bin ich für die Hilfe bei der Durchsicht der Korrekturen und Herrn J. LANGHAMMER für die Zeichnung der Abbildungen dankbar.

Bei meiner Arbeit habe ich stets wieder die Werke von KEPLER in die Hand genommen. Im zweiten Buche seiner *Harmonice Mundi* wird in geometrischer Form unser Thema erstmals behandelt. Dankbar bin ich für den Gewinn, der mir durch das Studium seiner unvergänglichen Werke erwachsen ist. Insbesondere habe ich aus den Briefen des unerschrockenen Kämpfers gelernt, auch in schwerer Zeit nicht zu verzagen. Und so möchte ich allen meinen Freunden und Helfern ein Wort aus seinen Briefen zurufen: «Wenn der Sturm wütet und der Schiffbruch des Staates droht, können wir nichts Würdigeres tun, als den Anker unserer friedlichen Studien in den Grund der Ewigkeit senken.» (J. KEPLER in seinen Briefen, herausgegeben von M. CASPAR und W. VON DYCK. 1930, Bd. 2, Seite 308.)

Zürich, im Herbst 1943/46.   J. J. BURCKHARDT.

INHALTSVERZEICHNIS

10

VERZEICHNIS DER TABELLEN

EINLEITUNG

Seit der Aufstellung der diskreten Bewegungsgruppen des euklidischen Raumes durch A. SCHOENFLIES[1]) und E. VON FEDOROW[2]) sind über 50 Jahre verflossen. Die Entdeckung dieser beiden Forscher hat sowohl die Kristallographie wie auch die Mathematik nachhaltend angeregt.

Auf kristallographischem Gebiet entwickelte sich die ausgedehnte Lehre von der Strukturbestimmung kristalliner Materie. Sie hat Anlaß zu neuen Darstellungen der Bewegungsgruppen durch P. NIGGLI[3]) und R. W. G. WYCKOFF[4]) gegeben[5]).

Für die mathematische Forschung ergab sich zunächst das von D. HILBERT[6]) gestellte Problem, die Endlichkeit der Anzahl der Bewegungsgruppen im Raume von v Dimensionen zu untersuchen. L. BIEBERBACH[7]) zeigte, daß es nur endlich viele Bewegungsgruppen mit endlichem Fundamentalbereich gibt, indem er nachwies, daß eine solche Gruppe stets v linear unabhängige Translationen enthält. Dadurch war er in der Lage, das Problem auf einen Satz von C. JORDAN[8]) über die Endlichkeit der Klassenanzahl ganzzahliger Substitutionsgruppen zurückzuführen. Hierdurch gelangen wir in das von MINKOWSKI[9]) erforschte Gebiet der Geometrie der Zahlen.

Die Entdeckung der regelmäßigen Körper im Raum von v Dimensionen durch L. SCHLÄFLI[10]) hat sodann der geometrischen Forschung in neuerer Zeit viel Anregung gegeben. So sind insbesondere durch H. S. M. COXETER[11]) deren Gruppen eingehend untersucht und die von den Spiegelungen an einem Fundamentalbereich erzeugten Gruppen aufgezählt worden.

---

[1]) A. SCHOENFLIES, Krystallsysteme und Krystallstruktur, Leipzig 1891. Zweite, umgearbeitete Auflage: Theorie der Kristallstruktur, 1923.

[2]) E. VON FEDOROW, Zusammenstellung der kristallographischen Resultate etc., Z. Kristallogr. *20*, 1892.

[3]) P. NIGGLI, Geometrische Kristallographie des Diskontinuums. Leipzig 1919.

[4]) R. W. G. WYCKOFF, The analytical expression of the results of the theory of space groups. Washington 1930. Im folgenden kurz als «WYCKOFF» zitiert.

[5]) Siehe auch: Internationale Tabellen zur Bestimmung der Kristallstruktur, 1. Bd., Berlin 1935.

[6]) D. HILBERT, Mathematische Probleme. Nachr. Ges. Wiss. Göttingen, 1900.

[7]) L. BIEBERBACH, Über die Bewegungsgruppen der euklidischen Räume, Math. Ann. *70*, 1910, und *72*, 1912.

[8]) C. JORDAN, J. Ecole polytechn. *48*, 1880.

[9]) Soweit die Literatur nicht hier angegeben ist, siehe die Anmerkungen und Literaturhinweise auf Seite 182 ff.

[10]) L. SCHLÄFLI, Theorie der vielfachen Kontinuität. Neue Denkschr. allg. schweiz. Ges. Naturwissenschaften *38*, Zürich 1901.

[11]) H. S. M. COXETER, Regular and semi-regular polytopes, I. Math. Z. *46*, 1940. Discrete groups generated by reflexions, Ann. of Math., II.s. *35*, 1934.

Ferner hat die Topologie bei der Untersuchung von Raumformen und von kontinuierlichen Gruppen Beziehungen zur Kristallographie hergestellt[1]).

Endlich behandelt G. WINTGEN[2]) die Bewegungsgruppen vom Standpunkt der Darstellungstheorie aus. Er setzt sich das Ziel, ihre beschränkten irreduziblen Darstellungen aufzustellen, indem er von einem Fundamentalbereich in einer reduzierten Zelle des reziproken Gitters ausgeht und durch Betrachtung von Punkten besonderer Lage alle Darstellungen der zugehörigen Gruppe erhält.

Betrachtet man diese mannigfachen Gebiete, die zur Lehre von den diskreten Bewegungsgruppen in Beziehung stehen, so liegt der Wunsch nahe, eine Darstellung dieser Theorie zu versuchen, welche diesen Forschungsrichtungen Rechnung trägt. Dies führte uns dazu, den Ausgangspunkt nicht wie bisher in der Theorie der geometrischen Kristallklassen zu nehmen, sondern in der arithmetischen Theorie der Gitter. Wie weit im übrigen unser Versuch seinem Ziel nahe kommt, müssen wir dem Urteil der Fachkollegen überlassen.

Ursprünglich wurden wir aber durch einen anderen Umstand auf diesen Weg gewiesen. Sieht man sich die Verteilung der 230 Bewegungsgruppen auf die geometrischen Kristallklassen an, so bemerkt man eine scheinbar völlige Gesetzlosigkeit. Während zum Beispiel zu der Klasse C_{3h} nur eine einzige Bewegungsgruppe gehört, entspringen der Klasse D_{2h} deren 28. Auch die bisherige Herleitung der Gruppen gibt in die Gründe des Auftretens bald weniger, bald vieler nur ungenügenden Aufschluß. Da nun aber die Bewegungsgruppen durch die Klassen bestimmt sind, tritt die Frage auf, *welche Eigenschaften der Klassen für das Auftreten von Bewegungsgruppen maßgebend sind*. Um sie zu beantworten, reicht der geometrische Klassenbegriff nicht aus, sondern man muß zu einer feineren Klasseneinteilung greifen, indem man die Symmetrien nicht losgelöst vom Gitter, sondern als im Gitter liegend betrachtet.

Auf diesem Wege soll hier versucht werden, eine möglichst einfache Herleitung der 230 diskreten Bewegungsgruppen zu geben. Damit unsere Darstellung auch von Studierenden ohne besondere mathematische Vorbildung gelesen werden kann, haben wir am Anfang die verwendeten Hilfsmittel zusammengestellt und geben auf Seite 182ff. Hinweise auf geeignete Lehrbücher mit ausführlicheren Darstellungen. Unsere Ausführungen sind aber keineswegs in der Lage, das intensive Studium der bestehenden Lehrbücher der Kristallographie zu ersetzen. Insbesondere haben wir diejenigen Abschnitte kürzer gefaßt, die dort eingehend auseinandergesetzt sind. Als Leser möchten wir uns

---

[1]) E. WITT, Spiegelungsgruppen und Aufzählung halbeinfacher LIEscher Ringe. Abh. math. Semin. Hamburg. Univ. *14*, 1941.

E. STIEFEL, Über eine Beziehung zwischen geschlossenen LIEschen Gruppen und diskontinuierlichen Bewegungsgruppen euklidischer Räume und ihre Anwendung auf die Aufzählung der einfachen LIEschen Gruppen. Comment. math. helv. *14*, 1941/42.

[2]) G. WINTGEN, Zur Darstellungstheorie der Raumgruppen, Math. Ann. *118*, 1941.

einen solchen wünschen, der bald mit dem einen, bald mit dem anderen Hilfsmittel sich seinem Ziele zu nähern versucht.

Die Lehre von den Bewegungsgruppen ist eines der am besten erforschten Gebiete der Theorie der Gruppen, in welche es im Buch von A. SPEISER[1]) eingeordnet ist. Ihm verdanken wir die Anregung zu dieser Arbeit, die als Ergänzung eines dort behandelten Gebietes angesehen werden kann. Die Einordnung unserer Fragen in die Theorie der Substitutionsgruppen findet man ferner bei B. L. VAN DER WAERDEN[2]).

Wir werden im Verlauf unserer Darstellung an verschiedenen Stellen auf die Arbeiten von H. MINKOWSKI hinweisen. Es scheint mir, daß von unserem Gesichtspunkt aus das etwas in den Hintergrund getretene Gebiet der Geometrie der Zahlen neue Belebung erfährt. Insbesondere hoffe ich, daß durch die genaue Durchführung seiner Ansätze in einfachen Fällen (siehe unten, § 10 und § 15) neues Licht auf die arithmetische Theorie der Substitutionsgruppen fallen könnte. Das Ziel, das uns im Auge liegt, ist dabei, in Verbindung mit den geometrischen Methoden von COXETER einen neuen Ansatz für den Endlichkeitsbeweis der Klassenanzahl zu gewinnen.

---

[1]) A. SPEISER, Die Theorie der Gruppen von endlicher Ordnung. Berlin, 1. Aufl., 1923, 2. Aufl. 1927, 3. Aufl. 1937. Wir zitieren «A. SPEISER, Gruppentheorie» nach der dritten Auflage.

[2]) B. L. VAN DER WAERDEN, Gruppen von linearen Transformationen, § 10. Ergebnisse der Math., IV, 2, Berlin 1935.

I. KAPITEL

Das Punktgitter

§ 1. Hilfsmittel der linearen Algebra

Wir stellen zunächst die nötigen Sätze aus der linearen Algebra zusammen. Dabei setzen wir die Elemente der Determinantenlehre als bekannt voraus. Die Grundbegriffe formulieren wir für den Raum R^ν von ν Dimensionen, um spätere Wiederholungen zu vermeiden. Diejenigen Leser, welche mit diesen Begriffen nicht vertraut sind und die aus diesem Buche nur die anschauliche dreidimensionale Theorie kennenlernen wollen, mögen stets $\nu = 3$ setzen.

Ein *Vektor* $\mathfrak{x}$ ist eine geordnete Zeile von ν reellen Zahlen

$$\mathfrak{x} = (x_1, \ldots, x_\nu),$$

wofür die folgenden Rechnungsregeln gelten:

Die *Addition* zweier Vektoren $\mathfrak{x} = (x_1, \ldots, x_\nu)$ und $\mathfrak{y} = (y_1, \ldots, y_\nu)$ ist durch

$$\mathfrak{x} + \mathfrak{y} = (x_1 + y_1, \ldots, x_\nu + y_\nu) \tag{1}$$

erklärt. Die *Multiplikation* eines Vektors mit einer reellen Zahl α wird durch

$$\alpha\,\mathfrak{x} = (\alpha\,x_1, \ldots, \alpha\,x_\nu) \tag{2}$$

eingeführt. Zwei Vektoren $\mathfrak{x} = (x_1, \ldots, x_\nu)$ und $\mathfrak{y} = (y_1, \ldots, y_\nu)$ heißen *gleich*, wenn $x_i = y_i$ für $i = 1, \ldots, \nu$ ist. Man bestätigt, daß für die so eingeführten Vektoren dieselben Rechnungsregeln wie für die uns bekannten Vektoren des R^3 gelten.

Setzt man

$$\begin{aligned}
(1, 0, \ldots\ldots, 0) &= \mathfrak{e}_1 \\
(0, 1, 0, \ldots., 0) &= \mathfrak{e}_2 \\
&\ldots\ldots\ldots\ldots\ldots\ldots \\
(0, \ldots\ldots, 0, 1) &= \mathfrak{e}_\nu,
\end{aligned} \tag{3}$$

so wird nach (1) und (2)

$$(x_1, \ldots, x_\nu) = (x_1, 0, \ldots, 0) + \cdots + (0, \ldots, 0, x_\nu) = x_1\,\mathfrak{e}_1 + \cdots + x_\nu\,\mathfrak{e}_\nu. \tag{4}$$

Wir können somit jeden Vektor $\mathfrak{x}$ eindeutig darstellen als Linearform mit Hilfe von ν festen *Basisvektoren* $e_1, \ldots, e_\nu$. Die ν Basisvektoren heißen *linear unabhängig*, denn es gibt, wie man aus (3) sieht, keine reellen Zahlen

$$\alpha_1, \ldots, \alpha_\nu \neq 0, \ldots, 0$$

derart, daß $\alpha_1 e_1 + \cdots + \alpha_\nu e_\nu = 0$.

Die reellen Zahlen $x_1, \ldots, x_\nu$ heißen die *Komponenten* des Vektors $\mathfrak{x}$ bezüglich der Basis $e_1, \ldots, e_\nu$. Durchlaufen $x_1, \ldots, x_\nu$ unabhängig voneinander alle reellen Zahlen, so heißt $x_1 e_1 + \cdots + x_\nu e_\nu$ der *Vektorraum von ν Dimensionen*.

Wir dürfen $x_1, \ldots, x_\nu$ als die *Koordinaten eines Punktes P* auffassen, wobei $e_1, \ldots, e_\nu$ ein Parallelkoordinatensystem $\mathfrak{C}$ festlegen. Jedem Vektor ist dabei eindeutig ein Punkt zugeordnet, und umgekehrt bestimmt jeder Punkt einen im Ursprung entspringenden Vektor. Wir werden daher oft die beiden Begriffe nebeneinander verwenden und durch $(x) = (x_1, \ldots, x_\nu)$ auch einen Punkt bezeichnen. Dem Nullvektor entspricht dabei der Ursprung oder Nullpunkt $(0, \ldots, 0)$.

Die Koordinatentransformation: Seien $\mathfrak{a}_1, \ldots, \mathfrak{a}_\nu$ neue Vektoren, durch welche sich jeder Vektor linear ausdrücken läßt. Sie mögen das Koordinatensystem $\mathfrak{A}$ aufspannen und es gelte für den Vektor $\overrightarrow{OP}$:

$$\overrightarrow{OP} = x_1 e_1 + \cdots + x_\nu e_\nu = \xi_1 \mathfrak{a}_1 + \cdots + \xi_\nu \mathfrak{a}_\nu \, . \tag{5}$$

Wenn die Komponenten $x_1, \ldots, x_\nu$ gegeben sind, sind die Komponenten $\xi_1, \ldots, \xi_\nu$ bestimmt. Wir können sie berechnen, wenn wir die Komponenten der Vektoren $\mathfrak{a}_1, \ldots, \mathfrak{a}_\nu$ im System $\mathfrak{C}$ kennen. Nach (4) muß gelten

$$\mathfrak{a}_k = \sum_{i=1}^{\nu} t_{ik}\, e_i, \qquad k = 1, \ldots, \nu \, . \tag{6}$$

Setzen wir (6) in (5) ein, so erhalten wir

$$\sum_{i=1}^{\nu} x_i\, e_i = \sum_{k=1}^{\nu} \xi_k \sum_{i=1}^{\nu} t_{ik}\, e_i = \sum_{i=1}^{\nu} \left(\sum_{k=1}^{\nu} \xi_k\, t_{ik} \right) e_i \, ,$$

somit ist

$$\sum_{i=1}^{\nu} \left(\sum_{k=1}^{\nu} \xi_k\, t_{ik} - x_i \right) e_i = 0 \, .$$

Da nach Voraussetzung die ν Vektoren $e_1, \ldots, e_\nu$ linear unabhängig sind, müssen die Koeffizienten einzeln Null sein, daher

$$x_i = \sum_{k=1}^{\nu} t_{ik}\, \xi_k, \qquad i = 1, \ldots, \nu \, . \tag{7}$$

Um über eine angemessene Schreibweise zu verfügen, erklären wir das Rechnen mit Matrizen. Unter einer *mn-Matrix* versteht man ein rechteckiges

Schema von Größen, die im folgenden stets reelle Zahlen sind, und wofür gewisse Rechnungsregeln gelten. Wir schreiben die Matrizen in der Form

$$A = \begin{pmatrix} a_{11}, & \cdots, & a_{1n} \\ \cdots\cdots\cdots\cdots\cdots \\ a_{m1}, & \cdots, & a_{mn} \end{pmatrix},$$

wobei der erste Index die Zeilen, der zweite die Kolonnen zählt. Eine mn-Matrix besitzt demnach m Zeilen und n Kolonnen. Zwei mn-Matrizen

$$A = \begin{pmatrix} a_{11}, & \cdots, & a_{1n} \\ \cdots\cdots\cdots\cdots \\ a_{m1}, & \cdots, & a_{mn} \end{pmatrix} \quad \text{und} \quad B = \begin{pmatrix} b_{11}, & \cdots, & b_{1n} \\ \cdots\cdots\cdots\cdots \\ b_{m1}, & \cdots, & b_{mn} \end{pmatrix}$$

heißen *gleich*, wenn $a_{ik} = b_{ik}$ für $i = 1, \ldots, m$, $k = 1, \ldots, n$ ist. Die *Summe* (bzw. die Differenz) wird durch gliedweise Addition (bzw. Subtraktion) ihrer Elemente gebildet

$$A \pm B = \begin{pmatrix} a_{11} \pm b_{11}, & \cdots, & a_{1n} \pm b_{1n} \\ \cdots\cdots\cdots\cdots\cdots\cdots\cdots \\ a_{m1} \pm b_{m1}, & \cdots, & a_{mn} \pm b_{mn} \end{pmatrix}.$$

Eine mn-Matrix A und eine ns-Matrix B werden in folgender Art miteinander *multipliziert:*

$$AB = C = \begin{pmatrix} c_{11}, & \cdots, & c_{1s} \\ \cdots\cdots\cdots\cdots \\ c_{m1}, & \cdots, & c_{ms} \end{pmatrix}$$

mit

$$c_{kl} = \sum_{i=1}^{n} a_{ki} b_{il}, \quad k = 1, \ldots, m; \quad l = 1, \ldots, s.$$

Man kann somit eine Matrix A von rechts mit einer Matrix B multiplizieren, wenn die Kolonnenzahl der ersten mit der Zeilenzahl der zweiten übereinstimmt und erhält als Produkt eine ms-Matrix, deren Glied in der k-ten Zeile und l-ten Kolonne erhalten wird, indem man die k-te Zeile der ersten Matrix mit der l-ten Kolonne der zweiten Matrix gliedweise multipliziert und die Produkte addiert.

Eine $\nu\nu$-Matrix heißt *quadratisch*, oft schreiben wir für eine solche kurz

$$A = (a_{ik}).$$

Schreiben wir zur Abkürzung

$$x = \begin{pmatrix} x_1 \\ \vdots \\ x_\nu \end{pmatrix}, \quad \xi = \begin{pmatrix} \xi_1 \\ \vdots \\ \xi_\nu \end{pmatrix}, \quad T = \begin{pmatrix} t_{11}, & \cdots, & t_{1\nu} \\ \cdots\cdots\cdots\cdots \\ t_{\nu 1}, & \cdots, & t_{\nu\nu} \end{pmatrix} = (t_{ik}),$$

so kann (7) in der Form $\qquad\qquad x = T\xi \qquad\qquad\qquad$ (7')

geschrieben werden, wobei das i-te Glied der rechten Seite gleich dem gliedweisen Produkt der i-ten Zeile der Matrix T mit der Spalte ξ ist.

Ist ferner

$$\mathfrak{a} = \begin{pmatrix} \mathfrak{a}_1 \\ \vdots \\ \mathfrak{a}_\nu \end{pmatrix}, \quad \mathfrak{e} = \begin{pmatrix} \mathfrak{e}_1 \\ \vdots \\ \mathfrak{e}_\nu \end{pmatrix},$$

so können wir (6) in der Form schreiben

$$\mathfrak{a} = T' \, \mathfrak{e} \,, \tag{6'}$$

wo
$$T' = \begin{pmatrix} t_{11}, & \ldots, & t_{\nu 1} \\ \cdots & \cdots & \cdots \\ t_{1\nu}, & \ldots, & t_{\nu\nu} \end{pmatrix}$$

die zu T *transponierte Matrix* heißt. T' entsteht durch Spiegelung der Koeffizienten von T an der Hauptdiagonalen und heißt daher auch die zu T gespiegelte Matrix. Es gelten die Rechnungsregeln

$$(T\,S)' = S'\,T' \quad \text{und} \quad (T')^{-1} = (T^{-1})' \,,$$

wo T'^{-1} die zu T' inverse Matrix ist: $T'^{-1} \cdot T' = E$.

Nach Voraussetzung muß sich jeder Vektor $\mathfrak{e}_i$ linear durch die ν Vektoren $\mathfrak{c}_1, \ldots, \mathfrak{a}_\nu$ ausdrücken lassen, und es gilt die Umkehrung von (6')

$$\mathfrak{e} = T'^{-1} \mathfrak{a} \,. \tag{8}$$

Ferner erhält man durch Umkehrung der Gleichungen (7')

$$\xi = T^{-1} x \,. \tag{9}$$

(7') zeigt den Übergang von den neuen Variablen zu den alten, (8) denjenigen von den neuen Vektoren zu den alten. In gleicher Weise zeigen (6') bzw. (9) den Übergang von den alten Vektoren bzw. Variablen zu den neuen. Nennt man T'^{-1} die zu T *kontragrediente Matrix* (in der Gruppentheorie nennt man diese Matrix auch die *adjungierte Matrix*), so kann man sagen:

Variablen und Vektoren transformieren sich kontragredient zueinander beim Wechsel des Koordinatensystems.

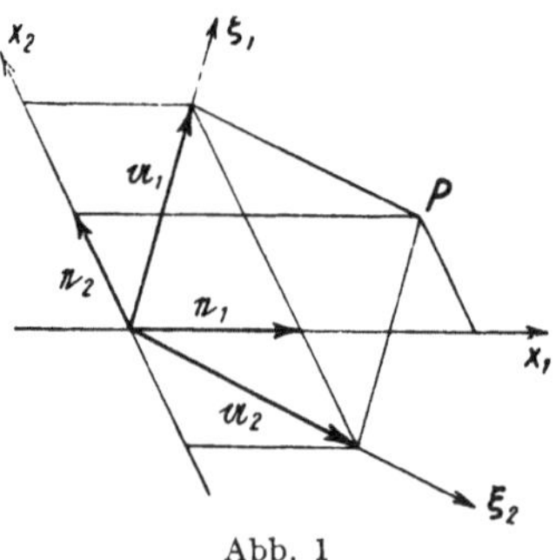

Abb. 1

Beispiel: In Abbildung 1 ist

$$\mathfrak{a}_1 = \mathfrak{e}_1 + 2\,\mathfrak{e}_2\,, \quad \mathfrak{a}_2 = \mathfrak{e}_1 - \mathfrak{e}_2\,,$$

womit nach (6')
$$T' = \begin{pmatrix} 1 & 2 \\ 1 & -1 \end{pmatrix}, \quad T'^{-1} = \begin{pmatrix} \tfrac{1}{3} & \tfrac{2}{3} \\ \tfrac{1}{3} & -\tfrac{1}{3} \end{pmatrix}.$$

Daher ist

$$T = \begin{pmatrix} 1 & 1 \\ 2 & -1 \end{pmatrix}, \qquad T^{-1} = \begin{pmatrix} \tfrac{1}{3} & \tfrac{1}{3} \\ \tfrac{2}{3} & -\tfrac{1}{3} \end{pmatrix},$$

und somit nach (9)

$$\xi_1 = \tfrac{1}{3}\,x_1 + \tfrac{1}{3}\,x_2 , \qquad \xi_2 = \tfrac{2}{3}\,x_1 - \tfrac{1}{3}\,x_2 ,$$

und nach (8)

$$\mathfrak{e}_1 = \tfrac{1}{3}\,\mathfrak{a}_1 + \tfrac{2}{3}\,\mathfrak{a}_2 , \qquad \mathfrak{e}_2 = \tfrac{1}{3}\,\mathfrak{a}_1 - \tfrac{1}{3}\,\mathfrak{a}_2 .$$

Hat P in $\mathfrak{C}$ die Koordinaten $x_1 = 2$, $x_2 = 1$, so lauten sie in $\mathfrak{A}$: $\xi_1 = 1$, $\xi_2 = 1$.

Die lineare Substitution. Lassen wir den Punkt P, der in $\mathfrak{C}$ die Koordinaten $(x_1, \ldots, x_r)$ hat, übergehen in den Punkt $Q = (y_1, \ldots, y_r)$ mittels der Gleichungen

$$y_i = \sum_{k=1}^{v} a_{ik}\,x_k \quad \text{oder} \quad y = A x \quad \text{mit} \quad A = (a_{ik}) , \tag{10}$$

so sagen wir, Q gehe aus P durch die *lineare Substitution* (oder *Transformation*) A hervor. In $\mathfrak{A}$ sei $P = P(\xi_1, \ldots, \xi_r)$, $Q = Q(\eta_1, \ldots, \eta_v)$, und die Substitution werde ausgedrückt durch

$$\eta_i = \sum_{k=1}^{v} b_{ik}\,\xi_k \quad \text{oder} \quad \eta = B \xi \quad \text{mit} \quad B = (b_{ik}) . \tag{11}$$

Die Matrizen A und B werden im allgemeinen voneinander verschieden sein, doch hängen sie in folgender einfacher Weise miteinander zusammen. In Gleichung (10), die in $\mathfrak{C}$ aufgeschrieben ist, setzen wir mittels der Gleichungen (7′) die Komponenten aus dem System $\mathfrak{A}$ ein und erhalten

$$T \eta = A T \xi .$$

Wir multiplizieren von links mit T^{-1}:

$$\eta = T^{-1} A T \xi ,$$

woraus durch Vergleich mit (11) folgt

$$B = T^{-1} A T . \tag{12}$$

Beschreiben wir also die lineare Transformation in $\mathfrak{C}$ durch die Matrix A und geht das Koordinatensystem $\mathfrak{A}$ aus $\mathfrak{C}$ durch die Matrix T' hervor, so wird die betrachtete Transformation in $\mathfrak{A}$ durch die mit T transformierte Matrix $T^{-1} A T$ beschrieben.

Gehen wir in (12) zu Determinanten über, so folgt

$$|B| = |T^{-1}| \cdot |A| \cdot |T| = |A| .$$

Daher: *Die Determinante einer linearen Transformation ist invariant gegenüber Koordinatentransformationen.*

Sei umgekehrt A die Matrix einer linearen Substitution im Koordinatensystem $\mathfrak{C}$ und B die durch Transformation mit einer beliebigen nichtsingulären Matrix $T = (t_{ik})$ daraus hervorgehende Matrix: $B = T^{-1} A T$. Unsere obige Überlegung zeigt, daß es dann stets ein Koordinatensystem $\mathfrak{A}$, aufgespannt durch die Vektoren $\mathfrak{a}_1, \ldots, \mathfrak{a}_\nu$ gibt, in welchem die betrachtete Substitution die Matrix B hat. Wir bilden die ν linear unabhängigen Vektoren

$$\mathfrak{a}_k = \sum_{i=1}^{\nu} t_{ik}\, \mathfrak{e}_i \quad \text{oder} \quad \mathfrak{a} = T'\, \mathfrak{e}\,. \tag{13}$$

Der beliebige Vektor $\overrightarrow{OP}$ habe in $\mathfrak{E}$ die Komponenten $x_1, \ldots, x_\nu$, in $\mathfrak{A}$ die Komponenten $\xi_1, \ldots, \xi_\nu$.

Aus (13) folgt $\qquad\qquad x = T\,\xi\,.$

Wenn daher die betrachtete Substitution den Punkt P in $Q(y_1, \ldots, y_\nu) = Q(\eta_1, \ldots, \eta_\nu)$ überführt, so gilt nach (12)

$$\eta = B\,\xi = T^{-1} A T\,\xi\,.$$

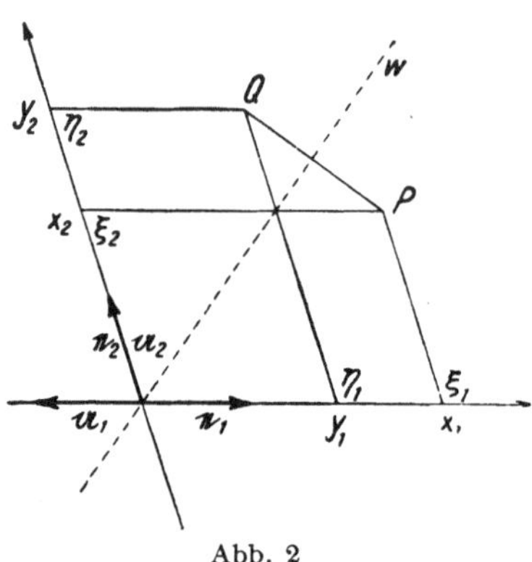

Abb. 2

Beispiel: In Abb. 2 sei die Substitution die Spiegelung an der Winkelhalbierenden w von $\mathfrak{e}_1$ und $\mathfrak{e}_2$. Somit ist

$$A = \begin{pmatrix} 0 & 1 \\ 1 & 0 \end{pmatrix}.$$

Sei $T = \begin{pmatrix} -1 & 0 \\ 0 & 1 \end{pmatrix}$, folglich $T^{-1} = \begin{pmatrix} -1 & 0 \\ 0 & 1 \end{pmatrix}$. Dann ist

$$B = T^{-1} A T = \begin{pmatrix} 0 & -1 \\ -1 & 0 \end{pmatrix}.$$

Daher ist nach (13) $\qquad \mathfrak{a}_1 = -\,\mathfrak{e}_1\,, \quad \mathfrak{a}_2 = \mathfrak{e}_2\,,$

und in diesen Koordinaten wird die Spiegelung an w in der Tat durch die Matrix B beschrieben.

An diesem Beispiel tritt klar zutage, wie jede lineare Substitution in zweifacher Weise gedeutet werden kann: Einmal als Veränderung eines Punktes bei festem Bezugssystem, das andere Mal als Veränderung des Koordinatensystems. Wir werden diese Tatsache später oft gebrauchen.

§ 2. Die starren Bewegungen

Sind im R^3 die rechtwinkligen Koordinaten eines Punktes P mit x_1, x_2, x_3 bezeichnet, so ist sein Abstand d vom Ursprung durch

$$d^2 = x_1^2 + x_2^2 + x_3^2$$

bestimmt. Gehen wir durch $\quad x = A\,y$

zu den Koordinaten y_1, y_2, y_3 über, so wird

$$d^2 = \sum_{i,\,k=1}^{3} g_{ik}\, y_i\, y_k = \varphi\,(y_1,\, y_2,\, y_3)\,.$$

$\varphi\,(y_1, y_2, y_3)$ ist dabei eine *positiv definite quadratische Form*, deren Koeffizienten g_{ik} sich leicht aus den Elementen der Matrix A berechnen lassen.

Diese Begriffsbildung übertragen wir auf den R^ν und definieren in Parallelkoordinaten den Abstand des Punktes $P(y_1, \ldots, y_\nu)$ vom Ursprung bzw. die Länge des Vektors $\overrightarrow{OP} = \mathfrak{y} = (y_1, \ldots, y_\nu)$ durch eine positiv definite quadratische Form

$$\varphi\,(y_1, \ldots, y_\nu) = \sum_{i,\,k=1}^{\nu} g_{ik}\, y_i\, y_k\,.$$

Ist speziell $\qquad \varphi\,(x_1, \ldots, x_\nu) = x_1^2 + \cdots + x_\nu^2,$ $\qquad\qquad$ (1)

so heißen $x_1, \ldots, x_\nu$ *rechtwinklige Koordinaten* und das Koordinatensystem ein rechtwinkliges oder *orthogonales*.

Seien $\mathfrak{x} = x_1\,\mathfrak{e}_1 + \cdots + x_\nu\,\mathfrak{e}_\nu$ und $\mathfrak{y} = y_1\,\mathfrak{e}_1 + \cdots + y_\nu\,\mathfrak{e}_\nu$ zwei Vektoren in einem orthogonalen Koordinatensystem. Durch das skalare oder innere Produkt

$$\mathfrak{x}\,\mathfrak{y} = x_1\,y_1 + \cdots + x_\nu\,y_\nu = \sqrt{x_1^2 + \cdots + x_\nu^2} \cdot \sqrt{y_1^2 + \cdots + y_\nu^2} \cdot \cos\vartheta,\ \ 0 \leq \vartheta < \pi \quad (2)$$

wird der Winkel $\vartheta = \sphericalangle\,(\mathfrak{x}, \mathfrak{y})$ zwischen den Vektoren $\mathfrak{x}$ und $\mathfrak{y}$ definiert. Setzt man $\mathfrak{x} = \mathfrak{e}_i$ und $\mathfrak{y} = \mathfrak{e}_k$, $i \neq k$, so sieht man nach (2), daß $\sphericalangle\,(\mathfrak{e}_i, \mathfrak{e}_k) = 90^0$ ist; die Einheitsvektoren $\mathfrak{e}_i$ stehen somit paarweise senkrecht aufeinander und haben nach (1) die Länge 1.

Lassen wir in einem orthogonalen Koordinatensystem den Punkt $(x) = (x_1, \ldots, x_\nu)$ durch die Substitution A in den Punkt $(y) = (y_1, \ldots, y_\nu)$ übergehen

$$y = A\,x,\qquad\qquad (3)$$

und fordern, daß sich dabei sein Abstand vom Ursprung nicht ändere:

$$x_1^2 + \cdots + x_\nu^2 = y_1^2 + \cdots + y_\nu^2\,.\qquad\qquad (4)$$

Setzt man (3) in (4) ein, so erhält man

$$x_1^2 + \cdots + x_\nu^2 = (a_{11}\,x_1 + \cdots + a_{1\nu}\,x_\nu)^2 + \cdots + (a_{\nu 1}\,x_1 + \cdots + a_{\nu\nu}\,x_\nu)^2.\quad (5)$$

Da diese Überlegung für jeden beliebigen Punkt (x) gelten soll, muß (5) in den Koordinaten identisch gelten; somit erhalten wir durch Koeffizientenvergleich

$$\sum_{i=1}^{\nu} a_{ik}^2 = 1; \quad \sum_{i=1}^{\nu} a_{ik}\, a_{il} = 0, \quad k \neq l. \tag{6}$$

Eine Matrix A, welche die Bedingungen (6) erfüllt, heißt eine *orthogonale*, sie bewirkt eine *orthogonale* Substitution. Eine Gruppe, deren sämtliche Matrizen orthogonal sind, heißt eine *orthogonale Gruppe* (siehe § 4).

Die Gleichungen (6) lassen sich in einfacher Weise durch Matrizen schreiben. Bezeichnen wir wie in § 1 mit A' die zu A transponierte Matrix, mit E die Einheitsmatrix, so besagt

$$A'A = E \tag{7}$$

genau dasselbe wie die Gleichungen (6), wie man leicht bestätigt. Aus (7) folgt $A' = A^{-1}$, und hieraus durch Multiplikation von links mit A:

$$A A' = E,$$

was besagt

$$\sum_{k=1}^{\nu} a_{ik}^2 = 1; \quad \sum_{i=1}^{\nu} a_{ki}\, a_{li} = 0, \quad k \neq l.$$

In einer orthogonalen Matrix ist somit die Summe der Quadrate der Koeffizienten einer Zeile, wie auch einer Kolonne, gleich 1, das skalare Produkt zweier Zeilen wie auch zweier Kolonnen ist 0. Aus (7) folgt

$$A' = A^{-1},$$

demnach ist die Reziproke einer orthogonalen Matrix gleich ihrer Transponierten. Gehen wir in (7) zu Determinanten über, so erhalten wir

$$|A'A| = |A'| \cdot |A| = 1.$$

Nach der Definition der Determinante gilt $|A'| = |A|$, daher

$$|A|^2 = 1.$$

Satz 1. *Die Determinante einer orthogonalen Matrix ist gleich $+1$ oder gleich -1. Im ersten Fall heißt die Bewegung eine Drehung, im zweiten eine Spiegelung* (vgl. § 8).

Um die Bezeichnung *orthogonal* zu rechtfertigen, beweisen wir

Satz 2. *Eine orthogonale Substitution führt ein rechtwinkliges Koordinatensystem in ein ebensolches über, und wenn eine Substitution ein rechtwinkliges Koordinatensystem in ein ebensolches überführt, so ist sie orthogonal.*

Hieraus folgert man leicht, daß bei einer solchen Substitution jeder rechte Winkel in einen rechten übergeht.

Damit $\mathfrak{a}$ und $\mathfrak{b}$ senkrecht aufeinanderstehen, muß das skalare Produkt der Vektoren verschwinden, $\mathfrak{a}\mathfrak{b} = 0$. Ferner ist für Einheitsvektoren $\mathfrak{a}^2 = \mathfrak{a}\mathfrak{a} = 1$.

Die Transformation $\mathfrak{a} = A'\mathfrak{e}$ führt die Vektoren $\mathfrak{e}_1, \ldots, \mathfrak{e}_\nu$ in $\mathfrak{a}_k = \sum\limits_{i=1}^{\nu} a_{ik}\,\mathfrak{e}_i$ über. Damit sie paarweise aufeinander senkrecht stehen, muß gelten

$$\mathfrak{a}_k\,\mathfrak{a}_l = \sum_{i=1}^{\nu} a_{ik}\,\mathfrak{e}_i \sum_{i=1}^{\nu} a_{il}\,\mathfrak{e}_i = \sum_{i=1}^{\nu} a_{ik}\,a_{il} = 0\,, \quad k \neq l\,; \qquad \mathfrak{a}_k^2 = \sum_{i=1}^{\nu} a_{ik}^2 = 1\,,$$

was die Bedingungen (6) sind, womit unsere Behauptung bewiesen ist.

Ist $y = A\,x$ eine erste und $z = B\,y$ oder $y = B^{-1}z$ eine zweite Substitution, so erhalten wir durch Einsetzen $B^{-1}z = A\,x$ und folglich

$$z = BA\,x\,.$$

Führt man zuerst A aus und dann B, so lautet die zusammengesetzte Substitution BA. Wir sagen auch, daß man die Produkte von Substitutionen von rechts nach links lesen muß.

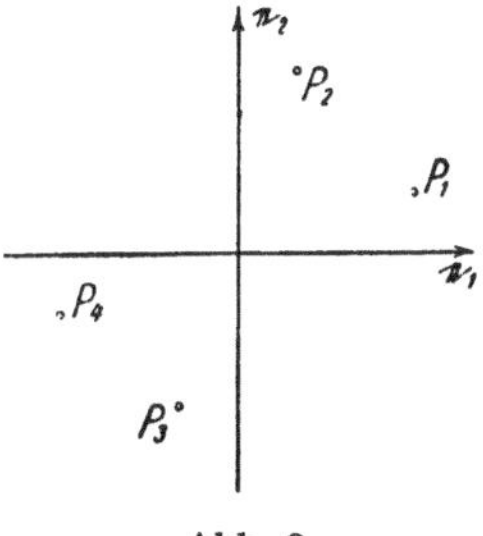

Abb. 3

Beispiel (siehe Abb. 3):

Sei $\qquad A = \begin{pmatrix} 0 & 1 \\ 1 & 0 \end{pmatrix}, \quad B = \begin{pmatrix} -1 & 0 \\ 0 & -1 \end{pmatrix}, \quad |A| = -1\,, \quad |B| = +1\,.$

A und B sind orthogonale Matrizen, denn

$$A'A = E\,, \quad B'B = E\,.$$

Übt man A auf den Punkt $P_1\,(x_1,\,x_2)$ aus, so erhält man den Punkt $P_2\,(y_1,\,y_2)$

$$y = A\,x$$

mit $\qquad\qquad\qquad y_1 = x_2\,, \quad y_2 = x_1\,.$

Übt man B auf P_2 aus, so erhält man $P_3\,(z_1,\,z_2)$

$$z = B\,y = BA\,x\,, \quad BA = \begin{pmatrix} 0 & -1 \\ -1 & 0 \end{pmatrix} = C\,,$$

daher $z_1 = -x_2,\ z_2 = -x_1$.

B auf P_1 ausgeübt gibt den Punkt $P_4\,(w_1,\,w_2)$,

$$w = B\,x\,, \quad w_1 = -x_1\,, \quad w_2 = -x_2\,.$$

A und B erzeugen eine Gruppe, man bestätigt leicht

$$A^2 = B^2 = E, \quad AB = BA = C, \quad C^2 = E.$$

Diese Gruppe besteht aus den vier Elementen E, A, B, C, sie ist Abelsch und heißt nach FELIX KLEIN die *Vierergruppe*. Wir sehen an diesem Beispiel, daß die Vierergruppe eine ganzzahlige orthogonale Darstellung in zwei Variabeln besitzt.

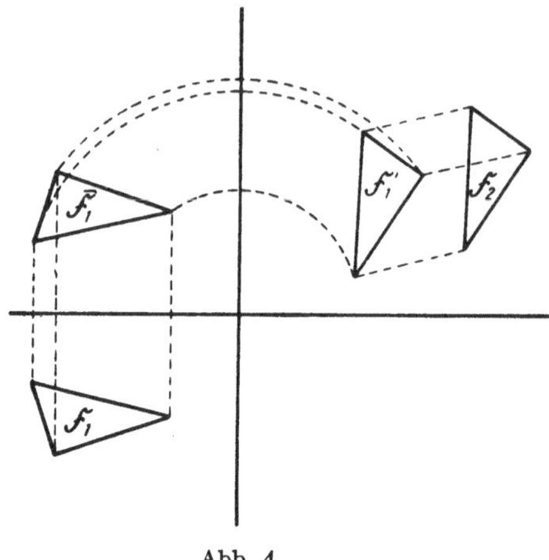

Abb. 4

Um zu den allgemeinsten starren Bewegungen zu kommen, seien in der Ebene zwei kongruente Figuren, etwa zwei Dreiecke $\mathfrak{F}_1$ und $\mathfrak{F}_2$, gegeben (Abb. 4). Um $\mathfrak{F}_1$ in $\mathfrak{F}_2$ überzuführen, kann man folgendermaßen verfahren: Bei spiegelbildlicher Kongruenz spiegelt man $\mathfrak{F}_1$ an einer Achse und erhält $\overline{\mathfrak{F}}_1$ (bei gleichsinniger Kongruenz fällt diese Spiegelung weg und man beginnt mit $\overline{\mathfrak{F}}_1$). Sodann dreht man $\overline{\mathfrak{F}}_1$ um den Ursprung, bis seine Seiten parallel den entsprechenden Seiten von $\mathfrak{F}_2$ sind. Die so erhaltene Figur $\mathfrak{F}_1'$ verschiebt man parallel nach $\mathfrak{F}_2$.

Analytisch wird die Überführung von $\mathfrak{F}_1$ nach $\mathfrak{F}_1'$ (Spiegelung und Drehung) durch eine orthogonale Matrix A beschrieben (Schreibweise von § 1):

$$x' = A x, \quad A = \begin{pmatrix} a_{11} & a_{12} \\ a_{21} & a_{22} \end{pmatrix}. \tag{8}$$

Die Parallelverschiebung von $\mathfrak{F}_1'$ nach $\mathfrak{F}_2$ wird durch

$$\begin{aligned} x_1'' &= x_1' + a_1 \\ x_2'' &= x_2' + a_2 \end{aligned} \tag{9}$$

ausgedrückt, wofür wir kurz

$$x'' = x' + a, \quad a = \begin{pmatrix} a_1 \\ a_2 \end{pmatrix}$$

schreiben und unter a eine Matrix mit einer einzigen Kolonne verstehen.

Die Überführung einer Figur $\mathfrak{F}_1$ in die kongruente Figur $\mathfrak{F}_2$ kann demnach bewerkstelligt werden, indem man zuerst eine orthogonale Transformation (8) und nachher eine Parallelverschiebung (9) ausführt.

Setzen wir (8) in (9) ein, so erhalten wir

$$x_2'' = a_{11}\,x_1 + a_{12}\,x_2 + a_1$$

$$x_1'' = a_{21}\,x_1 + a_{22}\,x_2 + a_2\,.$$

Ist A eine orthogonale ν-reihige Matrix und a eine Spalte von ν reellen Zahlen, so wird die allgemeine starre Bewegung im R^ν lauten

$$y = A\,x + a\,. \tag{10}$$

Wir nennen sie kurz eine Bewegung.

§ 3. Das Gitter und die Gitterkoordinaten

Um eine geometrische Vorstellung des Punktgitters zu erhalten, geben wir seine Erzeugung durch Vektoren an. Seien $\mathfrak{x}_1, \ldots, \mathfrak{x}_\nu$ linear unabhängige Vektoren im Raume R^ν, die im Punkte O beginnen mögen. Unter dem von diesen Vektoren aufgespannten *Punktgitter* versteht man die Gesamtheit der Punkte

$$\xi_1\,\mathfrak{x}_1 + \cdots + \xi_\nu\,\mathfrak{x}_\nu\,,$$

wobei $\xi_1, \ldots, \xi_\nu$ unabhängig voneinander alle *ganzen* Zahlen durchlaufen. Der Ursprung O ist ein Gitterpunkt. In der Ebene ($\nu = 2$) sprechen wir von *Netzen*.

Um die Eigenschaften des Punktgitters herzuleiten, charakterisieren wir es als eine Punktmenge mit gewissen Eigenschaften. Dabei legen wir zunächst in den R^ν ein rechtwinkliges Koordinatensystem $\mathfrak{C}$ mit den Vektoren $e_1, \ldots, e_\nu$ und den Koordinaten $x_1, \ldots, x_\nu$. Den Punkt mit den Koordinaten $x_1, \ldots, x_\nu$ bezeichnen wir kurz mit (x).

Definition: Eine Menge von Punkten heißt ein *Punktgitter* (*Netz*), wenn sie den Forderungen genügt:

1. Es gibt in der Menge ν Punkte $x_{1k}, \ldots, x_{\nu k}$, $k = 1, \ldots, \nu$ oder kurz (x_k) geschrieben, derart, daß die ν Vektoren vom Ursprung nach (x_k) linear unabhängig sind. Gleichbedeutend hiermit ist die Forderung, daß die Determinante

$$|x_{ik}| = \begin{vmatrix} x_{11}, & \ldots, & x_{\nu 1} \\ \cdots\cdots\cdots\cdots \\ x_{1\nu}, & \ldots, & x_{\nu\nu} \end{vmatrix}$$

von Null verschieden sei.

2. Der Abstand zweier Punkte der Menge ist größer als eine positive Zahl ε.

3. Gehören die Punkte $(x) = (x_1, \ldots, x_\nu)$ und $(y) = (y_1, \ldots, y_\nu)$ zur Menge, so gehören auch die Punkte $(x+y) = (x_1+y_1, \ldots, x_\nu + y_\nu)$ und $(x - y) = (x_1 - y_1, \ldots, x_\nu - y_\nu)$ zur Menge. Man sagt auch, die Punkte sollen einen *Modul* bilden.

Bemerken wir sogleich, daß die Forderung 2 wesentlich ist. Läßt man sie fallen, so genügen die Punkte mit *rationalen* Koordinaten den übrigbleibenden Forderungen 1 und 3.

Nach 3 ist der Ursprung des Koordinatensystems ein Gitterpunkt, denn mit (x) enthält das Gitter auch den Punkt $(x) - (x) = (0) = (0, \ldots, 0)$.

In der geometrischen Darstellung des Gitters ist der kleinste Abstand zweier Gitterpunkte stets größer oder gleich dem kleinsten Gittervektor, daher ist 2 erfüllt. Ferner enthält es mit den beiden Punkten

$$\xi_1 \mathfrak{x}_1 + \cdots + \xi_\nu \mathfrak{x}_\nu \quad \text{und} \quad \eta_1 \mathfrak{x}_1 + \cdots + \eta_\nu \mathfrak{x}_\nu$$

auch den Punkt $(\xi_1 + \eta_1)\, \mathfrak{x}_1 + \cdots + (\xi_\nu + \eta_\nu)\, \mathfrak{x}_\nu$, erfüllt daher die Eigenschaft 3. Wegen der linearen Unabhängigkeit der ν Vektoren $\mathfrak{x}_1, \ldots, \mathfrak{x}_\nu$ ist auch 1 erfüllt. Daher ist jedes im geometrischen Sinne erklärte Gitter auch ein Gitter nach unserer zweiten Definition. Daß das Umgekehrte gilt, wird sich im folgenden zeigen.

Die Aufgabe, die unserem Buche zugrunde liegt, besteht in der Untersuchung der Eigenschaften aller möglichen Punktgitter. Diese Eigenschaften werden durch die Operationen dargestellt, die das Punktgitter in sich überführen, sie heißen auch **Deckoperationen.**

Mit den ν Punkten (x_k), $k = 1, \ldots, \nu$ aus Forderung 1 führen wir ein System von *Gitterkoordinaten* $\xi_1, \ldots, \xi_\nu$ ein, das von den vom Ursprung nach diesen Punkten führenden Gittervektoren $\mathfrak{a}_1, \ldots, \mathfrak{a}_\nu$ aufgespannt wird:

$$\mathfrak{a}_k = \sum_{i=1}^{\nu} x_{ik}\, \mathfrak{e}_i, \quad k = 1, \ldots, \nu \quad \text{oder} \quad \mathfrak{a} = X'\, \mathfrak{e}, \quad X = (x_{ik})\,. \tag{1}$$

Nach § 1, Gleichung (7), gilt dann für einen beliebigen Punkt (z)

$$z_i = \sum_{k=1}^{\nu} x_{ik}\, \xi_k, \quad i = 1, \ldots, \nu \quad \text{oder} \quad z = X\, \xi, \tag{2}$$

wodurch die Gitterkoordinaten $\xi_1, \ldots, \xi_\nu$ des Punktes (z) bestimmt sind.

Nach (2) sind die folgenden Punkte Gitterpunkte:

$$P_1\, (\xi_1 = 1, \xi_2 = 0, \ldots\ldots\ldots\ldots\ldots, \xi_\nu = 0)$$
$$P_2\, (\xi_1 = 0, \xi_2 = 1, \xi_3 = 0, \ldots\ldots\ldots, \xi_\nu = 0)$$
$$\cdots\cdots\cdots\cdots\cdots\cdots\cdots\cdots\cdots\cdots\cdots$$
$$P_\nu\, (\xi_1 = 0, \ldots\ldots\ldots\ldots, \xi_{\nu-1} = 0, \xi_\nu = 1)\,.$$

Nach der Forderung 3 sind daher auch die Punkte

$$Q_1 \; (\xi_1 = n_1, \; \xi_2 = 0, \; \ldots\ldots\ldots\ldots, \; \xi_\nu = 0)$$

$$\ldots\ldots\ldots\ldots\ldots\ldots\ldots\ldots\ldots\ldots\ldots\ldots\ldots$$

$$Q_\nu \; (\xi_1 = 0, \; \ldots\ldots\ldots, \; \xi_{\nu-1} = 0, \; \xi_\nu = n_\nu)$$

Gitterpunkte, wobei $n_1, \ldots, n_\nu$ beliebige ganze Zahlen sind. Daher ist wiederum nach Forderung 3 jeder Punkt $(n_1, \ldots, n_\nu)$ mit ganzzahligen Gitterkoordinaten ein Gitterpunkt.

Im Raum der Gitterkoordinaten grenzen wir einen endlichen Bereich ab durch die Forderung, daß ihm alle Raumpunkte angehören mögen, für die

$$0 \le (\xi) < 1, \quad \text{das heißt} \quad 0 \le \xi_1 < 1, \; \ldots, \; 0 \le \xi_\nu < 1$$

ist. Einen solchen Bereich nennen wir ein Parallelotop oder kürzer eine *Zelle*. Man beachte, welche Randpunkte mit zur Zelle gezählt werden. Eine Zelle kann nach Forderung 2 höchstens endlich viele Gitterpunkte enthalten. Jede Zelle enthält den Ursprung $(0, \ldots, 0)$ als Gitterpunkt, daher ist die Anzahl N der Gitterpunkte pro Zelle $N \ge 1$.

Satz 3. *Für einen Gitterpunkt (ξ) ist $N \cdot (\xi)$ ein System von ganzen Zahlen. Die Gitterpunkte haben somit rationale Gitterkoordinaten mit dem Nenner N.*

Zum Beweise seien (ϱ_n), $n = 1, \ldots, N$ die N Gitterpunkte in der Zelle, es gilt daher

$$0 \le (\varrho_n) < 1.$$

Sei (ξ) irgendein Gitterpunkt. Dann ist nach Forderung 3

$$(\xi + \varrho_n)$$

ein Punkt des Gitters. Mit $[\alpha]$ bezeichnet man diejenige ganze Zahl, für die $0 \le \alpha - [\alpha] < 1$ ist und nennt $[\alpha]$ die größte ganze Zahl in α.

Bezeichnen wir ferner mit $[\xi + \varrho_n]$ den Vektor mit den Komponenten $[\xi_1 + \varrho_{1,n}], \ldots, [\xi_\nu + \varrho_{\nu,n}]$, so ist $[\xi + \varrho_n]$ ein Gitterpunkt, weil alle Punkte mit ganzzahligen Koordinaten Gitterpunkte sind. Nach der Moduleigenschaft ist daher auch der Punkt

$$(\xi + \varrho_n) - [\xi + \varrho_n]$$

ein Gitterpunkt. Da dieser in der Zelle liegt, muß er einer der Punkte (ϱ_n) sein, etwa

$$(\xi + \varrho_n) - [\xi + \varrho_n] = (\varrho_l).$$

Diese Gleichung schreiben wir als Kongruenz

$$(\xi + \varrho_n) \equiv (\varrho_l) \quad (\text{mod } 1), \tag{3}$$

womit wir ν Kongruenzen für die ν Komponenten ausdrücken. Dabei ist l durch n bestimmt; durchläuft n alle Zahlen von 1 bis N, so auch l, weil die (ϱ_n) modulo 1 inkongruent sind. Setzen wir in (3) für n der Reihe nach alle Zahlen von 1 bis N und addieren alle so erhaltenen Kongruenzen, so finden wir

$$N \cdot (\xi) + \sum_{n=1}^{N} (\varrho_n) \equiv \sum_{l=1}^{N} (\varrho_l) \quad (\text{mod } 1).$$

Da $\sum_{n=1}^{N} (\varrho_n) = \sum_{l=1}^{N} (\varrho_l)$ ist, erhalten wir

$$N \cdot (\xi) = \text{System von ganzen Zahlen.}$$

SATZ 4. *Man kann die ν Punkte $P_1 = (x_1) = (x_{11}, \dots, x_{\nu 1}), \dots, P_\nu = (x_\nu)$, welche das System der Gitterkoordinaten aufspannen, immer so wählen, daß die durch sie bestimmte Zelle nur einen Gitterpunkt, den Ursprung, enthält.*

Zum Beweise wählen wir die ν Punkte $P_1 = (x_1), \dots, P_\nu = (x_\nu)$ so, daß die ν Vektoren $\overrightarrow{OP_1}, \dots, \overrightarrow{OP_\nu}$ linear unabhängig sind. Die Gitterkoordinaten $\xi_1, \dots, \xi_\nu$ des allgemeinen Punktes (z) sind dann gegeben durch

$$z_i = \sum_{l=1}^{\nu} x_{il} \xi_l, \quad i = 1, \dots, \nu \quad \text{oder} \quad z = X \xi. \tag{4}$$

Die Determinante $V_P = |x_{il}| = |X| \neq 0$ stellt, abgesehen vom Vorzeichen, das Volumen V_P der Zelle $O, P_1, \dots, P_\nu$ dar. Nehmen wir ν andere linear unabhängige Vektoren $\overrightarrow{OQ_1}, \dots, \overrightarrow{OQ_\nu}$ mit $Q_1 = (y_1), \dots, Q_\nu = (y_\nu)$, so ist entsprechend das Volumen der Zelle $O, Q_1, \dots, Q_\nu$ gleich

$$V_Q = |y_{ik}| = |Y| \neq 0. \tag{5}$$

Seien in bezug auf das durch die Punkte $P_1, \dots, P_\nu$ bestimmte Koordinatensystem die Gitterkoordinaten der Punkte $Q_1, \dots, Q_\nu$ mit $(\eta_1), \dots, (\eta_\nu)$ bezeichnet, so gilt nach (4)

$$y_{ik} = \sum_{l=1}^{\nu} x_{il} \eta_{lk} \quad \text{oder} \quad Y = X H \quad \text{mit} \quad H = (\eta_{lk}). \tag{6}$$

Dies in (5) eingesetzt ergibt nach dem Multiplikationssatz der Determinanten

$$V_Q = |X| \cdot |H| = V_P |H|.$$

Da die Gitterkoordinaten η_{lk} rationale Zahlen mit dem Nenner N sind, und da eine ν-reihige Determinante eine ganze Funktion ν-ten Grades in den Koeffizienten der Determinante ist, dürfen wir schreiben

$$V_Q = \frac{V_P}{N^\nu} \cdot k,$$

wo k eine ganze Zahl ist. Diese Gleichung bedeutet: Das Volumen V_Q einer beliebigen Zelle $O, Q_1, \ldots, Q_\nu$ ist ein ganzzahliges Vielfaches der festen Zahl $\frac{V_P}{N^\nu}$. Daraus folgt als

HILFSSATZ: *Es gibt Zellen kleinsten Volumens, wir nennen sie* **Elementarzellen.**

Wir behaupten, daß eine Elementarzelle nur einen einzigen Gitterpunkt, den Ursprung, enthält. Für eine Elementarzelle ist demnach $N=1$.

Habe die Zelle $O, P_1, \ldots, P_\nu$ das Volumen V_P und enthalte sie im Innern den vom Ursprung verschiedenen Gitterpunkt Q mit den rechtwinkligen Koordinaten $y_1, \ldots, y_\nu$ und den Gitterkoordinaten $\eta_1, \ldots, \eta_\nu$; dabei ist wegen der Zelleneigenschaft $0 \leq \eta_i < 1$, $i = 1, \ldots, \nu$, wobei nicht alle η_i gleich Null sind, sei $0 < \eta_j$. Aus der Zelle $O, P_1, \ldots, P_j, \ldots, P_\nu$ stellen wir eine neue Zelle $O, P_1, \ldots, P_{j-1}, Q, P_{j+1}, \ldots, P_\nu$ her mit dem Volumen V, indem wir den Punkt P_j durch den Punkt Q ersetzen. Nach (6) gilt für diese neue Zelle

$$y_{ik} = \sum_{l=1}^{\nu} x_{il}\,\eta_{lk},$$

wobei die Matrix (η_{lk}) die folgende Form besitzt:

$$H = \begin{pmatrix} 1, 0, \ldots\ldots\ldots\ldots, 0 \\ 0, 1, 0, \ldots\ldots\ldots, 0 \\ \cdots\cdots\cdots\cdots\cdots\cdots \\ \eta_1, \ldots, \eta_j, \ldots, \eta_\nu \\ \cdots\cdots\cdots\cdots\cdots\cdots \\ 0, \ldots\ldots\ldots\ldots, 1 \end{pmatrix}.$$

Somit ist ihr Volumen

$$V = \eta_i \cdot |x_{ik}| = \eta_j \cdot V_P < V_P.$$

Das Volumen der Zelle $O, P_1, \ldots, P_{j-1}, Q, P_{j+1}, \ldots, P_\nu$ ist kleiner als das Volumen der Zelle $O, P_1, \ldots, P_\nu$, also kann diese keine Elementarzelle sein. Eine Elementarzelle kann daher keinen vom Ursprung verschiedenen Gitterpunkt enthalten.

Da wir gezeigt haben, daß in Gitterkoordinaten für die Koordinaten $\xi_1, \ldots, \xi_\nu$ eines Gitterpunktes stets $N\,\xi_i$ eine ganze Zahl ist, so folgt:

SATZ 5: *Sind die Vektoren* $\overrightarrow{OP_1}, \ldots, \overrightarrow{OP_\nu}$ *einer* **Elementarzelle** *die Gittervektoren, so sind die Gitterpunkte alle Punkte mit ganzzahligen Gitterkoordinaten, und alle Punkte mit ganzzahligen Gitterkoordinaten sind Gitterpunkte.*

Seien $O, P_1, \ldots, P_\nu$ und $O, Q_1, \ldots, Q_\nu$ zwei verschiedene Elementarzellen und sei in rechtwinkligen Koordinaten

$$P_i = (x_i), \quad Q_i = (y_i).$$

Ferner möge für den Übergang von den rechtwinkligen zu den Gitterkoordinaten (ξ_i) bzw. (η_i) die Gleichung (2) gelten. Es ist daher für den allgemeinen Punkt (z)

$$z_i = \sum_{k=1}^{\nu} x_{ik}\,\xi_k = \sum_{k=1}^{\nu} y_{ik}\,\eta_k \qquad \text{oder kurz} \qquad z = X\,\xi = Y\,\eta\,. \tag{7}$$

Somit müssen sich die η linear durch die ξ und die ξ linear durch die η ausdrücken lassen, es muß also gelten

$$\eta_i = \sum_{k=1}^{\nu} a_{ik}\,\xi_k \qquad \text{oder} \qquad \eta = A\,\xi\,, \tag{8}$$

$$\xi_k = \sum_{i=1}^{\nu} b_{ki}\,\eta_i \qquad \text{oder} \qquad \xi = B\,\eta\,. \tag{9}$$

Hierbei sind sowohl die a_{ik} als auch die b_{ki} *ganze* Zahlen. Denn wäre zum Beispiel a_{i1} nicht ganz, so setze man $\xi_1 = 1$, $\xi_k = 0$ $(k \neq 1)$, so daß η_i nicht ganz wäre im Widerspruch zu Satz 5. Setzt man (9) in (8) ein, so folgt

$$A\,B = (a_{ik}) \cdot (b_{ki}) = E\,,$$

somit ist in Determinanten

$$|A| \cdot |B| = |a_{ik}| \cdot |b_{ik}| = 1\,,$$

und daher wegen der Ganzzahligkeit der Matrizen

$$|A| = |B| = \pm 1\,. \tag{10}$$

Substitutionen mit der Determinante ± 1 heißen *unimodular*, und wir formulieren den für das Spätere grundlegenden

Satz 6: *Die Gittervektoren zweier Elementarzellen gehen durch eine unimodulare ganzzahlige Substitution auseinander hervor.*

Somit wird jedes Gitter durch unimodulare ganzzahlige Transformationen in sich übergeführt, und um ein Gitter in sich überzuführen, braucht man eine unimodulare ganzzahlige Substitution.

Setzt man (8) in (7) ein, so erhält man

$$X\,\xi = Y\,A\,\xi\,.$$

Daher gilt nach (10) $\qquad\qquad |X| = \pm\,|Y|\,.$

Elementarzellen haben daher bis auf das Vorzeichen gleiche Volumina.

§ 4. Die Translationsgruppe

Zwischen den Punkten des Raumes R^ν und den Punkten einer Elementarzelle kann eine solche Beziehung hergestellt werden, daß jedem Punkt des Raumes genau ein Punkt der Elementarzelle entspricht. Wir sagen, jeder Raumpunkt (η) sei einem Punkt $0 \le (\xi) < 1$ der Elementarzelle zugeordnet. (η) und (ξ) heißen *äquivalente Punkte*. Bilden wir nämlich

$$(\xi) = (\eta) - [\eta] = (\eta_1 - [\eta_1], \ldots, \eta_\nu - [\eta_\nu]),$$

wobei $[a]$ wiederum die größte ganze in a enthaltene Zahl bedeutet, so ist dem Punkt (η) der Punkt (ξ) in der Elementarzelle zugeordnet. Alle Punkte des Raumes, denen derselbe Punkt der Elementarzelle zugeordnet ist, heißen äquivalent. Punkte, die nicht äquivalent sind, heißen *inäquivalent*. Man erhält eine Zelleneinteilung des R^ν, indem man in $(\xi) + (a)$ die Koordinaten $a_1, \ldots, a_\nu$ von (a) unabhängig voneinander alle ganzen Zahlen durchlaufen läßt.

Um diese Zelleneinteilung des R^ν besser beschreiben zu können, braucht man die Grundbegriffe der Gruppentheorie. Da diese Theorie in den späteren Teilen unseres Buches die Grundlage der Entwicklungen sein wird, stellen wir jeweils in Kürze die nötigen Begriffe zusammen. Für ausführlichere Darstellungen verweisen wir auf die bekannten Lehrbücher der Gruppentheorie.

Eine Menge M von endlich vielen oder von unendlich vielen Elementen $a, b, c, \ldots$ heißt eine *Gruppe* $\mathfrak{G}$, wenn sie die folgenden vier Eigenschaften besitzt:

I. Es gibt eine Verknüpfung, die jedem geordneten Paar a, b ein Element c der Gruppe zuordnet. Die Zuordnung wird durch das Gleichheitszeichen ausgedrückt, die Verknüpfung wird geschrieben:

1) als Multiplikation: $a \cdot b$ oder kurz ab, die Gruppe heißt *multiplikativ*;
2) als Addition: $a + b$, wir sprechen von *additiver* Gruppe.

Das kommutative Gesetz wird nicht gefordert; falls es für jedes Paar aus M gilt, heißt die Gruppe $\mathfrak{G}$ eine *kommutative* oder ABELsche (nach NIELS HENRIK ABEL, 1802–1829).

II. Für die Verknüpfung gilt das assoziative Gesetz:

1) multiplikativ geschrieben: $a\,(bc) = (ab)\,c = abc$,
2) additiv geschrieben: $a + (b+c) = (a+b) + c = a + b + c$.

III. In M gibt es ein Element e so, daß für alle Elemente a aus M

1) multiplikativ geschrieben: $ae = ea = a$,
2) additiv geschrieben: $a + e = e + a = a$.

Dieses Element heißt Einheitselement und wird in der multiplikativen Schreibweise oft mit 1 bezeichnet, in der additiven Form mit 0.

IV. Zu jedem Element a aus M gibt es ein Element x aus M so, daß:

    1) multiplikativ geschrieben $ax = xa = e$ ist. x wird mit a^{-1} bezeichnet;

    2) additiv geschrieben $a + x = x + a = e$ ist. x wird mit $-a$ bezeichnet, für $a + (-a)$ schreibt man kürzer $a - a$.

    x heißt das zu a *inverse Element*.

Man zeigt, daß es in jeder Gruppe nur eine Einheit gibt und daß das zu a inverse Element eindeutig bestimmt ist.

Enthält eine Gruppe nur eine endliche Anzahl n von Elementen, so heißt sie eine *endliche Gruppe der Ordnung n*. Ist die Ordnung nicht endlich und enthält die Gruppe somit unendlich viele Elemente, so heißt sie eine unendliche. Genügt bereits eine Teilmenge $\mathfrak{U}$ der Gruppe $\mathfrak{G}$ den Gruppenpostulaten, so heißt $\mathfrak{U}$ eine *Untergruppe* von $\mathfrak{G}$.

Als Beispiel betrachten wir die sämtlichen Parallelverschiebungen eines Gitters, welche Gitterpunkte in Gitterpunkte überführen. Wir wollen zeigen, daß sie eine unendliche Abelsche Gruppe $\mathfrak{T}$ bilden.

Um eine Parallelverschiebung festzulegen, geben wir den Punkt P an, in welchen der Ursprung O übergeht. Sei $\mathfrak{x}$ der Vektor $\overrightarrow{OP}$. Indem wir $\mathfrak{x}$ als freien Vektor im beliebigen Gitterpunkt Q ansetzen, erhalten wir im Endpunkt von $\mathfrak{x}$ den Bildpunkt von Q. Das Verknüpfungsgesetz ist das Additionsgesetz der freien Vektoren, es ist daher vorteilhaft, die Gruppe additiv zu schreiben, Gruppenelemente sind die sämtlichen Vektoren von einem beliebigen Gitterpunkt P zu einem beliebigen Gitterpunkt Q. Für diese freien Vektoren gilt das Assoziativgesetz, das Einheitselement ist der Nullvektor, der in P anfängt und endigt, die Inverse des Vektors $\overrightarrow{OP} = \mathfrak{x}$ ist der Vektor $\overrightarrow{PO} = -\mathfrak{x}$. Weil die Addition der freien Vektoren kommutativ ist, ist die Gruppe Abelsch.

Das Gitter werde von den ν linear unabhängigen Vektoren $\mathfrak{a}_1, \ldots, \mathfrak{a}_\nu$ aufgespannt, $\xi_1, \ldots, \xi_\nu$ seien Gitterkoordinaten, und wir bezeichnen für ganzzahliges ξ_i mit $\xi_i \mathfrak{a}_i$ die Summe $\mathfrak{a}_i + \cdots + \mathfrak{a}_i$ (ξ_i Summanden). Dann ist jeder Gittervektor darstellbar in der Form

$$\overrightarrow{OP} = \mathfrak{x} = \xi_1 \mathfrak{a}_1 + \cdots + \xi_\nu \mathfrak{a}_\nu,$$

in Übereinstimmung mit der Darstellung von § 3. Die Gruppe $\mathfrak{T}$ der Parallelverschiebungen oder die *Translationsgruppe des Gitters* hat daher ν Erzeugende $\mathfrak{a}_1, \ldots, \mathfrak{a}_\nu$. Ist $(\eta) = \eta_1 \mathfrak{a}_1 + \cdots + \eta_\nu \mathfrak{a}_\nu$ ein beliebiger Raumpunkt, so erhält man alle dazu äquivalenten Punkte in der Form

$$(\eta) + \xi_1 \mathfrak{a}_1 + \cdots + \xi_\nu \mathfrak{a}_\nu = (\eta_1 + \xi_1) \mathfrak{a}_1 + \cdots + (\eta_\nu + \xi_\nu) \mathfrak{a}_\nu,$$

wo $\xi_1, \ldots, \xi_\nu$ alle ganzen Zahlen durchlaufen. Umgekehrt entspricht jedem Raumpunkt (η) eindeutig der äquivalente Gitterpunkt

$$(\xi) = \big((\eta) - [\eta]\big) = \big(\eta_1 - [\eta_1], \ldots, \eta_\nu - [\eta_\nu]\big).$$

Somit ist der ganze R^ν in *Zellen* eingeteilt, wobei jede Zelle aus lauter inäquivalenten Punkten besteht und als Fundamentalbereich der Translationsgruppe $\mathfrak{T}$ betrachtet werden kann.

Wir nennen eine starre Bewegung, die jeden Punkt eines Gitters wieder in einen Punkt des Gitters überführt, eine *Deckoperation oder eine Symmetrie des Gitters*, daher nach § 2:

SATZ 7: *Die Decktransformationen oder Symmetrien eines Gitters, die einen Punkt fest lassen, bilden eine lineare homogene orthogonale Substitutionsgruppe.*

Jedes Gitter besitzt von der Identität verschiedene Deckoperationen. Zum Beispiel sind die Elemente der eben besprochenen Translationsgruppe $\mathfrak{T}$ Deckoperationen. *Jedes Gitter läßt überdies eine Deckoperation zu, bei der ein Gitterpunkt fest bleibt.* Seien durch die Gittervektoren $\mathfrak{a}_1, \ldots, \mathfrak{a}_\nu$ die Gitterkoordinaten $\xi_1, \ldots, \xi_\nu$ bestimmt. Ordnen wir jedem Gitterpunkt (ξ) den Gitterpunkt $(\eta) = (-\xi)$ zu, so ist diese Operation eine Deckoperation. Denn sind (x) die rechtwinkligen Koordinaten von (ξ), (y) diejenigen von (η), so gilt nach § 1, (7')

$$x = T\,\xi, \quad y = T\,\eta, \qquad \text{daher} \quad \xi = T^{-1}x, \quad \eta = T^{-1}y.$$

Ist nun
$$\eta = B\,\xi,$$

so folgt
$$T^{-1}y = B\,T^{-1}x,$$

somit
$$y = T\,B\,T^{-1}x.$$

In unserem Falle ist $B = -E$, folglich

$$y = -E\,x, \quad \text{das heißt} \quad (y) = -(x).$$

$-E$ ist eine orthogonale Matrix, daher ist die eben beschriebene Operation eine Deckoperation, der Ursprung ist ihr Fixpunkt. Sie heißt *Spiegelung am Ursprung* oder *Inversion*. Wiederholen wir diese Operation, so erhalten wir die ursprüngliche Punktlage gemäß der Gleichung $(-E)^2 = E$, die Inversion ist daher eine Operation der Ordnung zwei, sie erzeugt eine Abelsche Gruppe zweiter Ordnung. Eine solche Gruppe, die aus einem einzigen Element erzeugt werden kann, heißt *zyklisch*.

In anderen Darstellungen legt man der Kristallographie den Begriff des *homogenen Diskontinuums* zugrunde. Dabei geht man von einer Einteilung des R^ν in lauter kongruente Zellen aus, die auseinander durch Parallelverschiebung hervorgehen. Man verlangt ferner, daß diese eine Gruppe mit ν linear unabhängigen Erzeugenden bilden. Führt man mittels dieser Translationsgruppe Koordinaten ein und wählt einen willkürlichen Punkt (ξ), so bilden alle dazu äquivalenten Punkte $(\xi) + (a)$, wo (a) das System aller ganzzahligen Werte durchläuft, ein Gitter. Jedem homogenen Diskontinuum entspricht somit ein Gitter. Gitter und homogenes Diskontinuum können als verschiedene geometrische Darstellungen einer Translationsgruppe aufgefaßt werden.

II. KAPITEL

Die Kristallklassen

§ 5. Die Kristallklassen

Der Definition der Kristallklasse seien einige einleitende Bemerkungen vorangestellt. Sowohl der äußere Habitus wie auch das physikalisch-chemische Verhalten eines Kristalls ist nicht in allen Richtungen dasselbe, die Kristalle sind anisotrope Körper. Phänomenologisch bemerken wir, daß die Begrenzungsebenen bei Kristallen derselben Art nur in ganz bestimmten Stellungen auftreten, so daß die Winkel, die entsprechende Ebenen miteinander bilden, bei Individuen derselben Art gleich groß sind: Gesetz der Winkelkonstanz von STENO. Die Erfahrung zeigt, daß die Richtungen dieser Ebenen durch gewisse Symmetrien ineinander übergeführt werden können. Diese Symmetrien sind Spiegelungen an Punkt und Ebene, ferner bestimmte Drehungen um Achsen. Es ist naheliegend, diejenigen Kristalle, welche dieselben Symmetrien besitzen, zu einer Klasse zusammenzufassen. Durch die Erkenntnis des gitterförmigen Aufbaues der Kristalle wurde diese Einteilung erhärtet, und wir gelangen zur Erklärung:

DEFINITION: *Eine Gruppe von Decktransformationen eines Gitters, welche einen Fixpunkt besitzt, heißt eine Kristallklasse.*

Durch diese Definition wird ein Weg angezeigt, die möglichen Kristallklassen aufzufinden: man sucht zunächst alle möglichen Punktgitter und stellt hierauf die Gruppe ihrer Deckoperationen, die einen Fixpunkt besitzen, auf. Dieser Weg wird in der geometrischen Kristallographie beschritten; wir werden in diesem Buch einen anderen Weg einschlagen. Zu diesem Zweck untersuchen wir die Gruppen der Decktransformationen mit Fixpunkt näher und behaupten:

SATZ 8: *Die Decktransformationen eines Gitters, welche einen Fixpunkt besitzen, bilden eine* **endliche** *Gruppe.*

Sei O der Fixpunkt, die linear unabhängigen Vektoren $\mathfrak{a}_1, \ldots, \mathfrak{a}_\nu$ mögen das Gitter aufspannen. Es gibt nur endlich viele Vektoren, die gleich lang sind wie $\mathfrak{a}_1$, nur endlich viele von gleicher Länge wie $\mathfrak{a}_2$ usw. Somit kommen nur endlich viele Möglichkeiten in Betracht, $\mathfrak{a}_1, \ldots, \mathfrak{a}_\nu$ durch längentreue Transformationen in ebenso viele neue Vektoren überzuführen. (Für eine Abschätzung der Anzahl der Möglichkeiten siehe H. MINKOWSKI, Geometrie der Zahlen, § 48.)

Verbinden wir Satz 8 mit Satz 7, so ergibt sich die folgende Charakterisierung der Kristallklassen:

SATZ 9: *Eine Kristallklasse ist eine endliche homogene lineare Substitutionsgruppe, die sich in orthogonaler Gestalt schreiben läßt und die ein Gitter in sich überführt.*

Es ist hier wohl der Ort, auf den Unterschied zwischen einer abstrakten Gruppe und ihren *Darstellungen durch* homogene lineare Substitutionen oder *Matrizen* aufmerksam zu machen, nachdem wir ihm bereits mehrmals begegnet sind. Sei zum Beispiel die zyklische Gruppe $\mathfrak{Z}_3$ der Ordnung drei gegeben durch ein erzeugendes Element a, wofür gilt $a^3 = e$, e ist das Einheitselement. Diese Gruppe besteht aus den Elementen e, a, a^2 mit $a^3 = e$ und ist hierdurch als abstrakte Gruppe festgelegt.

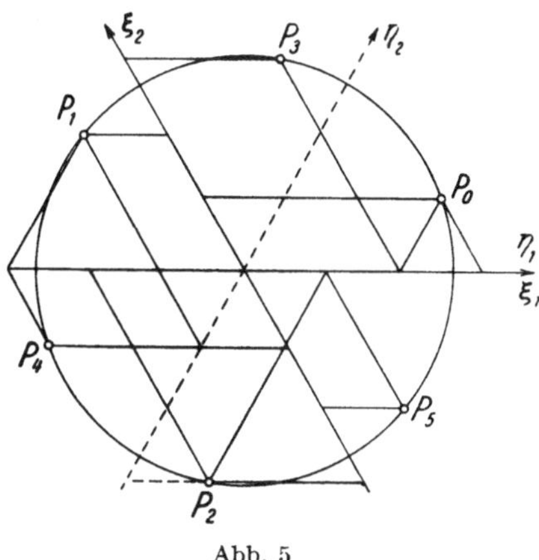

Abb. 5

Es handelt sich hier darum, sie durch Matrizen darzustellen. Sei ein Koordinatensystem gegeben, dessen Achsen ξ_1 und ξ_2 den Winkel von 120° miteinander bilden, es heißt *hexagonales Koordinatensystem*. Den Punkt P_0 (ξ_{01}, ξ_{02}) drehen wir im positiven Sinn um 120° in die Lage P_1 (ξ_{11}, ξ_{12}), diesen um 120° in die Lage P_2 (ξ_{21}, ξ_{22}). Die Koordinaten von P_1 lassen sich an der Abbildung 5 leicht ablesen zu

$$\xi_{11} = -\xi_{02}, \quad \xi_{12} = \xi_{01} - \xi_{02},$$

diejenigen von P_2 zu

$$\xi_{21} = -\xi_{01} + \xi_{02}, \quad \xi_{22} = -\xi_{01}.$$

Hiermit erhalten wir für $\mathfrak{Z}_3$ die Darstellung C_3 in Matrizen (wegen der Bezeichnung siehe Seite 71)

$$E = \begin{pmatrix} 1 & 0 \\ 0 & 1 \end{pmatrix}, \quad B^2 = \begin{pmatrix} 0 & -1 \\ 1 & -1 \end{pmatrix}, \quad B^4 = \begin{pmatrix} -1 & 1 \\ -1 & 0 \end{pmatrix}.$$

Man bestätigt leicht, daß $(B^2)^3 = E$ ist. *Diese Darstellung ist nicht orthogonal*, denn beispielsweise erfüllt die Matrix B^2 die Bedingungen (8) oder (9) von § 2 nicht.

Eine andere Darstellung von $\mathfrak{Z}_3$ erhalten wir, indem wir die drei Punkte P_0, P_1, P_2 in rechtwinkligen Koordinaten aufschreiben. Aus der Abbildung 6 entnimmt man

$$OP = OU = OV, \quad P_0 P = P_1 U = P_2 V,$$

und hiermit

$$P_1 R = P_1 U \cdot \cos 60^0 + OU \cdot \cos 30^0 = \tfrac{1}{2} \cdot P_0 P + \frac{\sqrt{3}}{2} \cdot OP,$$

somit

$$x_{11} = -\tfrac{1}{2} \cdot x_{01} - \frac{\sqrt{3}}{2} \cdot x_{02}.$$

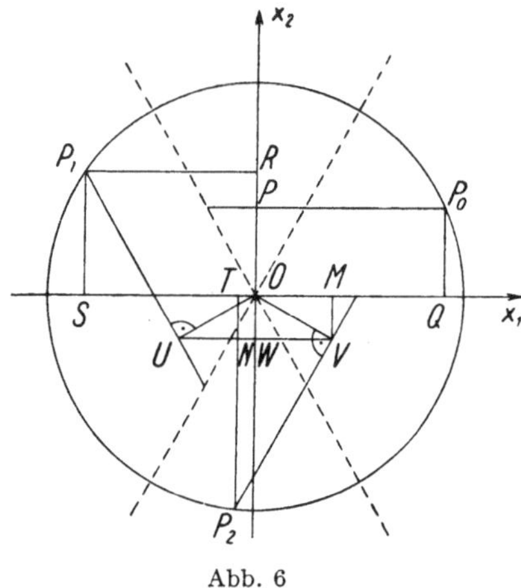

Abb. 6

Ferner ist

$$P_1 S = R W - O W = P_1 U \cdot \cos 30^0 - O U \cdot \cos 60^0 = \frac{\sqrt{3}}{2} \cdot P_0 P - \tfrac{1}{2} \cdot OP,$$

somit

$$x_{12} = \frac{\sqrt{3}}{2} \cdot x_{01} - \tfrac{1}{2} \cdot x_{02}.$$

Weiterhin ist

$$OT = TM - OM = P_2 V \cdot \cos 60^0 - OV \cdot \cos 30^0 = \tfrac{1}{2} \cdot P_0 P - \frac{\sqrt{3}}{2} \cdot OP,$$

$$P_2 T = P_2 N + WO = P_2 V \cdot \cos 30^0 + OV \cdot \cos 60^0 = \frac{\sqrt{3}}{2} \cdot P_0 P + \tfrac{1}{2} \cdot OP,$$

daher

$$x_{21} = -\tfrac{1}{2} \cdot x_{01} + \frac{\sqrt{3}}{2} \cdot x_{02}, \quad x_{22} = -\frac{\sqrt{3}}{2} \cdot x_{01} - \tfrac{1}{2} \cdot x_{02}.$$

Diese Substitutionen ergeben die Matrizendarstellung von $\mathfrak{Z}_3$:

$$E = \begin{pmatrix} 1 & 0 \\ 0 & 1 \end{pmatrix}, \quad B_1^2 = \begin{pmatrix} -\frac{1}{2} & -\frac{\sqrt{3}}{2} \\ \frac{\sqrt{3}}{2} & -\frac{1}{2} \end{pmatrix}, \quad B_1^4 = \begin{pmatrix} -\frac{1}{2} & \frac{\sqrt{3}}{2} \\ -\frac{\sqrt{3}}{2} & -\frac{1}{2} \end{pmatrix}.$$

Man bestätigt leicht, daß $(B_1^2)^3 = E$ ist. B_1^2 ist eine *orthogonale* Matrix, denn es gilt $B_1^2 \cdot (B_1^2)' = E$, wie man leicht nachrechnet.

An diesem Beispiel merken wir uns insbesondere, daß eine abstrakte Gruppe $\mathfrak{G}$ verschiedene Darstellungen in Matrizen haben kann. Ist $E, A, B, \ldots$ eine ihrer Darstellungen in ν-reihigen Matrizen, die wir mit D bezeichnen wollen, und ist T eine nicht singuläre ν-reihige Matrix, das heißt $|T| \neq 0$, so ist auch $E, T^{-1} A T, T^{-1} B T, \ldots$ eine ν-reihige Darstellung von $\mathfrak{G}$, die D_1 heiße. Man sieht leicht, daß D die aus D_1 durch Transformation mit T erhaltene Darstellung ist.

DEFINITION: *Zwei Darstellungen D und D_1 einer Gruppe $\mathfrak{G}$, die durch Transformation mit einer nicht singulären Matrix T auseinander hervorgehen, heißen äquivalent.*

Geometrisch bedeutet dies folgendes:

Sind D: $\qquad\qquad\qquad E, A, B, \ldots$

und D_1: $\qquad\qquad\qquad E, A_1, B_1, \ldots$

zwei Darstellungen der abstrakten Gruppe $\mathfrak{G}$ und geht D_1 aus D durch Transformation mit T hervor, so sei

$$A = T^{-1} A_1 T, \quad B = T^{-1} B_1 T, \ldots$$

Dabei sei D im Koordinatensystem $\xi_1, \ldots, \xi_\nu$, D_1 im Koordinatensystem $x_1, \ldots, x_\nu$ geschrieben. Nach (7') von § 1 hängen diese beiden Koordinatensysteme durch die Gleichung

$$x = T \xi$$

zusammen. Zwei äquivalente Darstellungen werden somit erhalten, indem eine und dieselbe Transformationsgruppe auf zwei verschiedene Koordinatensysteme bezogen wird.

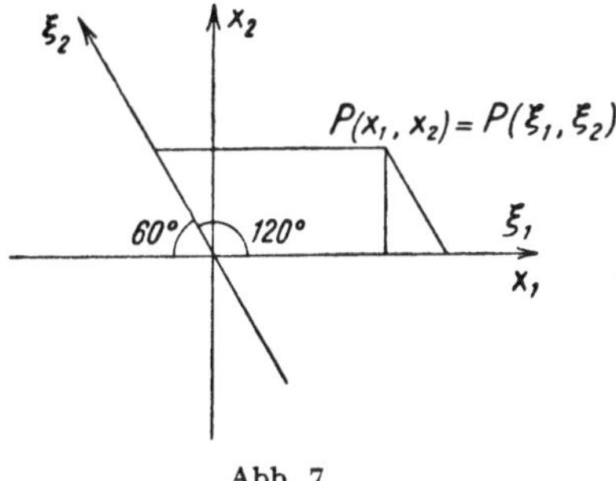

Abb. 7

In unserem Beispiel ist nach Abbildung 7

$$x_1 = \xi_1 - \xi_2 \cdot \cos 60^0 = \xi_1 - \frac{1}{2} \cdot \xi_2, \quad x_2 = \xi_2 \cdot \cos 30^0 = \frac{\sqrt{3}}{2} \cdot \xi_2.$$

Somit ist

$$T = \begin{pmatrix} 1 & -\frac{1}{2} \\ 0 & \frac{\sqrt{3}}{2} \end{pmatrix}, \quad \text{mit} \quad T^{-1} = \begin{pmatrix} 1 & \frac{1}{\sqrt{3}} \\ 0 & \frac{2}{\sqrt{3}} \end{pmatrix}.$$

Hiermit wird nach § 1 (12)

$$T^{-1} B_1^2 T = \begin{pmatrix} 1 & \frac{1}{\sqrt{3}} \\ 0 & \frac{2}{\sqrt{3}} \end{pmatrix} \begin{pmatrix} -\frac{1}{2} & -\frac{\sqrt{3}}{2} \\ \frac{\sqrt{3}}{2} & -\frac{1}{2} \end{pmatrix} \begin{pmatrix} 1 & -\frac{1}{2} \\ 0 & \frac{\sqrt{3}}{2} \end{pmatrix} = \begin{pmatrix} 0 & -1 \\ 1 & -1 \end{pmatrix} = B^2,$$

und

$$T^{-1} B_1^4 T = B^4.$$

Unser Ziel ist, eine Kristallklasse durch Eigenschaften einer Substitutionsgruppe völlig zu bestimmen. Daher können wir uns mit der Charakterisierung durch Satz 9 nicht begnügen. Vielmehr müssen wir uns fragen, in welcher Weise die Eigenschaft, daß eine Klasse ein Gitter in sich überführt, sich in den Substitutionen auswirkt. Da bei einer Deckoperation eines Gitters jeder Gitterpunkt in einen Gitterpunkt übergeht, geht nach Satz 5 jeder Punkt mit ganzzahligen Koordinaten über in einen Punkt mit ganzzahligen Koordinaten, falls das Gitterkoordinatensystem durch die Vektoren einer Elementarzelle aufgespannt wird. Daher besitzt die Gruppe der Decktransformationen eines Gitters eine Darstellung durch Substitutionen, deren Koeffizienten lauter ganze Zahlen sind. Ist das zugrunde gelegte Gitter ein ν-dimensionales, so haben die Substitutionen ν Variable. Daher

SATZ 10: *Eine Kristallklasse im R^ν ist eine endliche lineare homogene orthogonale Substitutionsgruppe in ν Variablen, die einer ganzzahligen linearen Substitutionsgruppe äquivalent ist.*

Zum Beispiel ist unsere soeben angeführte Gruppe 3_3 eine Kristallklasse. Denn einerseits haben wir von ihr eine orthogonale Darstellung angegeben, andererseits eine ganzzahlige.

Wir merken an, daß man in Satz 10 die Bedingung, die Substitutionsgruppe sei eine orthogonale, weglassen darf. Denn man kann beweisen, daß jede endliche homogene lineare Substitutionsgruppe einer ebensolchen orthogonalen äquivalent ist (siehe etwa A. SPEISER, Gruppentheorie, § 50).

§ 6. Das Äquivalenzproblem der Kristallklassen.
Geometrische und arithmetische Klassen

Im § 5 haben wir für die zyklische Gruppe $\mathfrak{Z}_3$ der Ordnung drei die Darstellung D

$$E = \begin{pmatrix} 1 & 0 \\ 0 & 1 \end{pmatrix}, \qquad B^2 = \begin{pmatrix} 0 & -1 \\ 1 & -1 \end{pmatrix}, \qquad B^4 = \begin{pmatrix} -1 & 1 \\ -1 & 0 \end{pmatrix} \tag{1}$$

in einem Koordinatensystem ξ_1, ξ_2 gegeben, dessen Achsen den Winkel $\sphericalangle\,(\xi_1,\,\xi_2) = 120^0$ miteinander bilden. Wir wollen zunächst zeigen, daß die abstrakte Gruppe $\mathfrak{Z}_3$ eine weitere *ganzzahlige* Darstellung D_2 besitzt. Diese Bemerkung wird für das Verständnis unserer späteren Ausführungen wichtig sein.

Seien η_1 und η_2 die Achsen eines Koordinatensystems mit $\sphericalangle\,(\eta_1\,\eta_2) = 60^0$. An der Abbildung 5 sieht man leicht, daß in diesen Koordinaten die Gruppe $\mathfrak{Z}_3$ die Darstellung D_2 besitzt:

$$E = \begin{pmatrix} 0 & 1 \\ 1 & 0 \end{pmatrix}, \qquad B_2^2 = \begin{pmatrix} -1 & -1 \\ 1 & 0 \end{pmatrix}, \qquad B_2^4 = \begin{pmatrix} 0 & 1 \\ -1 & -1 \end{pmatrix}. \tag{2}$$

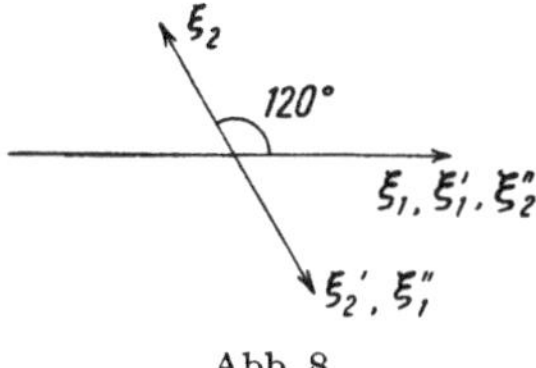

Abb. 8

Untersuchen wir, auf welche Weise das Koordinatensystem ξ_1, ξ_2 in das System η_1, η_2 übergeht! Wir spiegeln zuerst die ξ_2-Achse am Nullpunkt (siehe Abbildung 8) und lassen die ξ_1-Achse in Ruhe, setzen also

$$\xi_1' = \xi_1, \qquad \xi_2' = -\xi_2. \tag{3}$$

Sodann vertauschen wir die ξ_1'-Achse mit der ξ_2'-Achse. Wir können auch sagen, daß wir das ξ_1', ξ_2'-System an seiner Winkelhalbierenden spiegeln, wodurch wir erhalten

$$\xi_1'' = \xi_2', \xi_2'' = \xi_1'. \tag{4}$$

Wie die Abbildung 8 zeigt, entsteht ein positives Koordinatensystem mit dem Winkel 60^0, also gerade das η_1, η_2-System.

Setzen wir (3) in (4) ein, so lautet die zusammengesetzte Transformation

$$\eta_1 \equiv \xi_1'' = \xi_2' = -\xi_2, \qquad \eta_2 \equiv \xi_2'' = \xi_1' = \xi_1, \tag{5}$$

und deren Matrix

$$T = \begin{pmatrix} 0 & -1 \\ 1 & 0 \end{pmatrix} \quad \text{mit} \quad T^{-1} = \begin{pmatrix} 0 & 1 \\ -1 & 0 \end{pmatrix}, \quad |T| = 1, \tag{6}$$

so daß wir schreiben können $\qquad \eta = T\,\xi.$

T ist orthogonal, denn $T'T = E$; diese Bemerkung werden wir später verwenden.

Nach § 1 muß gelten

$$B^2 = T^{-1} B_2^2 T , \quad B^4 = T^{-1} B_2^4 T ,$$

was leicht zu bestätigen ist.

Es ist nicht schwer, aus den Darstellungen D und D_2 je eine weitere ganzzahlige abzuleiten durch Transformation mit $T = \begin{pmatrix} 0 & 1 \\ 1 & 0 \end{pmatrix}$. Aus D findet man

$$D' : \quad \begin{pmatrix} 1 & 0 \\ 0 & 1 \end{pmatrix}, \quad \begin{pmatrix} -1 & 1 \\ -1 & 0 \end{pmatrix}, \quad \begin{pmatrix} 0 & -1 \\ 1 & -1 \end{pmatrix};$$

aus D_2 erhält man

$$D_2' : \quad \begin{pmatrix} 1 & 0 \\ 0 & 1 \end{pmatrix}, \quad \begin{pmatrix} 0 & 1 \\ -1 & -1 \end{pmatrix}, \quad \begin{pmatrix} -1 & -1 \\ 1 & 0 \end{pmatrix}.$$

Geometrisch bedeutet die Transformation mit $T = \begin{pmatrix} 0 & 1 \\ 1 & 0 \end{pmatrix}$ die Vertauschung der beiden Koordinatenachsen. Dieses Beispiel zeigt uns, daß dieselbe abstrakte Gruppe $\mathfrak{Z}_3$ verschiedene ganzzahlige Darstellungen hat. Man erhält sie auf geometrischem Wege durch Einführung geeigneter Koordinatensysteme. In der Matrizenschreibweise gehen in unserem Beispiel die verschiedenen Darstellungen durch Transformation mit einer *unimodularen ganzzahligen Matrix* hervor.

Es ist für die späteren Ausführungen nützlich, ein weiteres Beispiel zu behandeln. $\mathfrak{G}$ sei die abstrakte Gruppe, die von dem einzigen Element a erzeugt werde und es sei $a^2 = e$, wo e die Einheit. $\mathfrak{G}$ besteht somit nur aus den beiden Elementen e und a, wir haben die *zyklische Gruppe der Ordnung zwei* vor uns. Es ist leicht, sie auf verschiedene Arten durch zwei Variablen darzustellen, und zwar wollen wir in diesem Beispiel zuerst die Matrizendarstellungen angeben und diese hernach geometrisch deuten.

a) $\qquad\qquad E_1 = \begin{pmatrix} 1 & 0 \\ 0 & 1 \end{pmatrix}, \quad A_1 = \begin{pmatrix} 1 & 0 \\ 0 & -1 \end{pmatrix}.$

Diese Darstellung nennen wir C_s.

b) $\qquad\qquad E_2 = \begin{pmatrix} 1 & 0 \\ 0 & 1 \end{pmatrix}, \quad A_2 = \begin{pmatrix} 0 & 1 \\ 1 & 0 \end{pmatrix}. \qquad$ Darstellung C_k.

c) $\qquad\qquad E_3 = \begin{pmatrix} 1 & 0 \\ 0 & 1 \end{pmatrix}, \quad A_3 = \begin{pmatrix} -1 & 0 \\ 0 & -1 \end{pmatrix}. \qquad$ Darstellung C_2.

Geometrische Deutung: Bei der Darstellung C_s geht die erste Koordinatenachse in sich über, die andere bei der Operation A_1 in ihr negatives. Daher deuten wir diese Darstellung in einem rechtwinkligen Koordinatensystem. A_2 wird hierin die Spiegelung an der ersten Koordinatenachse (siehe Abbildung 9).

In der Darstellung C_k vertauscht A_2 die beiden Koordinatenachsen miteinander; wir dürfen den Winkel zwischen ihnen beliebig annehmen und können die Symmetrieoperation als eine Spiegelung an der Winkelhalbierenden der beiden Achsen auffassen (siehe Abbildung 10).

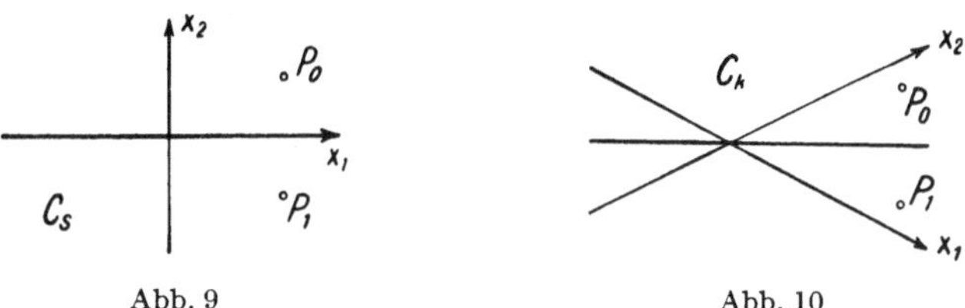

Abb. 9   Abb. 10

In der Darstellung C_2 bedeutet A_3 die Spiegelung jeder Achse am Nullpunkt, somit wird bei A_3 jeder Punkt am Nullpunkt gespiegelt, als Koordinatensystem dürfen wir ein solches nehmen, dessen Achsen einen beliebigen Winkel miteinander bilden (siehe Abbildung 11).

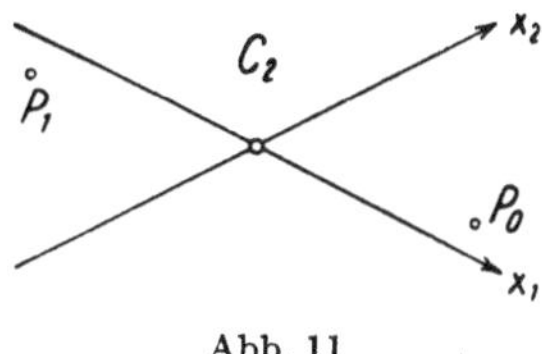

Abb. 11

Es erhebt sich die Frage, ob und wie wir diese Darstellungen durch Änderung des Koordinatensystems ineinander überführen können.

Wir zeigen zunächst, daß die Darstellung C_2 der Darstellung C_s nicht äquivalent ist. Gebe es im Gegenteil eine Matrix $T = \begin{pmatrix} \alpha & \beta \\ \gamma & \delta \end{pmatrix}$ mit $|T| = \alpha\,\delta - \beta\,\gamma \neq 0$, so daß $T^{-1} A_3 T = A_1$, das heißt $A_3 T = T A_1$ ist.

Ausgeschrieben besagt dies:

$$\begin{pmatrix} -1 & 0 \\ 0 & -1 \end{pmatrix} \begin{pmatrix} \alpha & \beta \\ \gamma & \delta \end{pmatrix} = \begin{pmatrix} \alpha & \beta \\ \gamma & \delta \end{pmatrix} \begin{pmatrix} 1 & 0 \\ 0 & -1 \end{pmatrix}.$$

Wir rechnen die Produkte auf beiden Seiten aus und erhalten

$$\begin{pmatrix} -\alpha & -\beta \\ -\gamma & -\delta \end{pmatrix} = \begin{pmatrix} \alpha & -\beta \\ \gamma & -\delta \end{pmatrix}.$$

Da zwei Matrizen einander nur dann gleich sind, wenn entsprechende Koeffizienten einander gleich sind, so muss sein

$$\alpha = -\alpha, \quad \text{somit} \quad \alpha = 0, \qquad \gamma = -\gamma, \quad \text{somit} \quad \gamma = 0.$$

Hieraus folgt $|T| = 0$ entgegen der Voraussetzung.

Ebenso zeigt man, daß C_2 nicht zu C_k äquivalent ist, denn $A_3 T = T A_2$ führt, wie man leicht nachrechnet, zu $-\alpha = \beta$, $-\gamma = \delta$. Dies in $|T| = \alpha\,\delta - \beta\,\gamma$ eingesetzt, ergibt $|T| = 0$, gegen die Voraussetzung.

Es ist elementargeometrisch einleuchtend, daß eine Spiegelung an einem Punkt durch eine Veränderung des Koordinatensystems nicht in eine Spiegelung an einer Geraden verwandelt werden kann. Hingegen ist zu vermuten, daß die Darstellungen C_s und C_k durch eine Änderung des Bezugssystemes ineinander übergeführt werden können.

Sei $A_1 T = T A_2$ oder ausgeschrieben

$$\begin{pmatrix} 1 & 0 \\ 0 & -1 \end{pmatrix} \begin{pmatrix} \alpha & \beta \\ \gamma & \delta \end{pmatrix} = \begin{pmatrix} \alpha & \beta \\ \gamma & \delta \end{pmatrix} \begin{pmatrix} 0 & 1 \\ 1 & 0 \end{pmatrix}.$$

Hieraus folgt $\alpha = \beta$, $\gamma = -\delta$, eingesetzt in $|T|$ ergibt sich

$$|T| = -2\,\alpha\,\gamma\,. \tag{7}$$

Verlangt man $|T| = \pm 1$, so läßt sich (7) *nicht* in *ganzzahligen* Werten α und γ lösen. Verlangt man hingegen ganzzahlige Werte α, β, γ, δ, kurz gesagt *ganzzahliges T*, so kann man nicht auch noch $|T| = \pm 1$ vorschreiben. Im Unterschied zum Beispiel auf Seite 39 läßt sich *keine ganzzahlige unimodulare* Matrix T finden, so daß C_s und C_k durch Transformation mit T auseinander hervorgehen.

Nach der ausführlichen Behandlung dieser grundlegenden Beispiele wenden wir uns der Untersuchung des allgemeinen Sachverhaltes zu. Seien nach Satz 10 G_1 und G_2 zwei endliche lineare homogene orthogonale Substitutionsgruppen, die den ganzzahligen Substitutionsgruppen S_1 und S_2 äquivalent sind. Anders ausgedrückt: Seien G_1 und G_2 zwei Kristallklassen und S_1 und S_2 ihre ganzzahligen Darstellungen. Die Hauptfrage, die wir beantworten müssen, lautet: *Wann sind G_1 und G_2 als gleich zu betrachten?*

Jedenfalls sind G_1 und G_2 gleich, wenn S_1 und S_2 gleich sind. Unsere oben angeführten Beispiele lassen darüber hinaus die Frage entstehen, ob G_1 und G_2 als gleich zu betrachten sind, wenn ihre ganzzahligen Darstellungen S_1 und S_2 äquivalent sind, das heißt wenn $S_1 = T^{-1} S_2 T$ ist.

In der geometrischen Kristallographie definiert man, wie wir in § 5 bemerkt haben, eine Kristallklasse als eine Gruppe von Symmetrien, wobei als Symmetrieelemente die Inversion, die Spiegelung an Ebenen und zwei-, drei-, vier- und sechszählige Achsen auftreten. Um eine Klasse festzulegen, ist außer der Angabe der Symmetrieelemente noch deren gegenseitige Lage zu fixieren. Zwei Klassen, die in der Art und der gegenseitigen Anordnung ihrer Symmetrieelemente übereinstimmen, werden in der geometrischen Kristallographie als gleich betrachtet. Im Sinne dieser Erklärung ist die Frage nach der Gleichheit zweier Klassen leicht zu entscheiden.

Gleiche Anordnungen gleicher Symmetrieelemente lassen sich durch eine Änderung des Koordinatensystems ineinander überführen. Diese wird durch Transformation mit einer nicht singulären Matrix T bewirkt. Streng genommen lassen sich gleiche Anordnungen gleicher Symmetrieelemente bereits durch eine Drehung oder eine Drehspiegelung des Koordinatensystems ineinander überführen, also durch eine orthogonale Transformation. Wir werden im folgenden Paragraphen zeigen, daß zwei Klassen, die durch Transformation mit einer nicht singulären Matrix auseinander hervorgehen, stets auch durch Transformation mit einer *orthogonalen* Matrix ineinander übergeführt werden können. Nehmen wir dieses Resultat vorweg, so dürfen wir sagen

DEFINITION: *Zwei Kristallklassen sind im geometrischen Sinne äquivalent und werden als dieselbe geometrische Kristallklasse bezeichnet, wenn sie durch Transformation mit einer nicht singulären Matrix auseinander hervorgehen.*

Als Beispiel seien die Klassen C_s und C_k angeführt, welche dieselbe geometrische Kristallklasse darstellen. Setzt man (siehe Abbildung 12)

$$y_1 = \lambda\,(x_1 - x_2), \quad y_2 = \lambda\,(x_1 + x_2),$$

wobei der Parameter λ einstweilen frei bleibt, so erhält man die Transformation $T = \begin{pmatrix} \lambda & -\lambda \\ \lambda & \lambda \end{pmatrix}$. Man bestätigt leicht, daß $T^{-1}\,C_k\,T = C_s$ ist. Wählt man $\lambda = \dfrac{1}{\sqrt{2}}$, so wird die Transformation T eine orthogonale, für $\lambda = 1$ wird sie ganzzahlig.

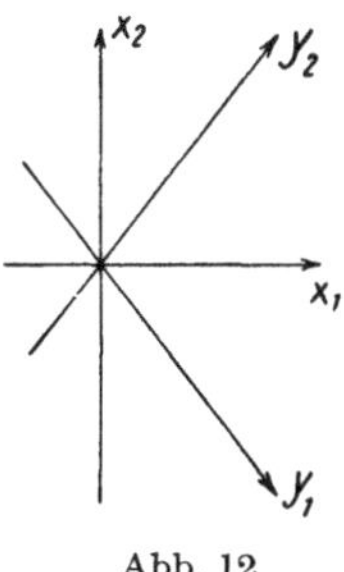

Abb. 12

Um zu einer durchsichtigen Herleitung der Bewegungsgruppen zu gelangen, empfiehlt es sich, neben dem Begriff der geometrischen Kristallklasse einen etwas engeren Klassenbegriff einzuführen, den ich den *arithmetischen* genannt habe. Um ihn zu erhalten, knüpfen wir an § 5, insbesondere an Satz 9 an. Wir haben dort von einer Kristallklasse verlangt, daß sie ein Gitter in sich überführe. Es ist daher sinnvoll, zwei Kristallklassen nur dann als gleich zu betrachten, wenn sie dasselbe Gitter in sich überführen. Nach Satz 6 müssen daher die Klassen durch eine unimodulare ganzzahlige Transformation auseinander hervorgehen.

DEFINITION: *Zwei Kristallklassen heißen im arithmetischen Sinne äquivalent und werden als dieselbe arithmetische Kristallklasse bezeichnet, wenn sie durch eine unimodulare ganzzahlige Transformation auseinander hervorgehen.*

Zum Beispiel werden die beiden Darstellungen D und D_2 von $\mathfrak{Z}_3$ zur selben arithmetischen Klasse gerechnet. *Hingegen bilden C_s und C_k zwei verschiedene arithmetische Kristallklassen.* Beweis: C_s ist die Gruppe eines rechtwinkligen Netzes, C_k diejenige eines rhombischen (siehe Abbildung 13, in welcher die

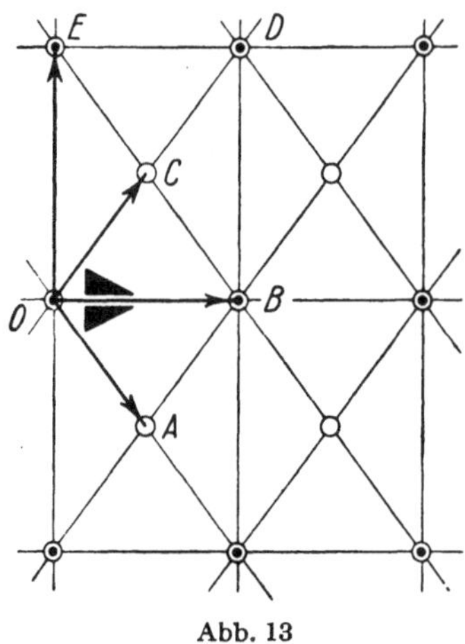

Abb. 13

Symmetrie des Netzes durch die Angabe eines unsymmetrischen Elementes auf das richtige Maß eingeschränkt wurde, wie dies in der Kristallographie üblich ist. Die Wiederholung dieses Elementes haben wir der Übersichtlichkeit halber weggelassen). Das rhombische Netz $OABC$ kann aufgefaßt werden als das zentriert rechtwinklige Netz des zu C_s gehörenden Netzes $OBDE$. Es ist klar, daß das zentriert rechtwinklige Netz nicht unimodular ganzzahlig in das rechtwinklige übergeführt werden kann, denn die unimodularen ganzzahligen Transformationen sind gerade diejenigen, die ein Netz *in sich* überführen.

Daß C_s und C_k nicht arithmetisch äquivalent sind, kann man auch leicht durch folgende Rechnung einsehen: Es müßte eine unimodulare ganzzahlige Matrix $\begin{pmatrix} \alpha & \beta \\ \gamma & \delta \end{pmatrix}$ geben, so daß

$$\begin{pmatrix} 1 & 0 \\ 0 & -1 \end{pmatrix} \begin{pmatrix} \alpha & \beta \\ \gamma & \delta \end{pmatrix} = \begin{pmatrix} \alpha & \beta \\ \gamma & \delta \end{pmatrix} \begin{pmatrix} 0 & 1 \\ 1 & 0 \end{pmatrix}$$

wäre. Dies ergibt $\qquad \beta = \alpha \quad$ und $\quad \gamma = -\delta$.

Setzen wir diese Werte in die Determinante ein, so kommt

$$\pm 1 = \alpha\,\delta - \beta\,\gamma = -2\,\alpha\,\gamma.$$

Diese Gleichung hat keine ganzzahlige Lösung in α und γ, somit ist unser Ansatz unmöglich.

§ 7. Das Äquivalenzproblem der Kristallklassen.
Fortsetzung

Seien G_1 und G_2 zwei Kristallklassen und U eine nicht singuläre Matrix derart, daß $G_1 = U^{-1} G_2 U$ ist. Wir zeigen im folgenden, daß es in diesem Falle stets eine *orthogonale* Matrix T gibt, die G_2 in G_1 transformiert. Wir werden somit beweisen, daß zwei Klassen, die äquivalent sind, stets auch orthogonal äquivalent sind. Hierzu bedürfen wir einiger vorbereitender Hilfssätze.

HILFSSATZ 1: *Hat das Polynom* $\psi(x) = (x-a)^r \cdot (x-b)^s \dots$ *vom Grade v lauter von Null verschiedene Nullstellen, so gibt es ein Polynom* $\chi(x)$, *dessen Grad kleiner als v ist, derart, daß* $[\chi(x)]^2 - x$ *durch* $\psi(x)$ *teilbar ist.*

Zum Beweise setzen wir

$$\frac{\psi(x)}{(x-a)^r} = \psi_1(x), \qquad \frac{\psi(x)}{(x-b)^s} = \psi_2(x), \qquad \text{usw.}$$

und machen den Ansatz

$$\chi(x) = A(x)\,\psi_1(x) + B(x)\,\psi_2(x) + \cdots.$$

Damit das Polynom $\chi^2(x) - x$ teilbar durch $\psi(x)$ wird, genügt es, daß es teilbar durch $(x-a)^r$, durch $(x-b)^s$ usw. wird. Bilden wir daher $\chi^2(x) - x$ und verlangen, daß es teilbar durch $(x-a)^r$ werde! Dabei können wir alle Glieder in $\chi(x)$, die bereits durch $(x-a)^r$ teilbar sind, vernachlässigen; wir brauchen also nur das erste Glied $A(x)\,\psi_1(x)$ mitzunehmen. Somit haben wir die Bedingung:

$$A^2(x)\,\psi_1^2(x) - x \qquad \text{teilbar durch} \qquad (x-a)^r.$$

Wir machen die Substitution $x - a = y$, also $x = a + y$ und den Ansatz

$$A(x) = \alpha_0 + \alpha_1 y + \cdots + \alpha_{r-1}\,y^{r-1}.$$

Setzen wir noch $\psi_1(x) = c_0 + c_1 y + \cdots$, so ist $c_0 \neq 0$, da $\psi_1(x)$ nicht durch $(x-a)$ teilbar ist. Die zu erfüllende Bedingung heißt nunmehr

$$(\alpha_0 + \alpha_1 y + \cdots + \alpha_{r-1}\,y^{r-1})^2\,(c_0 + c_1 y + \cdots)^2 - (a+y) \qquad \text{teilbar durch} \qquad y^r.$$

Multiplizieren wir die linke Seite aus und setzen die Koeffizienten der einzelnen Potenzen $1, y, y^2, \dots, y^{r-1}$ Null, so erhalten wir Gleichungen der Gestalt

$$
\begin{aligned}
\alpha_0^2 c_0^2 - a &= 0 \\
2\,\alpha_0 \alpha_1 c_0^2 + 2\,\alpha_0^2 c_0 c_1 - 1 &= 0 \\
2\,\alpha_0 \alpha_2 c_0 + \cdots &= 0 \\
\cdots\cdots\cdots\cdots\cdots\cdots\cdots\cdots &
\end{aligned}
$$

Aus diesen kann man der Reihe nach $\alpha_0, \alpha_1, \dots$ berechnen. Damit ist Hilfssatz 1 bewiesen.

Ist A eine ν-reihige quadratische Matrix mit konstanten Koeffizienten, E die ν-reihige Einheitsmatrix und λ ein Parameter, so heißt $A - \lambda E$ die *charakteristische Matrix* von A. Ihre Determinante $\varphi(\lambda) = |A - \lambda E|$ heißt die *charakteristische Funktion* von A und $\varphi(\lambda) = 0$ die *charakteristische Gleichung* von A. Die Wurzeln der charakteristischen Gleichung heißen die charakteristischen Wurzeln der Matrix A oder kurz die *Wurzeln der Matrix*. Ist $A = (a_{ik})$, so ist

$$\varphi(\lambda) = (-1)^{\nu}\lambda^{\nu} + (-1)^{\nu-1}(a_{11} + \cdots + a_{\nu\nu})\,\lambda^{\nu-1} + \cdots.$$

Die Summe $a_{11} + \cdots + a_{\nu\nu}$ der Wurzeln heißt die *Spur* oder der *Charakter* von A und wird mit $Sp\,A$ bezeichnet.

HILFSSATZ 2. *Äquivalente Matrizen haben dieselbe charakteristische Funktion.*

Ist $B = T^{-1}A\,T$, so ist $T^{-1}(A - \lambda E)\,T = T^{-1}A\,T - \lambda E = B - \lambda E$, folglich gilt für die Determinanten

$$|A - \lambda E| = |T^{-1}A\,T - \lambda E| = |B - \lambda E|\,.$$

Insbesondere haben demnach äquivalente Matrizen dieselbe Spur:

$$Sp\,A = Sp\,(T^{-1}A\,T).$$

HILFSSATZ 3: *Jede Matrix A erfüllt ihre charakteristische Gleichung, es gilt* $\varphi(A) = 0$.

Bezeichnen wir mit $Adj\,A = |A| \cdot A^{-1}$ die adjungierte Matrix von A, für die $A \cdot Adj\,A = Adj\,A \cdot A = |A| \cdot E$ gilt. Da die Elemente von $A - \lambda E$ lineare Funktionen von λ sind und die Elemente ihrer Adjungierten $(n-1)$-reihige Determinanten sind, dürfen wir setzen

$$C \equiv Adj\,(A - \lambda E) = C_{\nu-1}\lambda^{\nu-1} + \cdots + C_0\,, \tag{1}$$

$$\varphi(\lambda) \equiv k_{\nu}\lambda^{\nu} + \cdots + k_0\,. \tag{2}$$

Setzt man (1) und (2) ein in

$$(A - \lambda E) \cdot Adj\,(A - \lambda E) = |A - \lambda E| \cdot E$$

oder $$AC - \lambda C = \varphi(\lambda) \cdot E\,, \tag{3}$$

und setzt die Koeffizienten gleicher Potenzen von λ einander gleich, so erhält man

$$
\begin{aligned}
AC_0 &= k_0 \cdot E\\
AC_1 - C_0 &= k_1 \cdot E\\
&\cdots\cdots\cdots\cdots\cdots\cdots\\
AC_{\nu-1} - C_{\nu-2} &= k_{\nu-1} \cdot E\\
- C_{\nu-1} &= k_{\nu} \cdot E\,.
\end{aligned}
$$

Diese Gleichungen der Reihe nach mit $E, A, A^2, \ldots, A^\nu$ multipliziert und addiert ergeben:

$$\varphi(A) = k_0 \cdot E + k_1 \cdot A + \cdots + k_\nu \cdot A^\nu = 0,$$

was zu zeigen war.

HILFSSATZ 4: *Ist A eine nichtsinguläre ν-reihige quadratische Matrix, so gibt es eine quadratische Matrix X derart, daß $X^2 = A$ ist. X ist ein Polynom in A, dessen Grad kleiner als ν ist.*

Sei $\varphi(\lambda)$ die charakteristische Funktion von A. Da A nicht singulär ist, so verschwindet das konstante Glied von $\varphi(\lambda)$ nicht, die Wurzeln von $\varphi(\lambda)$ sind daher alle von Null verschieden und $\varphi(\lambda)$ erfüllt die Bedingungen von Hilfssatz 1. Es gibt danach zwei Polynome $\chi(\lambda)$ und $q(\lambda)$, so daß

$$[\chi(\lambda)]^2 - \lambda = \varphi(\lambda) \cdot q(\lambda)$$

identisch in λ gilt. Setzen wir für λ die Matrix A ein, so erhalten wir

$$[\chi(A)]^2 - A = \varphi(A) \cdot q(A).$$

Da nach Hilfssatz 3 $\varphi(A) = 0$ ist, wird

$$[\chi(A)]^2 - A = 0,$$

somit erfüllt $X = \chi(A)$ die Gleichung $X^2 = A$ und ist ein Polynom von einem Grade kleiner ν. Ebenso wie das Polynom χ ist auch die Matrix X im allgemeinen nicht eindeutig bestimmt, die Gleichung $X^2 = A$ hat mehrere Lösungen, worauf wir hier nicht näher eintreten.

Mit diesen Hilfsmitteln beweisen wir

SATZ 11. *Wenn die beiden Klassen G_1 und G_2 äquivalent sind, so sind sie auch orthogonal äquivalent.*

G_1 und G_2 dürfen wir dabei nach Definition in orthogonaler Gestalt annehmen; ihre Matrizen seien

$$G_1: \quad A_1, \ldots, A_n,$$
$$G_2: \quad B_1, \ldots, B_n,$$

wobei
$$A_k \cdot A_k' = E, \quad B_k \cdot B_k' = E.$$

T sei eine nicht singuläre Matrix derart, daß $T^{-1} G_1 T = G_2$ ist. Wir bilden

$$P = T \cdot T'.$$

P ist symmetrisch, denn

$$P' = (T\,T')' = T''\,T' = T\,T' = P.$$

Bei passender Numerierung ist nach Voraussetzung

$$T^{-1} A_k T = B_k \,,$$

eingesetzt in $B_k B_k' = E$ ergibt

$$T^{-1} A_k T \cdot T' A_k' (T^{-1})' = E \,.$$

Von links mit T, von rechts mit T' multipliziert, erhält man

$$A_k T T' A_k' = T T' \,,$$

und daher
$$A_k P = P A_k \,,$$

somit ist P mit allen Elementen von G_1 vertauschbar. Wir bilden nach Hilfssatz 4 eine Matrix Q derart, daß

$$Q^2 = P$$

ist und stellen Q als Polynom in P dar

$$Q = p_0 E + p_1 P + \cdots + p_m P^m$$

mit $m < \nu$ und skalaren Koeffizienten $p_0, \ldots, p_m$.

Weil P symmetrisch ist, ist auch Q symmetrisch, $Q' = Q$ und ebenfalls mit allen Elementen von G_1 vertauschbar:

$$A_k \cdot Q = Q \cdot A_k \,.$$

Endlich bilden wir die Matrix

$$S = Q^{-1} T \,.$$

S ist orthogonal, denn

$$S \cdot S' = Q^{-1} T T' Q^{-1} = Q^{-1} P Q^{-1} = Q^{-1} Q^2 Q^{-1} = E \,.$$

Hiermit wird

$$S^{-1} A_k S = T^{-1} Q A_k Q^{-1} T = T^{-1} A_k T = B_k \,,$$

und somit leistet S die verlangte Transformation.

Bei der Bildung von Q könnte es nach Hilfssatz 4 vorkommen, daß die auftretenden Quadratwurzeln imaginär sind und somit S eine komplexe orthogonale Transformation darstellt. Um zu zeigen, daß die Transformation stets durch eine reelle Drehung herbeigeführt werden kann, beweisen wir

Satz 12. *Wenn es eine komplexe Matrix T gibt, so daß $T^{-1} G_1 T = G_2$ ist, so gibt es auch eine reelle Matrix, welche die Transformation leistet.*

Die Bedingungen

$$A_k T - T B_k = 0 \,, \qquad k = 1, \ldots, n$$

stellen bei ν-reihigen Matrizen ein System von $\nu^2 \cdot n$ linearen Gleichungen für die ν^2 Koeffizienten der Matrix T dar. Wenn ein solches Gleichungssystem eine Lösung hat, was nach Voraussetzung der Fall ist, so hat es auch eine reelle Lösung, denn die Lösungen sind rationale Funktionen der Koeffizienten.

Ist T reell, so auch P. P ist die Matrix einer positiv definiten quadratischen Form. Denn ist $T = (t_{ik})$, $P = (p_{ik})$, so ist

$$p_{ik} = \sum_{\lambda=1}^{\nu} t_{i\lambda} \, t_{k\lambda} \, ,$$

und
$$\sum_{i,k=1}^{\nu} p_{ik} \, x_i \, x_k = \sum_{\lambda=1}^{\nu} \left(\sum_{i=1}^{\nu} t_{i\lambda} \, x_i \right)^2 \qquad (4)$$

eine positiv quadratische Form.

Die Wurzeln $\lambda_1, ..., \lambda_\nu$ der reellen symmetrischen Matrix P einer positiv definiten quadratischen Form sind positiv. Die beiden Matrizen Q^2 und P kann man durch eine nicht singuläre reelle Transformation auf Diagonalform transformieren[1]). Hieraus sieht man, dass bei der Bildung von Q als irrationaler Prozeß nur die Bildung von $\sqrt{\lambda_1}, ..., \sqrt{\lambda_\nu}$ auftritt; diese sind als Wurzeln aus positiven Zahlen reell, und somit ist Q und daher auch S reell.

§ 8. Die geometrischen Kristallklassen der Ebene

Nach den Ausführungen von § 6 suchen wir diejenigen orthogonalen Substitutionsgruppen in zwei Variablen, die sich ganzzahlig schreiben lassen, und teilen sie hierauf in die geometrischen und in die arithmetischen Klassen ein.

Seien x und y rechtwinklige Koordinaten und A die Substitution

$$x' = a_{11} \, x + a_{12} \, y$$
$$y' = a_{21} \, x + a_{22} \, y \, .$$

Die Orthogonalitätsbedingung lautet

$$x^2 + y^2 = x'^2 + y'^2 \, .$$

Um die orthogonalen Substitutionen zu bestimmen, führt man vorteilhaft komplexe Veränderliche u und v ein, indem man setzt

$$u = x + i \, y, \quad v = x - i \, y \quad \text{mit} \quad i = \sqrt{-1} \, . \qquad (1)$$

---

[1]) Siehe hierzu etwa: M. Bôcher, Einführung in die höhere Algebra, Nr. 59 (Teubner 1925).

v heißt zu u konjugiert komplex, in Zeichen $v = \bar{u}$. Aus (1) folgt

$$u' = x' + i\,y', \quad v' = x' - i\,y',$$

und die Orthogonalitätsbedingung wird zu

$$u' \cdot v' = u \cdot v, \tag{2}$$

oder anders geschrieben $\qquad u' \cdot \bar{u}' = u \cdot \bar{u}.$ $\tag{3}$

u und v, ebenso u' und v' sind lineare Funktionen der Unbestimmten x und y. Nach dem Satz der eindeutigen Faktorzerlegung der Polynome folgt, daß u' (bzw. v') ein Vielfaches von u oder von v sein muß; nach (3) kommt als Faktor nur eine Zahl vom Betrag 1 in Betracht. Diese Substitutionen lauten

$$u' = \varepsilon\,u, \quad v' = \bar{\varepsilon}\,v, \quad |\varepsilon| = 1,$$

und

$$u' = \vartheta\,v, \quad v' = \bar{\vartheta}\,u, \quad |\vartheta| = 1.$$

Die zugehörigen Matrizen sind

$$D = \begin{pmatrix} \varepsilon & 0 \\ 0 & \bar{\varepsilon} \end{pmatrix}, \quad S = \begin{pmatrix} 0 & \vartheta \\ \bar{\vartheta} & 0 \end{pmatrix}$$

mit $|D| = 1$, $|S| = -1$.

Setzen wir $\varepsilon = e^{i\alpha} = \cos\alpha + i\sin\alpha$, so erhalten wir mittels (1)

$$x' = x \cdot \cos\alpha - y \cdot \sin\alpha$$
$$y' = x \cdot \sin\alpha + y \cdot \cos\alpha,$$

somit ist D eine Drehung um den Winkel α.

Setzen wir $\vartheta = e^{2i\varphi} = \cos 2\varphi + i\sin 2\varphi$, so erhalten wir

$$x' = x \cdot \cos 2\varphi + y \cdot \sin 2\varphi$$
$$y' = x \cdot \sin 2\varphi - y \cdot \cos 2\varphi.$$

Dies ist eine Spiegelung an der Geraden $y = x \cdot \operatorname{tg}\varphi$, wie man leicht nachrechnet, indem man den Punkt (x, y) zuerst um den Winkel $-\varphi$ dreht, sodann an der x-Achse spiegelt und hernach um den Winkel φ dreht. Bezeichnen wir die Spiegelung an der x-Achse mit $U = \begin{pmatrix} 1 & 0 \\ 0 & -1 \end{pmatrix}$, so erhalten wir

$$D\,U\,D^{-1} = \begin{pmatrix} \cos 2\varphi & \sin 2\varphi \\ \sin 2\varphi & -\cos 2\varphi \end{pmatrix}, \quad \text{w. z. b. w.}$$

Es gilt

$$S^2 = \begin{pmatrix} 0 & \vartheta \\ \bar{\vartheta} & 0 \end{pmatrix}\begin{pmatrix} 0 & \vartheta \\ \bar{\vartheta} & 0 \end{pmatrix} = \begin{pmatrix} \vartheta\bar{\vartheta} & 0 \\ 0 & \vartheta\bar{\vartheta} \end{pmatrix} = \begin{pmatrix} 1 & 0 \\ 0 & 1 \end{pmatrix} = E,$$

und somit ist $\qquad\qquad\qquad S^{-1} = S.$ $\tag{4}$

Ferner ist
$$S^{-1}D\,S = \begin{pmatrix} 0 & \vartheta \\ \bar{\vartheta} & 0 \end{pmatrix}\begin{pmatrix} \varepsilon & 0 \\ 0 & \bar{\varepsilon} \end{pmatrix}\begin{pmatrix} 0 & \vartheta \\ \bar{\vartheta} & 0 \end{pmatrix} = \begin{pmatrix} \bar{\varepsilon} & 0 \\ 0 & \varepsilon \end{pmatrix} = D^{-1}. \tag{5}$$

Durch Transformation einer Drehung mit einer Spiegelung erhält man somit die inverse Drehung.

Bilden wir
$$D^{-1}S\,D = \begin{pmatrix} \bar{\varepsilon} & 0 \\ 0 & \varepsilon \end{pmatrix}\begin{pmatrix} 0 & \vartheta \\ \bar{\vartheta} & 0 \end{pmatrix}\begin{pmatrix} \varepsilon & 0 \\ 0 & \bar{\varepsilon} \end{pmatrix} = \begin{pmatrix} 0 & \bar{\varepsilon}^2\vartheta \\ \varepsilon^2\bar{\vartheta} & 0 \end{pmatrix}.$$

Weil $\bar{\varepsilon}^2\vartheta = e^{2\,i\,(\varphi-\alpha)}$ und $\varepsilon^2\bar{\vartheta} = e^{-2\,i\,(\varphi-\alpha)}$ ist, folgt hieraus:

Durch Transformation einer Spiegelung mit einer passenden Drehung kann jede Spiegelung erhalten werden.

Mit diesen Hilfsmitteln stellen wir die endlichen orthogonalen Gruppen auf:

1. *Die Drehungen.* Die Gruppe der Drehungen ist zyklisch und wird durch ein Element erzeugt, das wir D_n nennen

$$D_n = \begin{pmatrix} \varepsilon & 0 \\ 0 & \bar{\varepsilon} \end{pmatrix}$$

mit $\varepsilon = e^{\frac{2\pi i}{n}}$, wo n eine ganze Zahl ist; ε heißt eine n-te Einheitswurzel. Die Elemente der Gruppe lauten

$$D_n^0 = E, \quad D_n, \; D_n^2, \; ..., \; D_n^{n-1},$$

diese bezeichnen wir mit $\mathfrak{Z}_n$; sie ist die Drehgruppe des regulären n-Ecks.

Die Spiegelungen für sich bilden keine Gruppe, weil das Produkt zweier Spiegelungen eine Drehung ist, wie aus

$$\begin{pmatrix} 0 & \vartheta_1 \\ \bar{\vartheta}_1 & 0 \end{pmatrix}\begin{pmatrix} 0 & \vartheta_2 \\ \bar{\vartheta}_2 & 0 \end{pmatrix} = \begin{pmatrix} \vartheta_1\bar{\vartheta}_2 & 0 \\ 0 & \bar{\vartheta}_1\vartheta_2 \end{pmatrix}$$

folgt. Nimmt man hingegen zu den Drehungen eine feste Spiegelung hinzu, so erhält man

2. *Die Diedergruppen.* Wir behaupten, daß die Menge der $2n$ Elemente

$$E,\, D_n,\, D_n^2,\, ...,\, D_n^{n-1},\, S,\, S\,D_n,\, ...,\, S\,D_n^{n-1}$$

eine Gruppe bilden. Dies folgt aus den vier Gleichungen

$$\text{a)} \quad D_n^\nu \cdot D_n^\mu = D_n^{\nu+\mu},$$
$$\text{b)} \quad S\,D_n^\nu \cdot D_n^\mu = S \cdot D_n^{\nu+\mu},$$
$$\text{c)} \quad D_n^\nu \cdot S\,D_n^\mu = S^{-1}D_n^{-\nu}D_n^\mu = S\,D_n^{\mu-\nu},$$
$$\text{d)} \quad S\,D_n^\nu \cdot S\,D_n^\mu = S\,S^{-1}D_n^{-\nu}D_n^\mu = D_n^{\mu-\nu}.$$

Die Gleichungen c) und d) bestätigt man mit Hilfe von (4) und (5). Diese Gruppe heißt die *Diedergruppe* der Ordnung $2n$; wir bezeichnen sie mit

$\mathfrak{Z}_n + S \cdot \mathfrak{Z}_n$. (Die Verwendung des *Plus*zeichens wird keine Verwechslung mit der additiven Schreibweise der Gruppen ergeben.)

Um die Kristallklassen der Ebene zu erhalten, müssen wir unter den Drehgruppen und unter den Diedergruppen diejenigen aufsuchen, die sich bei Einführung geeigneter Veränderlicher ganzzahlig schreiben lassen.

Hierzu beachten wir: Wenn die Matrizen einer Gruppe ganzzahlig sind, so sind auch deren Spuren ganze Zahlen. Nach § 7, Hilfssatz 2, sind die Spuren der Matrizen in äquivalenten Darstellungen dieselben. Daher muß

$$Sp\,D_n = \varepsilon + \bar{\varepsilon} = g \tag{6}$$

sein, wo g eine *ganze Zahl* bedeutet. Aus (6) folgt: $|g| \leq |\varepsilon| + |\bar{\varepsilon}| = 2$, daher ist $g = -2, -1\ 0, 1, 2$. Ferner ist $\varepsilon \cdot \bar{\varepsilon} = |\varepsilon|^2 = 1$, daher sind ε und $\bar{\varepsilon}$ die Wurzeln der quadratischen Gleichung

$$\varepsilon^2 - g\,\varepsilon + 1 = 0\,. \tag{7}$$

Setzt man in diese Gleichung für g der Reihe nach die fünf möglichen Werte ein, so findet man für ε und $\bar{\varepsilon}$ die folgenden Werte:

zweite Einheitswurzel:

$$g = -2: \quad \varepsilon^2 + 2\varepsilon + 1 = 0, \quad \varepsilon = -1;$$

dritte Einheitswurzeln:

$$g = -1: \quad \varepsilon^2 + \varepsilon + 1 = 0, \quad \varepsilon_{1,2} = \frac{-1 \pm i\sqrt{3}}{2} = \cos 120^0 \pm i \sin 120^0;$$

vierte Einheitswurzeln:

$$g = 0: \quad \varepsilon^2 + 1 = 0, \quad \varepsilon_{1,2} = \pm i;$$

sechste Einheitswurzeln:

$$g = 1: \quad \varepsilon^2 - \varepsilon + 1 = 0, \quad \varepsilon_{1,2} = \frac{1 \pm i\sqrt{3}}{2} = \cos 60^0 \pm i \sin 60^0;$$

erste Einheitswurzel:

$$g = 2: \quad \varepsilon^2 - 2\varepsilon + 1 = 0, \quad \varepsilon = 1\,.$$

SATZ 13: *Unter den zyklischen Gruppen kommen für die Kristallklassen der Ebene nur diejenigen der Ordnung 1, 2, 3, 4 und 6 in Betracht, unter den Diedergruppen nur diejenigen der Ordnung 2, 4, 6, 8 und 12.*

Um zu zeigen, daß diese Gruppen auch wirklich als Kristallklassen auftreten, geben wir von ihnen ganzzahlige Darstellungen in zwei Variablen an (siehe Satz 10).

Zyklische Gruppen:

a) $\mathfrak{Z}_1$ besteht nur aus der Identität $E = \begin{pmatrix} 1 & 0 \\ 0 & 1 \end{pmatrix}$.

b) $\mathfrak{Z}_2$: Wir haben in § 6, Seite 40, drei Substitutionsgruppen der Ordnung zwei in ganzzahliger Darstellung angegeben. Weil für eine Drehgruppe die Determinanten der Matrizen gleich $+1$ sind, kommt unter diesen Darstellungen von $\mathfrak{Z}_2$ nur C_2 in Betracht.

c) Von $\mathfrak{Z}_3$ haben wir in § 5, Seite 35, die ganzzahlige Darstellung C_3 gegeben.

d) $\mathfrak{Z}_4$: In rechtwinkligen Koordinaten findet man für die zyklische Gruppe der Ordnung vier leicht die Darstellung, die man C_4 nennt (siehe Abbildung 14)

$$E = \begin{pmatrix} 1 & 0 \\ 0 & 1 \end{pmatrix}, \quad A^3 = \begin{pmatrix} 0 & 1 \\ -1 & 0 \end{pmatrix}, \quad A^2 = \begin{pmatrix} -1 & 0 \\ 0 & -1 \end{pmatrix}, \quad A = \begin{pmatrix} 0 & -1 \\ 1 & 0 \end{pmatrix}.$$

Dieselbe Darstellung findet man aus der Matrix D_n für $n = 4$.

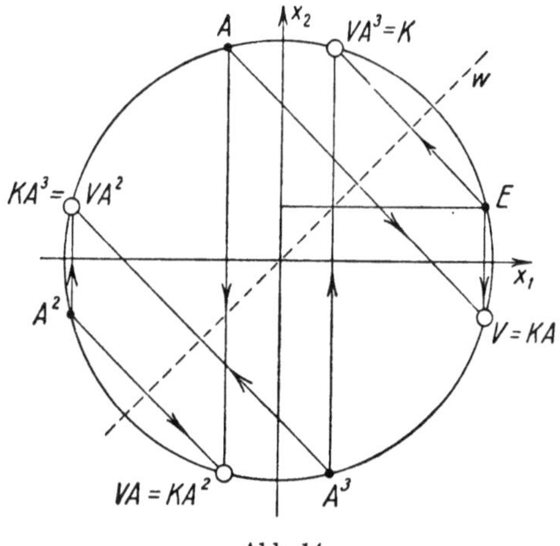

Abb. 14

e) $\mathfrak{Z}_6$: In hexagonalen Koordinaten, in welchen wir auf Seite 35 eine Darstellung von $\mathfrak{Z}_3$ gegeben haben, findet man nach Abbildung 5 (siehe auch Abbildung 17) die C_6 genannte ganzzahlige Darstellung

$$E = \begin{pmatrix} 1 & 0 \\ 0 & 1 \end{pmatrix}, \quad B = \begin{pmatrix} 1 & -1 \\ 1 & 0 \end{pmatrix}, \quad B^2 = \begin{pmatrix} 0 & -1 \\ 1 & -1 \end{pmatrix}, \quad B^3 = \begin{pmatrix} -1 & 0 \\ 0 & -1 \end{pmatrix}, \quad B^4 = \begin{pmatrix} -1 & 1 \\ -1 & 0 \end{pmatrix}, \quad B^5 = \begin{pmatrix} 0 & 1 \\ -1 & 1 \end{pmatrix}.$$

Diedergruppen. S hat sowohl in rechtwinkligen wie auch in hexagonalen Koordinaten eine ganzzahlige Darstellung. In rechtwinkligen Koordinaten lautet nämlich die Spiegelung an der x-Achse $S_0 = \begin{pmatrix} 1 & 0 \\ 0 & -1 \end{pmatrix}$, in hexagonalen diejenige an der ξ-Achse $S_h = \begin{pmatrix} 1 & -1 \\ 0 & -1 \end{pmatrix}$. Deshalb lassen sich die Diedergruppen

$$\mathfrak{Z}_n + S\,\mathfrak{Z}_n\,, \quad n = 1, 2, 3, 4, 6$$

ganzzahlig darstellen.

Wir haben hiermit die zehn geometrischen Kristallklassen ganzzahlig dargestellt; am Ende des nächsten Paragraphen werden wir eine übersichtliche Zusammenstellung geben.

§ 9. Die arithmetischen Kristallklassen der Ebene

Wir haben am Beispiel der Klassen C_s und C_k in § 6 gesehen, daß es mehr arithmetische als geometrische Klassen gibt. Wir wollen im folgenden alle arithmetischen Kristallklassen der Ebene herleiten. Zu diesem Zweck bemerken wir, daß wir die orthogonalen Gruppen, die isomorph zu den gesuchten arithmetischen Klassen sind, aus § 8 kennen. Wir haben daher zu jeder dieser Gruppen die Netze aufzusuchen, welche sie gestatten. Jedes solche Netz bestimmt eine arithmetische Klasse. Die Netze bezeichnen wir in Übertragung der Bezeichnung Γ für die Gitter (siehe § 13) mit N und bestimmen sie mit Hilfe der folgenden Sätze:

Satz 14: *Wenn die orthogonale Gruppe eine Spiegelung enthält, muß das Netz ein* **rechteckiges** N_r *oder ein* **rhombisches** N_v *sein.*

Wir wählen zum Beweis als die eine Koordinatenachse die Spiegelungsgerade, als die andere Koordinatenachse eine dazu senkrechte Gerade (siehe

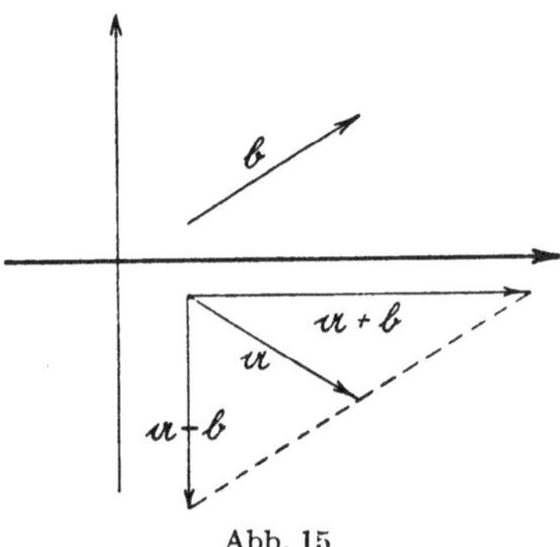

Abb. 15

Abbildung 15). Ist $\mathfrak{a}$ ein Gittervektor, der nicht die Richtung einer Achse hat, und $\mathfrak{b}$ sein Spiegelbild, so sind $\mathfrak{a}+\mathfrak{b}$ und $\mathfrak{a}-\mathfrak{b}$ Gittervektoren in den Achsenrichtungen. Somit liegen in diesen beiden Richtungen Gittervektoren, seien $\mathfrak{e}$ und $\mathfrak{f}$ die kleinsten. $\mathfrak{a}+\mathfrak{b}$ und $\mathfrak{a}-\mathfrak{b}$ müssen ganzzahlige Vielfache von $\mathfrak{e}$ und $\mathfrak{f}$ sein, sei mit ganzzahligen m und n

$$\mathfrak{a}+\mathfrak{b} = m \cdot \mathfrak{e}\,, \quad \mathfrak{a}-\mathfrak{b} = n \cdot \mathfrak{f}\,.$$

Daraus folgt
$$\mathfrak{a} = \frac{m}{2}\cdot\mathfrak{e} + \frac{n}{2}\cdot\mathfrak{f}, \qquad \mathfrak{b} = \frac{m}{2}\cdot\mathfrak{e} - \frac{n}{2}\cdot\mathfrak{f}.$$

Sind m und n gerade, so ist das Netz *rechteckig*, sind m und n ungerade, so ist das Netz ein *zentriert rechteckiges*. Die Vektoren $\frac{\mathfrak{e}}{2} + \frac{\mathfrak{f}}{2}$ und $\frac{\mathfrak{e}}{2} - \frac{\mathfrak{f}}{2}$ spannen einen Rhombus auf und daher nennt man das Netz auch ein *rhombisches* (siehe Abbildung 16). Es ist ferner nicht möglich, daß m gerade (ungerade) und n ungerade (gerade) ist, denn sonst wäre $\mathfrak{f}$ (bzw. $\mathfrak{e}$) nicht der kürzeste Gittervektor in jener Richtung.

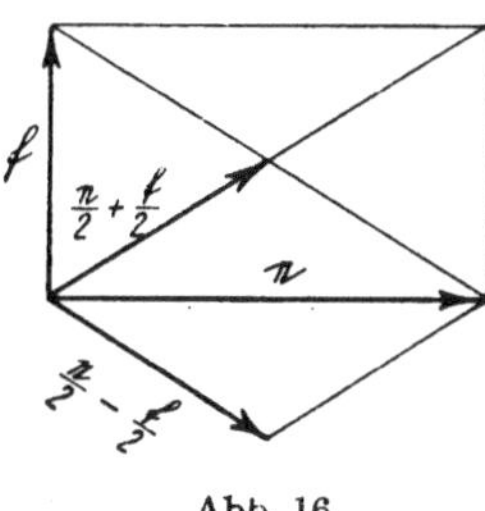

Abb. 16

Satz 15. *Wenn die orthogonale Gruppe eine Viererdrehung enthält, muß das Netz ein **quadratisches** sein:* N_q.

Sei $\mathfrak{a}$ ein kleinster Gittervektor und $\mathfrak{b}$ der durch Viertelsdrehung aus ihm hervorgehende. Dann kann es in dem durch $\mathfrak{a}$ und $\mathfrak{b}$ aufgespannten Quadrat keine weiteren Netzpunkte geben, denn sonst wäre $\mathfrak{a}$ nicht kleinster Gittervektor.

Satz 16: *Wenn die orthogonale Gruppe eine Dreierdrehung enthält, so ist das Netz **hexagonal**:* N_h.

Sei wiederum $\mathfrak{a}$ ein kleinster Gittervektor und $\mathfrak{b}$ gehe durch eine Drehung um 120⁰ daraus hervor. Das durch $\mathfrak{a}$ und $\mathfrak{b}$ aufgespannte Parallelogramm kann keinen weiteren Netzpunkt enthalten, denn sonst wäre $\mathfrak{a}$ nicht kleinster Gittervektor.

Mit Hilfe der gefundenen Netze gewinnen wir die arithmetischen Klassen.

I. *Allgemeines Netz* N_a.

1. Identität E; Klasse C_1.

2. Die Klasse C_2 enthält außer der Identität nur die Inversion I, diese besitzt in jedem Koordinatensystem die Darstellung $I = \begin{pmatrix} -1 & 0 \\ 0 & -1 \end{pmatrix}$ (siehe Seiten 33 und 40).

II. *Rechteckiges Netz* N_r.

Als Koordinatenachsen nehmen wir zwei aufeinander senkrechte Gittergeraden.

3. Wenn nur eine Koordinatenachse Spiegelungsgerade ist, erhält man die Klasse C_s mit den Elementen E, $V = \begin{pmatrix} 1 & 0 \\ 0 & -1 \end{pmatrix}$. Hierzu arithmetisch äquivalent ist die Klasse E, $-V$.

4. Wenn beide Koordinatenachsen Spiegelgeraden sind, erhält man die Klasse C_{2v} mit den Elementen E, I, V, $VI = -V$.

III. *Rhombisches Netz N_v*.

Die Koordinatenachsen legen wir auf die den Rhombus aufspannenden Vektoren $\frac{e}{2} + \frac{f}{2}$ und $\frac{e}{2} - \frac{f}{2}$ (siehe Beweis zu Satz 14).

5. Ist nur eine der Richtungen e oder f Spiegelachse, so erhalten wir die Klasse C_k mit den beiden äquivalenten Darstellungen E, $K = \begin{pmatrix} 0 & 1 \\ 1 & 0 \end{pmatrix}$ und E, $-K$.

6. Liegen Spiegelachsen in den beiden Richtungen e und f, so erhalten wir die Klasse C_{2k} mit der Darstellung E, K, $-K$, I.

Wir müssen noch beweisen, daß die Klassen C_{2v} und C_{2k} einerseits, C_s und C_k andererseits nicht arithmetisch äquivalent sind (siehe auch § 6). Legen wir in den entsprechenden Gittern die Koordinatenachsen in die Spiegelungsgeraden, also auf die Richtungen e und f, so können die Klassen deshalb nicht unimodular ganzzahlig ineinander transformiert werden, weil bei C_{2v} und bei C_s die beiden kürzesten Gittervektoren in den Koordinatenrichtungen eine Elementarzelle, bei C_{2k} und bei C_k hingegen ein Rechteck von doppelter Fläche der Elementarzelle (auch eine doppelt primitive Zelle genannt) aufspannen (siehe Abbildung 16).

IV. *Quadratisches Netz N_q*.

Die Koordinatenachsen legen wir auf die Vektoren a und b von Satz 15.

7. Die zyklische Gruppe C_4 hat die Darstellung

$$E, \quad A = \begin{pmatrix} 0 & -1 \\ 1 & 0 \end{pmatrix}, \quad A^2 = I, \quad A^3 = \begin{pmatrix} 0 & 1 \\ -1 & 0 \end{pmatrix}.$$

8. Nehmen wir zur Klasse C_4 die Spiegelungen an den Achsen hinzu, so erhalten wir die Klasse C_{4v} mit der Darstellung (siehe Abbildung 14)

$$E, \ A, \ A^2, \ A^3, \ V = \begin{pmatrix} 1 & 0 \\ 0 & -1 \end{pmatrix} = KA, \quad VA = \begin{pmatrix} 0 & -1 \\ -1 & 0 \end{pmatrix} = KA^2,$$

$$VA^2 = \begin{pmatrix} -1 & 0 \\ 0 & 1 \end{pmatrix} = KA^3, \quad VA^3 = \begin{pmatrix} 0 & 1 \\ 1 & 0 \end{pmatrix} = K.$$

V. *Hexagonales Netz N_h* (für die Klassen des hexagonalen Netzes siehe Abbildung 17).

In hexagonalen Koordinaten (Winkel zwischen den Achsen gleich 120°) erhalten wir die folgenden Darstellungen.

9. Für die zyklische Gruppe der Ordnung drei oder die arithmetische Klasse C_3:

$$E, \quad B^2 = \begin{pmatrix} 0 & -1 \\ 1 & -1 \end{pmatrix}, \quad B^4 = \begin{pmatrix} -1 & 1 \\ -1 & 0 \end{pmatrix}.$$

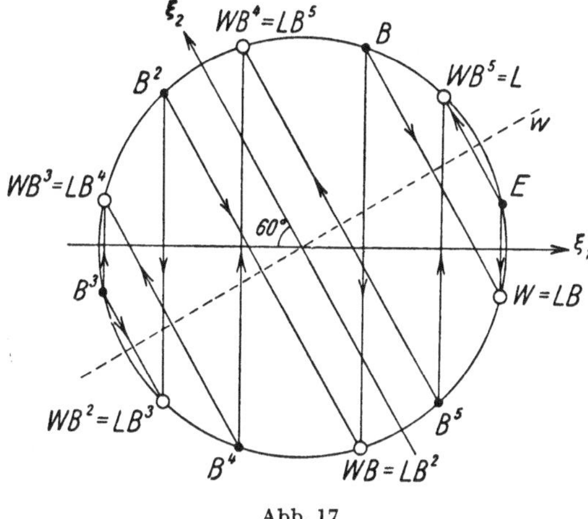

Abb. 17

10. Klasse C_6, zyklische Gruppe der Ordnung sechs:

$$E, \quad B = \begin{pmatrix} 1 & -1 \\ 1 & 0 \end{pmatrix}, \quad B^2, \quad B^3 = I, \quad B^4, \quad B^5 = \begin{pmatrix} 0 & 1 \\ -1 & 1 \end{pmatrix}.$$

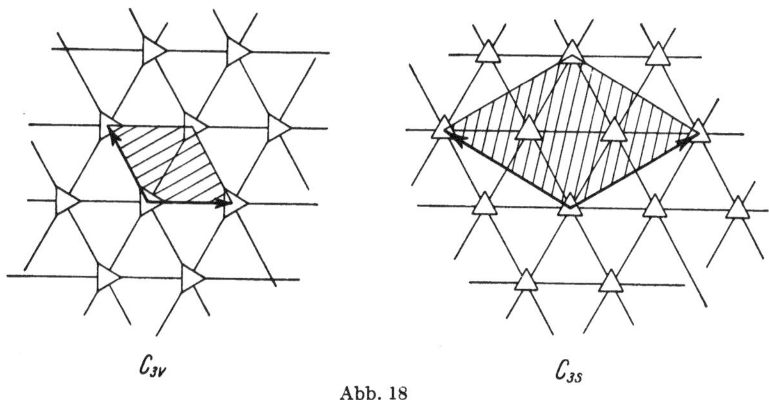

Abb. 18

11. Nehmen wir die Spiegelung an einer Koordinatenachse hinzu, so entsteht aus C_3 die Klasse C_{3v} mit der Darstellung (siehe Abbildung 18)

$$E, \quad B^2, \quad B^4, \quad W = \begin{pmatrix} 1 & -1 \\ 0 & -1 \end{pmatrix}, \quad WB^2 = \begin{pmatrix} -1 & 0 \\ -1 & 1 \end{pmatrix}, \quad WB^4 = \begin{pmatrix} 0 & 1 \\ 1 & 0 \end{pmatrix}.$$

12. Nehmen wir als Spiegelachse die längere Diagonale w des Elementar-parallelogramms $OABC$ (siehe Abbildung 19) mit $\sphericalangle\,(\mathfrak{a},\,w) = 30^0$, so erhalten wir als Darstellung der Spiegelung $L = \begin{pmatrix} 1 & 0 \\ 1 & -1 \end{pmatrix}$ und somit die arithmetische Klasse C_{3s} mit der Darstellung (siehe Abbildung 18)

$$E,\ B^2,\ B^4,\ L,\ LB^2 = \begin{pmatrix} 0 & -1 \\ -1 & 0 \end{pmatrix},\quad LB^4 = \begin{pmatrix} -1 & 1 \\ 0 & 1 \end{pmatrix}.$$

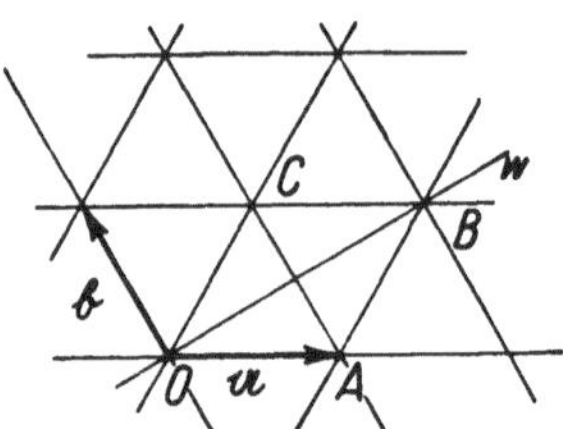

Abb. 19

Es ist noch zu beweisen, daß C_{3s} und C_{3v} nicht arithmetisch äquivalent sind. Dies folgt wie bei 6. daraus, daß die kleinsten Gittervektoren in Richtung zweier Spiegelachsen bei C_{3v} eine Elementarzelle, bei C_{3s} eine Zelle mit dreifacher Fläche aufspannen (siehe Abbildung 18).

13. Nimmt man zu C_6 beide Arten von Spiegelungen hinzu, so erhält man C_{6v} mit der Darstellung (siehe Abbildung 17)

$$E,\ B,\ B^2,\ B^3,\ B^4,\ B^5,\ W = LB,\quad WB = LB^2,\quad WB^2 = LB^3,$$
$$WB^3 = LB^4,\quad WB^4 = LB^5,\quad WB^5 = L.$$

Es wäre naheliegend, die arithmetischen Klassen systematisch neu zu bezeichnen. Um aber den Anschluß an die geometrische Kristallographie zu wahren, sehen wir davon ab. Gibt es zu einer geometrischen Klasse nur eine arithmetische, so bezeichnen wir diese wie jene, gibt es mehrere, so bedienen wir uns der eingebürgerten Bezeichnung.

Wir fügen eine Tabelle über die Klassen bei, wobei wir die Darstellungen nicht in Matrizen, sondern in der in der Kristallographie üblichen Schreibweise geben: Für die Substitution $x' = ax + by$, $y' = cx + dy$ schreibt man $[ax + by,\ cx + dy]$; $-a$ wird auch $\bar{a}$ geschrieben; $x,\ y$ sind Gitterkoordinaten.

Wir wollen hier ergänzend eine Eigenschaft derjenigen Matrizen beweisen, die sich zugleich ganzzahlig und orthogonal schreiben lassen.

SATZ 17: *Eine Substitution $T = (t_{ik})$ in v Variablen, die zugleich orthogonal und ganzzahlig ist, enthält in jeder Zeile und in jeder Spalte einen Koeffizienten ± 1, die übrigen Koeffizienten sind Null.*

Nach Voraussetzung ist $T \cdot T' = E$; den Koeffizienten an der Stelle (i, i) des Produktes $T \cdot T'$ erhält man als skalares Produkt der i-ten Zeile $(t_{i1}, \ldots, t_{iv})$ von T mit der i-ten Kolonne $(t_{i1}, \ldots, t_{iv})$ von T' zu

$$t_{i1}^2 + \cdots + t_{iv}^2 = 1,$$

so daß ein Koeffizient $t_{ik} = \pm 1$ ist, alle anderen $t_{il} = 0$, $l \neq k$. In zwei Variablen ergibt dies $2 \cdot 2^2 = 8$ Matrizen, die eine Gruppe bilden; es ist dies C_{4v}.

Tabelle der geometrischen und der arithmetischen Kristallklassen der Ebene und ihrer Darstellungen

	Geometrische Klasse	Arithmetische Klasse	Darstellung in Gitterkoordinaten	Netz	Untergruppen vom Index 2
1.	C_1	C_1	$[x, y]$	N_a	
2.	C_2	C_2	$[x, y]$, $[\bar{x}, \bar{y}]$	N_a	C_1
3.	C_3	C_3	$[x, y]$, $[\bar{y}, x - y]$, $[y - x, \bar{x}]$ (hexagonale Koordinaten)	N_h	
4.	C_4	C_4	$C_4 = C_2 + [y, \bar{x}] C_2$ (in der Schreibweise von § 8)	N_q	C_2
5.	C_6	C_6	$C_6 = C_3 + [\bar{x}, \bar{y}] C_3$	N_h	C_3
6.	C_s	C_s	$[x, y]$, $[x, \bar{y}]$; arithmetisch äquivalente Klasse: $[x, y]$, $[\bar{x}, y]$	N_r	C_1
7.	C_s	C_k	$[x, y]$, $[y, x]$; arithmetisch äquivalente Klasse: $[x, y]$, $[\bar{y}, \bar{x}]$	N_v	C_1
8.	C_{2v}	C_{2v}	$C_{2v} = C_2 + [x, \bar{y}] C_2 = C_s + [\bar{x}, \bar{y}] C_s$	N_r	C_2, C_s
9.	C_{2v}	C_{2k}	$C_{2k} = C_2 + [y, x] C_2 = C_k + [\bar{x}, \bar{y}] C_k$	N_v	C_2, C_k
10.	C_{3v}	C_{3v}	$C_{3v} = C_3 + [y, x] C_3$	N_h	C_3
11.	C_{3v}	C_{3s}	$C_{3s} = C_3 + [\bar{y}, \bar{x}] C_3$	N_h	C_3
12.	C_{4v}	C_{4v}	$C_{4v} = C_4 + [x, \bar{y}] C_4 = C_{2v} + [y, x] C_{2v} = C_{2k} + [x, \bar{y}] C_{2k}$	N_q	C_4, C_{2v}, C_{2k}
13.	C_{6v}	C_{6v}	$C_{6v} = C_6 + [y, x] C_6 = C_{3v} + [\bar{x}, \bar{y}] C_{3v} = C_{3s} + [\bar{x}, \bar{y}] C_{3s}$	N_h	C_6, C_{3v}, C_{3s}

Übersicht über die binären arithmetischen Klassen und ihre Untergruppen

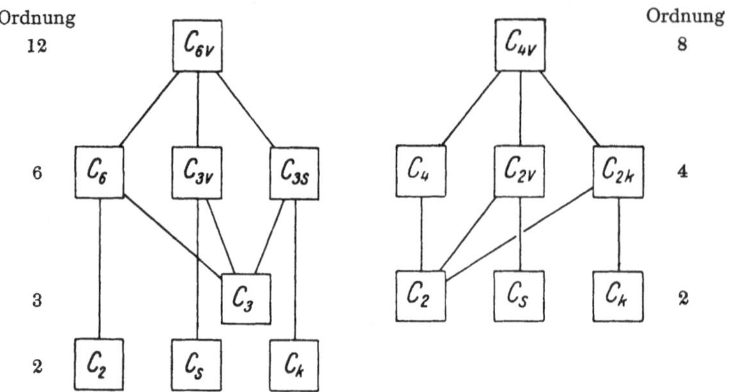

§ 10. Andere Herleitung der ebenen arithmetischen Kristallklassen

In Anlehnung an die Methode der Reduktion der quadratischen Formen einerseits und andererseits an eine Methode von MINKOWSKI wollen wir nochmals die arithmetischen Klassen herleiten. Sei ein Netz gegeben, der Punkt O des Netzes sei der Ursprung eines später zu bestimmenden Koordinatensystems

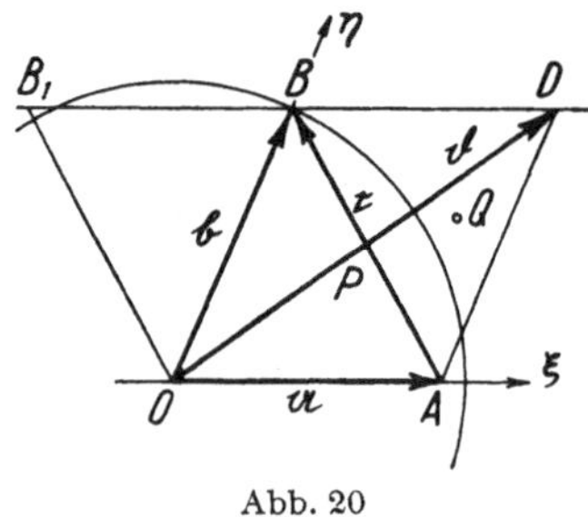

Abb. 20

(siehe Abbildung 20). A sei ein zu O nächster Netzpunkt. Von den außerhalb der Geraden OA gelegenen Netzpunkten sei B ein zu O nächster. Bezeichnen wir die Vektoren

$$\overrightarrow{OA} = \mathfrak{a}, \qquad \overrightarrow{OB} = \mathfrak{b},$$

und sei $|\mathfrak{a}|$ die Länge von $\mathfrak{a}$, so gilt demnach

$$|\mathfrak{a}| \leqq |\mathfrak{b}|. \tag{1}$$

Der Vektor $\mathfrak{a} + \mathfrak{b} = \mathfrak{d}$ habe den Endpunkt D; dieser ist ein Netzpunkt. Ferner sei $\overrightarrow{AB} = \mathfrak{c} = \mathfrak{b} - \mathfrak{a}$.

Wir behaupten, daß wir in der Form $\xi\mathfrak{a}+\eta\mathfrak{b}$ mit ganzzahligen ξ und η jeden Netzpunkt erhalten. Sei Q ein Netzpunkt, den wir nicht in dieser Form erhalten. Er kann nicht auf der Begrenzung der Zelle $OABD$ liegen, und wir dürfen annehmen, daß er in ihrem Innern liege. Um einzusehen, daß einer der vier Vektoren $\overrightarrow{OQ}$, $\overrightarrow{AQ}$, $\overrightarrow{BQ}$, $\overrightarrow{DQ}$ kürzer als $|\mathfrak{b}|$ ist, schlage man um jeden der vier Punkte O, A, B, D den Kreis mit dem Radius $|\mathfrak{b}|$. Die Diagonalen OD und AB liegen ganz im Innern des von diesen vier Kreisen überdeckten Gebietes und daher auch das Parallelogramm $OABD$. Somit ist einer der genannten vier Vektoren kürzer als $|\mathfrak{b}|$. Diesen Vektor tragen wir von O aus ab und erhalten einen Netzpunkt, der näher bei O liegt als B, entgegen der Voraussetzung.

Wir behaupten ferner, daß

$$|\mathfrak{b}| \leqq |\mathfrak{c}| \,. \tag{2}$$

Wäre $|\mathfrak{b}|>|\mathfrak{c}|$, so fügen wir den freien Vektor $\mathfrak{c}$ in O an und erhalten einen Netzpunkt B_1, der näher bei O als B, entgegen der Voraussetzung. Es können nun zwei Fälle eintreten:

1. Falls $|\mathfrak{c}| \leqq |\mathfrak{b}|$, nennen wir $\mathfrak{a}$ und $\mathfrak{b}$ *Grundvektoren*.

2. Ist hingegen $|\mathfrak{c}| > |\mathfrak{b}|$, so führen wir als Grundvektoren ein (siehe Abbildung 21)

$$\overrightarrow{OA'} = -\mathfrak{a} = \mathfrak{a}', \quad \overrightarrow{OB} = \mathfrak{b} \,;$$

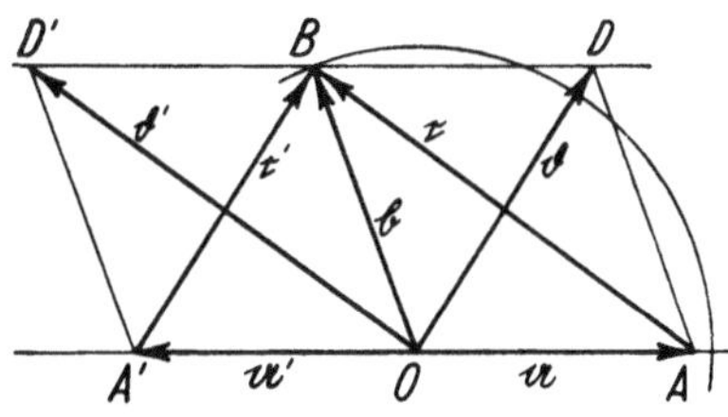

Abb. 21

ferner sei $\qquad \overrightarrow{A'B} = \mathfrak{c}' = \mathfrak{b}-\mathfrak{a}', \quad \overrightarrow{OD'} = \mathfrak{b}' = \mathfrak{a}'+\mathfrak{b} \,.$

Hiermit wird $\qquad |\mathfrak{a}'| = |\mathfrak{a}|, \quad |\mathfrak{b}'| = |\mathfrak{c}|, \quad |\mathfrak{c}'| = |\mathfrak{b}| \,,$

und aus der Voraussetzung folgt

$$|\mathfrak{b}'| > |\mathfrak{c}'| \,.$$

Hierdurch haben wir vier Vektoren, für die gilt:

$$|\mathfrak{a}'| \leqq |\mathfrak{b}| \leqq |\mathfrak{c}'| < |\mathfrak{b}'| \,,$$

und wir können sagen:

SATZ 18: *Ein Netz kann stets durch zwei Vektoren $\mathfrak{a}$ und $\mathfrak{b}$ aufgespannt werden, für die gilt*

$$|\mathfrak{a}| \leqq |\mathfrak{b}| \leqq |\mathfrak{c}| \leqq |\mathfrak{d}| , \qquad (3)$$

wobei $\mathfrak{c} = \mathfrak{b} - \mathfrak{a}, \; \mathfrak{d} = \mathfrak{b} + \mathfrak{a}$.

Die Gerade OA wählen wir als ξ-Achse, die Gerade OB als η-Achse.

Aus (3) folgt leicht (siehe Abbildung 20)

$$\varphi = \sphericalangle (\mathfrak{a}\mathfrak{b}) \leqq 90^0, \qquad 0 \leqq \mathfrak{a}\mathfrak{b} \leqq \frac{\mathfrak{a}^2}{2}, \qquad h \geqq \frac{\sqrt{3}}{2} \cdot |\mathfrak{b}| , \qquad (4)$$

wobei h der Abstand der Geraden $\eta = 0$ und $\eta = 1$ ist.

In Gleichung (3) kann zunächst an der ersten, zweiten und dritten Stelle je das Zeichen $=$ oder $<$ stehen, was $2^3 = 8$ Fälle ergibt, die wir in untenstehender Tabelle aufgezählt haben. Bemerken wir sogleich, daß in (3) nicht zugleich das zweite und das dritte Gleichheitszeichen stehen können. Denn sonst wäre

$$|\mathfrak{b}| = |\mathfrak{c}| = |\mathfrak{d}| .$$

Dies widerspricht der Dreiecksungleichung im Dreieck OPB von Abbildung 20, welches die Seitenlängen $|\mathfrak{b}|$, $\frac{1}{2}|\mathfrak{c}|$ und $\frac{1}{2}|\mathfrak{d}|$ besitzt. Somit ist der siebente und daher auch der achte Fall unmöglich.

	1.	2.	3.	Reduzierte Zelle
1.	$<$	$<$	$<$	Rhomboid
2.	$<$	$<$	$=$	Rechteck
3.	$=$	$<$	$<$	Rhombus, $\varphi > \frac{\pi}{3}$
4.	$=$	$<$	$=$	Quadrat
5.	$<$	$=$	$<$	Rhomboid, durch $\mathfrak{c}$ in gleichschenklige Dreiecke zerlegt
6.	$=$	$=$	$<$	Rhombus, $\varphi = \frac{\pi}{3}$
7.	$<$	$=$	$=$	—
8.	$=$	$=$	$=$	—

Wir stellen uns nun die Aufgabe, alle unimodularen ganzzahligen Deckoperationen des Netzes mit Fixpunkt O zu suchen.

Zunächst behaupten wir:

Auf die Gittergeraden $|\eta| \geqq 2$ kann bei solchen Deckoperationen weder der Punkt A noch der Punkt B zu liegen kommen (siehe Abbildung 20).

Beweis: Der Abstand eines Punktes auf $|\eta| \geqq 2$ von O ist nach (4)

$$\geqq \sqrt{3}\,|\mathfrak{b}| > |\mathfrak{b}|\,.$$

Wenn daher

$$\mathfrak{a}' = \xi'\,\mathfrak{a} + \eta'\,\mathfrak{b}$$

oder

$$\mathfrak{b}' = \xi'\,\mathfrak{a} + \eta'\,\mathfrak{b}\,, \tag{5}$$

so ist

$$|\eta'| \leqq 1\,. \tag{6}$$

Laute nun die ganzzahlige unimodulare Substitution

$$\begin{aligned}\xi' &= \alpha\,\xi + \beta\,\eta \\ \eta' &= \gamma\,\xi + \delta\,\eta\end{aligned}\,, \quad \alpha\,\delta - \beta\,\gamma = \pm 1\,, \tag{7}$$

so behaupten wir weiter:

Jede der vier Zahlen α, β, γ, δ kann nur die Werte 0, ± 1 annehmen.

Zum Beweis setzen wir in (7) $\xi = 1$, $\eta = 0$ und erhalten

$$\xi' = \alpha, \quad \eta' = \gamma\,. \tag{8}$$

Wegen (8) und (6) gilt

$$|\gamma| \leqq 1\,. \tag{9}$$

Obige Werte in (5) eingesetzt geben

$$\mathfrak{a}' = \alpha\,\mathfrak{a} + \gamma\,\mathfrak{b}\,.$$

Da bei unserer Transformation die Längen erhalten bleiben, gilt

$$\mathfrak{a}^2 = \mathfrak{a}'^2 = \alpha^2\,\mathfrak{a}^2 + 2\,\alpha\,\gamma\,\mathfrak{a}\,\mathfrak{b} + \gamma^2\,\mathfrak{b}^2\,. \tag{10}$$

Für $\gamma = 1$ folgt hieraus mit (3) $\alpha\,(\alpha\,\mathfrak{a}^2 + 2\,\mathfrak{a}\,\mathfrak{b}) \leqq 0$, woraus man mit (4) erhält, daß $\alpha = 0$ oder -1 ist.

Für $\gamma = -1$ ergibt (10) $\mathfrak{a}^2 \geqq \alpha^2\,\mathfrak{a}^2 - 2\,\alpha\,\mathfrak{a}\,\mathfrak{b}$, woraus mit (4) folgt, daß $\alpha = 0$ oder 1 ist.

Für $\gamma = 0$ gibt die Determinantenbedingung $\alpha = \pm 1$.

Setzen wir in (7) $\xi = 0$, $\eta = 1$, so wird

$$\xi' = \beta, \quad \eta' = \delta\,,$$

wobei wegen (6)

$$|\delta| \leqq 1\,. \tag{11}$$

Obige Werte in (5) eingesetzt liefern

$$\mathfrak{b}' = \beta\,\mathfrak{a} + \delta\,\mathfrak{b}\,,$$

somit

$$\mathfrak{b}^2 = \mathfrak{b}'^2 = \beta^2\,\mathfrak{a}^2 + 2\,\beta\,\delta\,\mathfrak{a}\,\mathfrak{b} + \delta^2\,\mathfrak{b}^2\,,$$

daher

$$\beta^2\,\mathfrak{a}^2 + 2\,\beta\,\delta\,\mathfrak{a}\,\mathfrak{b} \geqq 0\,. \tag{12}$$

Wegen (11) und (4) kann in (12) das Gleichheitszeichen nur stehen, wenn entweder $\beta = 0$ ist, oder wenn $\mathfrak{a}^2 = 2\,\mathfrak{a}\,\mathfrak{b}$ und β und δ dem Betrag nach 1, aber von verschiedenem Vorzeichen sind. Das heißt: Wenn $\delta = \pm 1$, so muß $\beta = 0$ oder $\beta = \mp 1$ sein, dabei gehören die oberen bzw. die unteren Vorzeichen zusammen.

Ist $\delta = 0$, so folgt aus $\pm 1 = \begin{vmatrix} \alpha & \beta \\ \gamma & 0 \end{vmatrix} = \beta \gamma$, daß $|\beta| = \pm 1$ sein muß. Hiermit ist unsere Behauptung bewiesen. Darüber hinaus haben wir gezeigt:

Sind zwei Elemente einer Kolonne von Null verschieden, so haben sie ungleiches Vorzeichen.

Aus $\begin{vmatrix} \alpha & \beta \\ \gamma & \delta \end{vmatrix} = \pm 1$ folgt sodann:

Mindestens ein Element der Matrix ist Null.

Weiter behaupten wir:

Sind die beiden Elemente einer Zeile von Null verschieden, so haben sie gleiches Vorzeichen.

Mit $\begin{pmatrix} \alpha & \beta \\ \gamma & \delta \end{pmatrix}$ ist auch $\begin{pmatrix} \alpha & \beta \\ \gamma & \delta \end{pmatrix}^{-1} = \pm \begin{pmatrix} \delta & -\beta \\ -\gamma & \alpha \end{pmatrix}$ eine Decktransformation der betrachteten Art. In ihr haben nach dem obigen Ergebnis die Elemente einer Kolonne ungleiches Vorzeichen.

Nehmen wir unsere Ergebnisse zusammen, so können wir sagen, daß nur folgende Matrizen auftreten können:

$$S_1 = \begin{pmatrix} 1 & 0 \\ 0 & 1 \end{pmatrix}, \qquad S_2 = \begin{pmatrix} -1 & 0 \\ 0 & -1 \end{pmatrix}, \qquad S_3 = \begin{pmatrix} 1 & 0 \\ 0 & -1 \end{pmatrix}, \qquad S_4 = \begin{pmatrix} -1 & 0 \\ 0 & 1 \end{pmatrix},$$

Ordnung: 1	2	2	2
Spur: 2	-2	0	0

$$S_5 = \begin{pmatrix} 0 & 1 \\ -1 & 0 \end{pmatrix}, \qquad S_6 = \begin{pmatrix} 0 & -1 \\ 1 & 0 \end{pmatrix}, \qquad S_7 = \begin{pmatrix} 0 & 1 \\ 1 & 0 \end{pmatrix}, \qquad S_8 = \begin{pmatrix} 0 & -1 \\ -1 & 0 \end{pmatrix},$$

Ordnung: 4	4	2	2
Spur: 0	0	0	0

$$S_9 = \begin{pmatrix} -1 & -1 \\ 0 & 1 \end{pmatrix}, \qquad S_{10} = \begin{pmatrix} -1 & 0 \\ 1 & 1 \end{pmatrix}, \qquad S_{11} = \begin{pmatrix} 1 & 0 \\ -1 & -1 \end{pmatrix}, \qquad S_{12} = \begin{pmatrix} 1 & 1 \\ 0 & -1 \end{pmatrix},$$

Ordnung: 2	2	2	2
Spur: 0	0	0	0

$$S_{13} = \begin{pmatrix} -1 & -1 \\ 1 & 0 \end{pmatrix}, \qquad S_{14} = \begin{pmatrix} 0 & 1 \\ -1 & -1 \end{pmatrix}, \qquad S_{15} = \begin{pmatrix} 0 & -1 \\ 1 & 1 \end{pmatrix}, \qquad S_{16} = \begin{pmatrix} 1 & 1 \\ -1 & 0 \end{pmatrix}.$$

Ordnung: 3	3	6	6
Spur: -1	-1	1	1

Wir wollen im folgenden untersuchen, welche Darstellungen der ebenen geometrischen Kristallklassen aus diesen Matrizen gebildet werden können und welche davon arithmetisch inäquivalent sind.

Um unsere Untersuchung durchzuführen, ist es zweckmäßig, folgenden Begriff einzuführen:

Sei für den Netzpunkt $X(\xi, \eta)$ der Vektor $\overrightarrow{OX} = \mathfrak{x}$. Wir erklären wie in § 2 die Funktion $\varphi(\xi, \eta)$ durch

$$\varphi(\xi, \eta) = |\mathfrak{x}|,$$

so daß
$$\varphi(-\xi, -\eta) = \varphi(\xi, \eta) \tag{13}$$

wird. Nach der Definition der Funktion $\varphi(\xi, \eta)$ ist

$$\varphi(1, 0) = |\mathfrak{a}|, \quad \varphi(0, 1) = |\mathfrak{b}|, \quad \varphi(-1, 1) = |\mathfrak{c}|, \quad \varphi(1, 1) = |\mathfrak{d}|.$$

Hiermit wird aus den Beziehungen (3):

$$\varphi(1, 1) \geqq \varphi(-1, 1) \geqq \varphi(0, 1) \geqq \varphi(1, 0). \tag{14}$$

1. Gilt in (14) *kein* Gleichheitszeichen, so lassen von den Matrizen S_1 bis S_{16} nur S_1 und S_2 die Beziehungen (14) ungeändert. Somit läßt jedes Netz diese beiden Symmetrien zu:

Allgemeines Netz N_a. Zu N_a gehören die arithmetischen Klassen C_1 und C_2.

2. Gelte in (14) das *erste* Gleichheitszeichen, dann kann jede Achse in ihre entgegengesetzte übergeführt werden, zu S_1 und S_2 treten die Substitutionen S_3 und S_4 hinzu.

Geometrisch: $|\mathfrak{c}| = |\mathfrak{d}|$, das *Netz* ist *rechteckig: N_r*.

Arithmetische Klassen: C_s und C_{2v}.

3. Gilt in (14) das *dritte* Gleichheitszeichen, so dürfen die Achsen vertauscht werden, zu S_1 und S_2 treten hinzu S_7 und S_8.

Geometrisch: $|\mathfrak{a}| = |\mathfrak{b}|$, *rhombisches Netz N_v* mit Spiegelung an den Winkelhalbierenden der Vektoren $\mathfrak{a}$ und $\mathfrak{b}$. Arithmetische Klassen: C_k und C_{2k}.

4. Gilt in (14) das *erste* und das *dritte* Gleichheitszeichen, so kommen zu den Substitutionen aus 2. und 3. die Drehungen um 90° hinzu: S_5 und S_6.

Geometrisch $|\mathfrak{c}| = |\mathfrak{d}|$ und $|\mathfrak{a}| = |\mathfrak{b}|$, *quadratisches Netz N_q*. Arithmetische Klassen C_4 und C_{4v}.

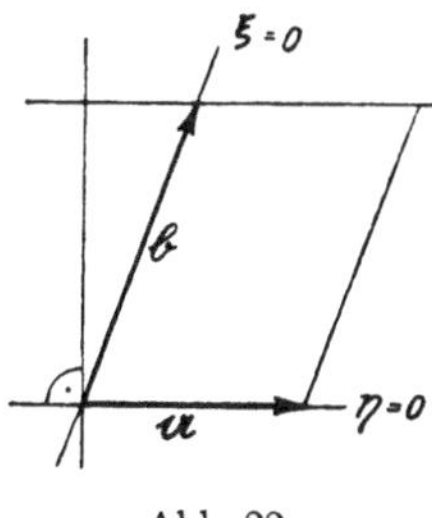

Abb. 22

5. Gilt in (14) das *zweite* Gleichheitszeichen, so treten zu S_1 und S_2 die Substitutionen S_9 und S_{12} hinzu.

Geometrisch: *Rhombisches Netz N_v* mit Spiegelung an $\eta = 0$ und der darauf senkrechten Achse durch O (siehe Abbildung 22).

Anmerkung: Weil wir wiederum das rhombische Netz erhalten haben, so stellen die hier auftretenden Matrizen eine zu C_{2k} äquivalente Klasse dar. Transformation mit $U = \begin{pmatrix} 1 & 1 \\ 1 & 0 \end{pmatrix}$ stellt die Äquivalenz her: $U^{-1} S_2 U = S_2$, $U^{-1} S_7 U = S_{12}$, $U^{-1} S_8 U = S_9$. Das rhombische Netz tritt in unserer Herleitung zweimal auf: In 3. als solches, aus welchem sich das quadratische Netz ableitet, in 5. als dasjenige, aus welchem das hexagonale Netz entsteht.

6. Gelten in (14) das *zweite* und das *dritte* Gleichheitszeichen, so treten zu den Substitutionen aus 1., 3. und 5. die folgenden hinzu: S_{10}, S_{11}, S_{13}, S_{14}, S_{15}, S_{16}.

Geometrisch: Das Netz ist aus gleichseitigen Dreiecken aufgespannt: *Hexagonales Netz N_h.*

Die zwölf Substitutionen bilden eine zu C_{6v} arithmetisch äquivalente Klasse, die wir in § 9 in hexagonalen Koordinaten angeschrieben haben, während wir hier ein Koordinatensystem ξ, η mit $\sphericalangle (\xi, \eta) = 60^0$ verwenden. Arithmetische Klassen: C_3, C_{3v}, C_{3s}, C_6, C_{6v}.

§ 11. Die geometrischen Kristallklassen des Raumes

Die Kristallklassen des Raumes teilen wir in zwei Arten ein: Solche, bei denen eine Gerade und die darauf senkrechte Ebene invariant bleiben, sie heißen *reduzible* Klassen. Alle übrigen Klassen heißen *irreduzibel*.

A. *Die reduziblen Klassen*

Die Kristallklassen der Ebene oder die *binären* Klassen, wie sie auch genannt werden, können auf folgende Art zu räumlichen oder zu *ternären* Klassen erweitert werden:

1. Sind $S_i = \begin{pmatrix} \alpha_i & \beta_i \\ \gamma_i & \delta_i \end{pmatrix}$ die Substitutionen der binären Klasse, so bilden die Substitutionen

$$S_i^* = \begin{pmatrix} \alpha_i & \beta_i & 0 \\ \gamma_i & \delta_i & 0 \\ 0 & 0 & 1 \end{pmatrix}$$

wiederum eine Gruppe: die zur binären Klasse gehörende ternäre Klasse. Wir sagen auch, die räumliche Klasse entstehe aus der ebenen Klasse durch *Hinzunahme der Identität*, womit wir ausdrücken wollen, daß bei den Substitutionen S_i^* die dritte Achse unverändert bleibt; S_i^* *enthält die identische Darstellung.*

Aus der Tabelle auf Seite 59 erhält man auf diese Art aus den zehn binären geometrischen Kristallklassen die in der Kristallographie mit denselben Symbolen bezeichneten ternären Klassen

$$C_1, \; C_2, \; C_3, \; C_4, \; C_6, \; C_s, \; C_{2v}, \; C_{3v}, \; C_{4v}, \; C_{6v}.$$

Eine Erläuterung dieser und der folgenden Bezeichnungen geben wir auf Seite 71.

2. Sind wiederum $S_i = \begin{pmatrix} \alpha_i & \beta_i \\ \gamma_i & \delta_i \end{pmatrix}$ die Substitutionen einer binären Klasse $\mathfrak{G}$ und ist

$$|S_i| = \alpha_i \delta_i - \beta_i \gamma_i = \Delta_i,$$

so bilden die Substitutionen

$$S_i^* = \begin{pmatrix} \alpha_i & \beta_i & 0 \\ \gamma_i & \delta_i & 0 \\ 0 & 0 & \Delta_i \end{pmatrix}$$

eine ternäre Gruppe $\mathfrak{G}^*$. Denn aus $S_i S_k = S_l$ folgt $\Delta_i \cdot \Delta_k = \Delta_l$ und somit

$$S_i^* \cdot S_k^* = S_l^*,$$

wobei $\qquad\qquad |S_i^*| = |S_i| \cdot \Delta_i = \Delta_i^2 = +1.$

Wir nennen eine Gruppe, deren sämtliche Elemente die Determinante $+1$ haben und die daher nur aus Drehungen besteht, eine *Drehgruppe*. Durch unsere obige Methode wird somit eine binäre Gruppe zu einer ternären Drehgruppe erweitert. Eine zweite Methode, um aus einer binären Gruppe eine ternäre Drehgruppe zu erhalten, ist die folgende:

3. Die Elemente der Determinante $+1$ einer binären Klasse $\mathfrak{G}$ bilden, falls nicht alle Elemente die Determinante 1 haben, eine Untergruppe $\mathfrak{U}$ vom Index 2, diejenigen der Determinante -1 die zugehörige *Nebengruppe* oder *Restklasse* $\mathfrak{N}$. In jeder Gruppe gibt es nämlich Elemente mit der Determinante $+1$, zum Beispiel E. $A_1 = E$, $A_2, \ldots, A_n$ seien alle Elemente der Determinante $+1$, B sei ein Element der Determinante -1. Wir behaupten, daß $BA_1, \ldots, BA_n$ alle Elemente der Determinante -1 sind. Sei C ein von diesen Elementen verschiedenes Element der Determinante -1. Aus $B^2 = A_i$ folgt $B = B^{-1} A_i$, $B^{-1} = BA_i^{-1}$, ferner ist BC ein Element der Determinante $+1$, folglich $BC = A_k$, daher $C = B^{-1} A_k = BA_i^{-1} A_k = BA_l$ entgegen der Voraussetzung. Somit läßt sich die Gruppe zerlegen in die Untergruppe $A_1, \ldots, A_n$ und deren Nebengruppe $BA_1, \ldots, BA_n$, und daher bilden die Elemente der Determinante $+1$ eine Untergruppe vom Index 2.

$\mathfrak{U}^*$ entstehe aus $\mathfrak{U}$ durch Hinzunahme der Identität, ebenso werde der Komplex $\mathfrak{N}^*$ aus $\mathfrak{N}$ gebildet. Dann ist

$$\mathfrak{G}^* = \mathfrak{U}^* + \begin{pmatrix} 1 & 0 & 0 \\ 0 & 1 & 0 \\ 0 & 0 & -1 \end{pmatrix} \mathfrak{N}^*$$

eine zu $\mathfrak{G}$ gehörige ternäre *Drehgruppe*.

Es empfiehlt sich, die ternären Klassen in drei Arten einzuteilen:

a) Die *Drehgruppen*;

b) Gruppen, welche die Inversion I enthalten;

c) Gruppen, welche die Inversion nicht enthalten, aber keine Drehgruppen sind.

Mit den bisherigen Methoden können wir die folgenden ternären Klassen herleiten (vgl. die Tabelle auf Seite 59):

1. Art. Durch Hinzunahme der Identität erhalten wir aus den binären Drehgruppen die ternären Drehgruppen (sie werden in der Kristallographie gleich bezeichnet wie die entsprechenden binären Klassen)

$$C_1,\ C_2,\ C_3,\ C_4 = C_2 + [y, \bar{x}, z]\, C_2, \quad C_6 = C_3 + [\bar{x}, \bar{y}, z]\, C_3.$$

Nach der oben unter 3. beschriebenen Methode erhalten wir aus den binären Klassen, indem wir die auf Seite 59 angeführte Tabelle der Untergruppen vom Index 2 berücksichtigen, die folgenden ternären Klassen:

Aus C_{2v} erhält man $D_2 = C_2 + [x, \bar{y}, \bar{z}]\, C_2$ (ternäre Vierergruppe, auch V genannt),

Aus C_{3v} erhält man $D_3 = C_3 + [y, x, \bar{z}]\, C_3$,

Aus C_{4v} erhält man $D_4 = C_4 + [x, \bar{y}, \bar{z}]\, C_4$.

Aus $D_4 = C_4 + [x, \bar{y}, \bar{z}]\, C_4 = C_2 + [y, \bar{x}, z]\, C_2 + [x, \bar{y}, \bar{z}] \{C_2 + [y, \bar{x}, z]\, C_2\} = = D_2 + [y, \bar{x}, z]\, D_2$ folgt, daß die Drehgruppe D_2 in D_4 als Untergruppe vom Index 2 enthalten ist.

Aus C_{6v} erhält man $D_6 = C_6 + [y, x, \bar{z}]\, C_6 = D_3 + [\bar{x}, \bar{y}, z]\, D_3$.

Bemerkung: Aus C_s entsteht $C_1 + [x, \bar{y}, \bar{z}]\, C_1$; diese Klasse ist äquivalent mit der ternären Klasse C_2, sie geht aus ihr durch Umbenennung der Variablen hervor.

Es gibt somit neun ternäre Klassen erster Art.

2. Art. Die Gruppe enthalte die Inversion I. Ihre Ordnung muß daher gerade sein, und wir können diese Gruppe der Ordnung $2n$ in der Form schreiben

$$\mathfrak{G}_{2n} = \mathfrak{G}_n + \mathfrak{N},$$

wo $\mathfrak{G}_n$ die Untergruppe der Ordnung n ist, deren Substitutionen die Determinante $+1$ haben, und $\mathfrak{N}$ der Komplex der Elemente der Determinante -1 ist. Da für jedes Element A

$$I A = A I$$

gilt, können die Elemente von $\mathfrak{N}$ in der Form IA geschrieben werden. Da ferner für zwei Elemente aus $\mathfrak{N}$ das Produkt

$$I A \cdot I B = A B$$

in $\mathfrak{G}_n$ liegt, so hat $\mathfrak{G}_{2n}$ die Form

$$\mathfrak{G}_{2n} = \mathfrak{G}_n + I \cdot \mathfrak{G}_n.$$

Man sagt, $\mathfrak{G}_{2n}$ sei als Summe der Untergruppe $\mathfrak{G}_n$ und deren Nebengruppe oder Restklasse $I\,\mathfrak{G}_n$ dargestellt. Zu jeder Klasse erster Art gibt es somit eine Klasse $\mathfrak{G}_{2n}$ zweiter Art, und jede reduzible Klasse, welche die Inversion enthält, entsteht auf diese Weise. Man bezeichnet (siehe Tabelle auf Seite 71)

$$C_i = C_1 + I\,C_1$$

$$C_{2h} = C_2 + I\,C_2 \qquad\qquad D_{2h} \equiv (V_h) = D_2 + I\,D_2$$

$$C_{3i} = C_3 + I\,C_3 \qquad\qquad D_{3d} = D_3 + I\,D_3$$

$$C_{4h} = C_4 + I\,C_4 \qquad\qquad D_{4h} = D_4 + I\,D_4$$

$$C_{6h} = C_6 + I\,C_6 \qquad\qquad D_{6h} = D_6 + I\,D_6$$

Es gibt somit neun ternäre Klassen zweiter Art.

3. *Art.* Sei $\mathfrak{G}'_{2n}$ eine Klasse, welche die Inversion nicht enthält, welche aber keine Drehgruppe ist, und sei die Drehgruppe $\mathfrak{G}_n$ eine Untergruppe vom Index 2 von $\mathfrak{G}'_{2n}$, so daß wir die Zerlegung haben

$$\mathfrak{G}'_{2n} = \mathfrak{G}_n + \mathfrak{R}\,. \tag{1}$$

Der Komplex $\qquad\qquad \mathfrak{G}_{2n} = \mathfrak{G}_n + I\cdot\mathfrak{R}$

besteht aus lauter Drehungen, denn die Determinante jedes Elementes ist $+1$. Alle Elemente dieses Komplexes sind voneinander verschieden, denn ist A ein Element aus $\mathfrak{G}_n$ und B ein solches aus $\mathfrak{R}$, und sei $A = IB$. Dann ist $I = AB^{-1}$ ein Element von $\mathfrak{G}_{2n}$, entgegen der Voraussetzung. Endlich bilden die Elemente von $\mathfrak{G}_{2n}$ eine Gruppe, denn $A\cdot IB = I\cdot AB$ liegt in $I\cdot\mathfrak{R}$, und wenn B und C Elemente aus $\mathfrak{R}$ sind, so liegt $IB\cdot IC = BC$ in $\mathfrak{G}_n$.

Um zu den fraglichen Klassen zu gelangen, kann man daher von einer Zerlegung

$$\mathfrak{G}_{2n} = \mathfrak{G}_n + \mathfrak{S}$$

einer Drehgruppe $\mathfrak{G}_{2n}$ nach einer Untergruppe $\mathfrak{G}_n$ vom Index 2 ausgehen und erhält in

$$\mathfrak{G}'_{2n} = \mathfrak{G}_n + I\cdot\mathfrak{S}$$

eine Gruppe, welche nicht nur Drehungen, nicht aber die Inversion enthält.

Enthält $\mathfrak{G}_{2n}$ neben $\mathfrak{G}_n$ die weitere Untergruppe $\mathfrak{U}_n$ vom Index 2, so sei

$$\mathfrak{G}_{2n} = \mathfrak{U}_n + \mathfrak{T}\,,$$

und hiermit $\qquad\qquad \mathfrak{G}''_{2n} = \mathfrak{U}_n + I\cdot\mathfrak{T}\,.$

Wann sind $\mathfrak{G}'_{2n}$ und $\mathfrak{G}''_{2n}$ im geometrischen Sinne äquivalent? Dies wird dann der Fall sein (siehe Seite 43), wenn es eine unimodulare Matrix U gibt, so daß

$$U^{-1}\,\mathfrak{G}''_{2n}\,U = \mathfrak{G}'_{2n}$$

ist. Somit ist $\qquad U^{-1}\,\mathfrak{U}_n\,U + U^{-1}\,I\cdot\mathfrak{T}\,U = \mathfrak{G}_n + I\cdot\mathfrak{S}\,.$

Da bei der Transformation mit U die Vorzeichen der Determinanten unverändert bleiben, muß gelten

$$\mathfrak{G}_n = U^{-1}\,\mathfrak{U}_n\,U \quad \text{und} \quad \mathfrak{S} = U^{-1}\,\mathfrak{T}\,U\,.$$

Diese beiden Gleichungen besagen, daß $\mathfrak{G}_{2n}$ durch Transformation mit U in sich übergehen muß

$$U^{-1}\,\mathfrak{G}_{2n}\,U = \mathfrak{G}_{2n}\,,$$

wobei zugleich die Untergruppe $\mathfrak{G}_n$ in $\mathfrak{U}_n$ übergeht.

Geht somit die Untergruppe $\mathfrak{G}_n$ der Drehgruppe $\mathfrak{G}_{2n}$ bei einer Transformation von $\mathfrak{G}_{2n}$ oder, wie man auch sagt, bei einem *Automorphismus* von $\mathfrak{G}_{2n}$ in die Untergruppe $\mathfrak{U}_n$ über, so sind die beiden Klassen

$$\mathfrak{G}_{2n}' = \mathfrak{G}_n + I\,\mathfrak{S} \quad \text{und} \quad \mathfrak{G}_{2n}'' = \mathfrak{U}_n + I\,\mathfrak{T}$$

geometrisch äquivalent.

Um aus den Drehgruppen die fraglichen Klassen zu erhalten, suchen wir die Untergruppen vom Index 2 in den Drehgruppen auf (siehe Seite 71).

1. C_2 besitzt nur C_1 als Untergruppe vom Index zwei, und wir erhalten $C_s = C_1 + I \cdot [\bar{x}, \bar{y}, z] \cdot C_1 = C_1 - [\bar{x}, \bar{y}, z]\,C_1$, wenn wir $[\bar{a}, \bar{b}, \bar{c}] = -[a, b, c]$ setzen.

2. Aus C_4 entsteht $S_4 = C_2 + I \cdot [y, \bar{x}, z]\,C_2 = C_2 - [y, \bar{x}, z]\,C_2\,.$

3. Aus C_6 entsteht $C_{3h} = C_3 + I \cdot [\bar{x}, \bar{y}, z]\,C_3 = C_3 - [\bar{x}, \bar{y}, z]\,C_3\,.$

4. D_2 enthält drei Untergruppen vom Index 2. Diese gehen durch Vertauschung der Koordinaten ineinander über und sind daher äquivalent. Somit hat man $C_{2v} = C_2 + I \cdot [x, \bar{y}, \bar{z}]\,C_2 = C_2 - [x, \bar{y}, \bar{z}]\,C_2\,.$

5. Aus D_3 entsteht $C_{3v} = C_3 + I \cdot [y, x, \bar{z}]\,C_3 = C_3 - [y, x, \bar{z}]\,C_3\,.$

6. D_4 enthält nach Seite 68 die Drehgruppen C_4 und D_2 als Untergruppen vom Index 2. Da die eine eine zyklische Gruppe ist, die andere zwei Erzeugende hat, gibt es keinen Automorphismus von D_4, der die beiden aufeinander abbildet. Somit erhalten wir

$$C_{4v} = C_4 + I \cdot [x, \bar{y}, \bar{z}]\,C_4 = C_4 - [x, \bar{y}, \bar{z}]\,C_4\,,$$

$$D_{2d} \equiv (V_d) = D_2 + I \cdot [y, \bar{x}, z]\,D_2 = D_2 - [y, \bar{x}, z]\,D_2\,.$$

7. Ebenso enthält D_6 zwei Untergruppen vom Index 2; die Drehgruppen sind: C_6 und D_3. Somit erhalten wir

$$C_{6v} = C_6 + I \cdot [y, x, \bar{z}]\,C_6 = C_6 - [y, x, \bar{z}]\,C_6\,,$$

$$D_{3h} = D_3 + I \cdot [\bar{x}, \bar{y}, z]\,D_3 = D_3 - [\bar{x}, \bar{y}, z]\,D_3\,.$$

Tabelle der geometrischen Kristallklassen im Raume

(zu § 11 und § 12)

	Kristallsysteme	Drehgruppen	Die Gruppen enthalten die Inversion	Die Gruppen enthalten die Inversion nicht
Entstanden aus ebenen Drehgruppen	1	C_1	$C_i = C_1 + I \cdot C_1$	—
	2	$C_2 = C_1 + [\bar{x}, \bar{y}, z]\, C_1$	$C_{2h} = C_2 + I \cdot C_2$	$C_s = C_1 - [\bar{x}, \bar{y}, z]\, C_1$
	3	C_3	$C_{3i} = C_3 + I \cdot C_3$	—
	4	$C_4 = C_2 + [y, \bar{x}, z]\, C_2$	$C_{4h} = C_4 + I \cdot C_4$	$S_4 = C_2 - [y, \bar{x}, z]\, C_2$
	5	$C_6 = C_3 + [\bar{x}, \bar{y}, z]\, C_3$	$C_{6h} = C_6 + I \cdot C_6$	$C_{3h} = C_3 - [\bar{x}, \bar{y}, z]\, C_3$
Entstanden aus ebenen Drehspiegelgruppen	6	$D_2 = C_2 + [x, \bar{y}, \bar{z}]\, C_2$	$D_{2h} = D_2 + I \cdot D_2$	$C_{2v} = C_2 - [x, \bar{y}, \bar{z}]\, C_2$
	3	$D_3 = C_3 + [y, x, \bar{z}]\, C_3$	$D_{3d} = D_3 + I \cdot D_3$	$C_{3v} = C_3 - [y, x, \bar{z}]\, C_3$
	4	$D_4 = C_4 + [x, \bar{y}, \bar{z}]\, C_4$ $= D_2 + [y, \bar{x}, z]\, D_2$	$D_{4h} = D_4 + I \cdot D_4$	$C_{4v} = C_4 - [x, \bar{y}, \bar{z}]\, C_4$ $D_{2d} = D_2 - [y, \bar{x}, z]\, D_2$
	5	$D_6 = C_6 + [y, x, \bar{z}]\, C_6$ $= D_3 + [\bar{x}, \bar{y}, z]\, D_3$	$D_{6h} = D_6 + I \cdot D_6$	$C_{6v} = C_6 - [y, x, \bar{z}]\, C_6$ $D_{3h} = D_3 - [\bar{x}, \bar{y}, z]\, D_3$
Irreduzible Gruppen	7	T	$T_h = T + I \cdot T$	—
	7	$O = T + [\bar{y}, \bar{x}, \bar{z}]\, T$	$O_h = O + I \cdot O$	$T_d = T - [\bar{y}, \bar{x}, \bar{z}]\, T$

Kristallsysteme: 1. Triklin   5. Hexagonal
                  2. Monoklin   6. Rhombisch (orthorhombisch)
                  3. Rhomboedrisch   7. Kubisch (regulär)
                  4. Tetragonal

Zur Bezeichnung der Klassen.

In der Bezeichnung der Klassen schließen wir uns A. SCHOENFLIES an. Die wichtigsten Merkmale sind:

C_λ bedeutet eine zyklische Gruppe der Ordnung λ, ihre Achse denken wir uns vertikal (Hauptachse).

D_λ ist die aus C_λ entstehende Diedergruppe, indem man eine (und daher weitere) horizontale Zweierachsen hinzunimmt. Die Vierergruppe D_2 heißt auch V. Bei den zyklischen Gruppen und bei den Diedergruppen deutet ein Index h an, daß eine horizontale Spiegelebene hinzugenommen wurde.

Ein Index v bedeutet, daß durch die Hauptachse vertikale Spiegelebenen gehen; der Index d bedeutet, daß diese die Winkel gewisser Zweierachsen halbieren, das heißt diagonal stehen.

Tabelle der ternären geometrischen Klassen und ihrer Untergruppen

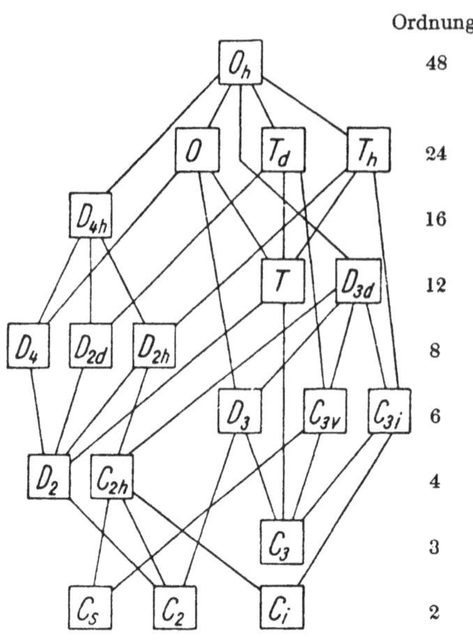

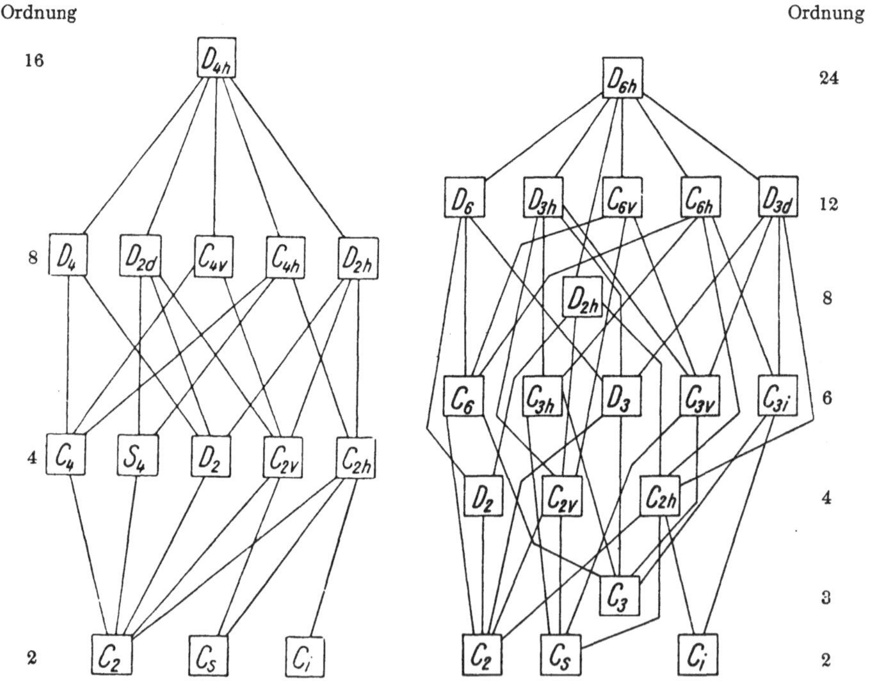

§ 12. Die geometrischen Kristallklassen des Raumes

B. Die irreduziblen Klassen

1. Nach Definition führt jede orthogonale Transformation die Einheitskugel $x_1^2 + \cdots + x_\nu^2 = 1$ in sich über, dabei bleibt der Nullpunkt fest. Um die endlichen ternären Gruppen aufzustellen, untersuchen wir zunächst die Drehungen der Kugel und behaupten:

HILFSSATZ: *Jede orthogonale Transformation der Determinante* $+1$ *besitzt in einem Raume ungerader Dimensionszahl außer dem Nullpunkt einen weiteren Fixpunkt.*

Sei $|A| = +1$ und $A' \cdot A = E$ (siehe § 2).

Damit der Punkt $(x) = (x_1, \ldots, x_\nu)$ bei der Transformation A in sich übergeht, muß gelten

$$A x = E x, \quad \text{das heißt} \quad (A - E)\, x = 0. \tag{1}$$

Diese ν homogenen linearen Gleichungen besitzen eine nicht triviale Lösung, wenn

$$|A - E| = 0. \tag{2}$$

Daß (2) erfüllt ist, sieht man folgendermaßen ein:

Aus $A' \cdot A = E$ folgt

$$A'A - A' = A'\,(A - E) = E - A',$$

und somit ist wegen $|A'| = +1$

$$|A - E| = |E - A'|. \tag{3}$$

Ferner ist $\qquad E - A' = (E - A)' = -\,(A - E)',$

daher $\qquad |E - A'| = (-1)^\nu\, |A - E|,$

also für ungerades ν $\qquad |E - A'| = -\,|A - E|. \tag{4}$

Aus (3) und (4) folgt $\qquad |A - E| = -\,|A - E|,$

und daher $\qquad |A - E| = 0.$

Somit läßt jede Drehung des R^3 außer dem Nullpunkt stets einen weiteren Punkt fest; sie läßt daher eine Gerade fest, die Verbindungsgerade der beiden Punkte. Diese schneidet auf der Einheitskugel zwei Punkte heraus, die wir die beiden *Pole* der Drehung nennen. Jede Drehung besitzt somit ein Paar von Polen.

Wir geben zunächst an, wie sich zwei Drehungen der Kugel zusammensetzen.

Mögen die beiden Drehungen dieselbe Achse besitzen, die wir als z-Achse eines rechtwinkligen Koordinatensystems wählen. Ist φ der Drehwinkel, so lautet die Drehung

$$D(\varphi) = \begin{pmatrix} \cos\varphi & -\sin\varphi & 0 \\ \sin\varphi & \cos\varphi & 0 \\ 0 & 0 & 1 \end{pmatrix}.$$

Ist $D(\psi)$ eine zweite Drehung um dieselbe Achse, so wird nach leichter Rechnung

$$D(\psi)\,D(\varphi) = D(\varphi+\psi).$$

Somit addieren sich bei Drehungen mit denselben Polen die Drehwinkel.

Wir geben der Vollständigkeit wegen noch an, wie man Drehungen mit verschiedenen Polen zusammensetzt. Zuerst bemerken wir, daß sich jede Drehung $A(\alpha)$ als Produkt zweier Spiegelungen schreiben läßt. Seien E_1 und E_2 zwei Ebenen, die sich in der Achse a der Drehung $A(\alpha)$ schneiden und den Winkel $\frac{\alpha}{2}$ miteinander bilden. Wenn wir einen Punkt P zuerst an E_1 und dann an E_2 spiegeln, so geht a in sich über und P wird um den Winkel α gedreht. Hiermit ist $A(\alpha)$ als Produkt $S_2 S_1$ der beiden Spiegelungen S_1 und S_2 dargestellt.

Liegt ferner der Punkt P auf der Ebene E_1, so bleibt er bei S_1 fest, während er bei S_2 in seinen Spiegelpunkt P' bezüglich E_2 übergeht, und es ist der Winkel $Pa\,P'$ gleich $2 \cdot \frac{\alpha}{2} = \alpha$.

Sei nun $A(\alpha)$ eine Drehung um die Achse a, $B(\beta)$ diejenige um die Achse b. Die Durchstoßpunkte der Achsen a und b durch die Einheitskugel seien ebenfalls a und b genannt, und zwar so, daß der Drehsinn der Achsen der positive ist (entgegen dem Uhrzeiger, wenn man von außen auf der Kugelfläche die

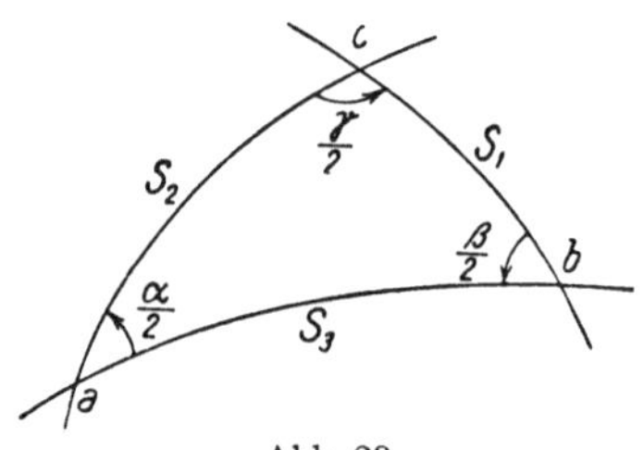

Abb. 23

Durchstoßpunkte erblickt). Wir zeichnen auf der Kugel das Dreieck a, b, c mit den Winkeln $\frac{\alpha}{2}$ und $\frac{\beta}{2}$, wie in der Abbildung 23 angegeben; sein dritter Winkel sei $\frac{\gamma}{2}$. S_1, S_2, S_3 seien die Spiegelungen an den Bogen bc, ac und ab.

Aus $S_i^2 = 1$ $(i = 1, 2, 3)$ folgt

$$S_2^2 \cdot S_3^2 \cdot S_1^2 = 1.$$

Wir multiplizieren diese Gleichung von links mit S_2^{-1} und von rechts mit S_2 und erhalten

$$S_2 S_3 \cdot S_3 S_1 \cdot S_1 S_2 = 1 . \tag{5}$$

Nun ist $\qquad S_2 S_3 = A(\alpha) , \qquad S_3 S_1 = B(\beta) , \qquad S_1 S_2 = C(\gamma) ,$

und daher folgt aus (5)

$$A(\alpha) \cdot B(\beta) \cdot C(\gamma) = 1 ,$$

oder $\qquad\qquad A(\alpha) \cdot B(\beta) = C^{-1}(\gamma) = C(2\pi - \gamma) .$

Durch unsere Konstruktion wird somit die Achse c und der Drehwinkel γ des Produktes zweier Drehungen bestimmt.

2. Um die endlichen Drehgruppen zu erhalten, zählen wir die möglichen Verteilungen von Polen ab. Wir nennen zwei Kugelpunkte, die durch eine Drehung aus der endlichen Drehgruppe $\mathfrak{G}$ auseinander hervorgehen, in bezug auf $\mathfrak{G}$ zueinander *konjugiert*. Die endlich vielen Pole von $\mathfrak{G}$ zerfallen somit in Systeme konjugierter Pole; ihre Untersuchung wird uns erlauben, die endlichen Drehgruppen aufzustellen.

Untersuchen wir zunächst die Untergruppe $\mathfrak{U}$ derjenigen Drehungen, welche denselben Pol haben. $A(\varphi)$ sei ein Element aus $\mathfrak{U}$, φ sein Drehwinkel, und wir nehmen an, daß in $\mathfrak{U}$ kein Element mit kleinerem Drehwinkel vorkomme. Wir zeigen, daß $\mathfrak{U}$ zyklisch ist und von $A(\varphi)$ erzeugt wird. Wir schreiben $A(m\,\varphi) = A^m(\varphi)$ für ganzzahliges m. Sei $A(\psi)$ ein weiteres Element von $\mathfrak{U}$, das keine Potenz von A sei, wobei

$$\psi = m\,\varphi + \varepsilon , \quad \text{wo} \quad 0 < \varepsilon < \varphi , \quad m \text{ ganzzahlig.}$$

Aus $A(\varphi)$ und $A(\psi)$ bilden wir die Drehung

$$A(\psi) \cdot A^{-m}(\varphi) = A(\psi - m\,\varphi) = A(\varepsilon) ,$$

die den Drehwinkel $\varepsilon < \varphi$ besitzt entgegen der Voraussetzung.

Ferner behaupten wir, daß der Winkel φ des erzeugenden Elementes $A(\varphi)$ von $\mathfrak{U}$ ein echter Teil von 2π ist. Wäre

$$2\pi = m\,\varphi - \varepsilon , \quad \text{das heißt} \quad m\,\varphi \equiv \varepsilon \quad (\mathrm{mod}\ 2\pi)$$

mit ganzzahligem m und $0 < \varepsilon < \varphi$, so ist

$$A^m(\varphi) = A(\varepsilon) ,$$

und in $\mathfrak{U}$ käme eine Drehung mit kleinerem Drehwinkel als φ vor, was gegen die Voraussetzung ist.

$\mathfrak{U}$ gehöre zum Pol P_1, das heißt, die Drehungen aus $\mathfrak{U}$ lassen den Kugelpunkt P_1 fest. Hat $\mathfrak{U}$ die Ordnung n_1, so heißt P_1 ein *n_1-zähliger* Pol. Wir schreiben

$$\mathfrak{U}\,P_1 = P_1 .$$

Wir zerlegen unsere endliche Drehgruppe $\mathfrak{G}$ der Ordnung n nach der zyklischen Untergruppe $\mathfrak{U}$ der Ordnung n_1 in Nebengruppen

$$\mathfrak{G} = \mathfrak{U} + A_1\,\mathfrak{U} + A_2\,\mathfrak{U} + \cdots + A_{j_1-1}\,\mathfrak{U},$$

wobei $j_1 \cdot n_1 = n$ ist.

Durch die Drehung $A_i\,(i = 1, \ldots, j_1 - 1)$ gehe der Pol P_1 in den Punkt P_{i+1} über:

$$A_i \cdot P_1 = P_{i+1}.$$

Wir behaupten: P_{i+1} ist der Pol von $A_i\,\mathfrak{U}\,A_i^{-1}$.
Wir rechnen

$$A_i\,\mathfrak{U}\,A_i^{-1} \cdot P_{i+1} = A_i\,\mathfrak{U}\,A_i^{-1} \cdot A_i\,P_1 = A_i\,\mathfrak{U} \cdot P_1 = A_i \cdot P_1 = P_{i+1},$$

so daß in der Tat P_{i+1} unter der Gruppe $A_i\,\mathfrak{U}\,A_i^{-1}$ fest bleibt, P_{i+1} ist daher auch ein n_1-zähliger Pol. Die j_1 Pole $P_1, \ldots, P_{j_1}$ sind voneinander verschieden. Denn wäre

$$P_{r+1} = P_{s+1} \qquad (r \neq s),$$

so wäre

$$A_r \cdot P_1 = A_s \cdot P_1,$$

oder

$$A_s^{-1} A_r \cdot P_1 = P_1.$$

Somit müßte $A_s^{-1} A_r$ in $\mathfrak{U}$ liegen, was der Konstruktion der Nebengruppen von $\mathfrak{G}$ widerspricht.

Die j_1 konjugierten Pole $P_1, \ldots, P_{j_1}$ heißen ein *System konjugierter* Pole; jeder ist n_1-zählig.

Ist Q_1 ein Pol, der nicht im System der j_1 konjugierten Pole $P_1, \ldots, P_{j_1}$ liegt, so bestimmt er eine zyklische Untergruppe $\mathfrak{U}_2$ vom Index j_2 und ein System von j_2 konjugierten Polen $Q_1, \ldots, Q_{j_2}$. Diese beiden Systeme haben keinen Pol gemeinsam, denn wäre etwa

$$A_i\,P_1 = B_k\,Q_1,$$

so wäre

$$B_k^{-1} A_i\,P_1 = Q_1,$$

Q_1 müßte somit einer der Pole P_i sein, was gegen die Voraussetzung ist. So fortfahrend erhalten wir alle Pole genau einmal; sie mögen in h Systeme konjugierter Pole eingeteilt sein.

3. Mit Hilfe der Einteilung der Pole in Systeme konjugierter Pole zählen wir die zu den Polen gehörenden Drehungen auf zwei Arten ab:

Einerseits gehören zu jeder von der Identität verschiedenen Drehung von $\mathfrak{G}$ zwei Pole, da wir $n-1$ solcher Elemente in $\mathfrak{G}$ haben, erhalten wir somit $2\,(n-1) = 2n - 2$ Pole.

Anderseits teilen wir sämtliche Pole in h Systeme konjugierter Pole ein. In jedem System haben wir

$$j_r = \frac{n}{n_r} \qquad (r = 1, \ldots, h)$$

Pole, deren jeder zu $n_r - 1$ von der Identität verschiedenen Drehungen gehört, daher erhalten wir insgesamt

$$\sum_{r=1}^{h} j_r \cdot (n_r - 1) = \sum_{r=1}^{h} \frac{n}{n_r}\,(n_r - 1)$$

Pole.

Die beiden Anzahlen müssen einander gleich sein, folglich ist

$$2\,n - 2 = \sum_{r=1}^{h} \frac{n}{n_r}\,(n_r - 1)\,.$$

Dividieren wir diese Gleichung durch n, so kommt

$$\sum_{r=1}^{h} \frac{1}{n_r} = h - 2 + \frac{2}{n}\,. \tag{6}$$

Als Nebenbedingungen tritt für die Ordnungen auf

$$n \geqq n_r \geqq 2\,. \tag{7}$$

Aus $n_r \geq 2$ folgt

$$\sum_{r=1}^{h} \frac{1}{n_r} \leqq \frac{h}{2}\,,$$

somit aus (6)

$$h \leqq 4 - \frac{4}{n}\,,$$

daher

$$h \leqq 3\,. \tag{8}$$

Aus $n \geq n_r$ folgt

$$\sum_{r=1}^{h} \frac{1}{n_r} \geqq \frac{h}{n}\,,$$

somit aus (6)

$$\frac{h}{n} \leqq h - 2 + \frac{2}{n}\,,$$

und daher

$$h \geqq 2\,. \tag{9}$$

Zusammenfassend erhalten wir aus (8) und (9):

Die Anzahl h der Systeme konjugierter Pole beträgt zwei oder drei.

1. Fall: $h = 2$.

Aus (6) wird

$$\frac{1}{n_1} + \frac{1}{n_2} = \frac{2}{n}\,,$$

und wegen (7) folgt hieraus $n_1 = n_2 = n\,.$

n ist beliebig, wir haben genau ein Paar von Polen, $\mathfrak{G}$ ist die zyklische Gruppe n-ter Ordnung, die wir in § 11 behandelt haben.

2. Fall: $h = 3$.

Aus (6) wird

$$\frac{1}{n_1} + \frac{1}{n_2} + \frac{1}{n_3} = 1 + \frac{2}{n}\,. \tag{10}$$

Eine der drei Zahlen n_1, n_2, n_3 muß gleich zwei sein, denn wären alle größer als zwei, so wäre die linke Seite von (10) höchstens gleich eins, was unmöglich ist. Setzen wir

$$n_1 = 2 \,.$$

Dies in (10) eingesetzt gibt

$$\frac{1}{n_2} + \frac{1}{n_3} = \frac{1}{2} + \frac{2}{n} \,. \tag{11}$$

Da die linke Seite von (10) größer als eins sein muß, sieht man, daß $n_2 \geqq 4$ und $n_3 \geqq 4$ unmöglich ist. Nehmen wir daher $n_2 = 3$. Dann ist

$$\frac{1}{n_3} = \frac{1}{6} + \frac{2}{n} = \frac{n+12}{6n} \,, \quad \text{somit} \quad n_3 = \frac{6n}{n+12} = \frac{6}{1+\frac{12}{n}} < 6 \,.$$

Daher können nur die folgenden Wertsysteme auftreten:

a) $n_1 = 2$, $n_2 = 2$, $n_3 = \dfrac{n}{2}$; $\quad n = 2n_3$ beliebig geradzahlig

   $j_1 = j_2 = \dfrac{n}{2}$, $\;j_3 = 2$.

b) $n_1 = 2$, $n_2 = n_3 = 3$, $\;n = 12$

   $j_1 = 6$, $\;j_2 = j_3 = 4$.

c) $n_1 = 2$, $n_2 = 3$, $n_3 = 4$, $\;n = 24$

   $j_1 = 12$, $\;j_2 = 8$, $\;j_3 = 6$.

d) $n_1 = 2$, $n_2 = 3$, $n_3 = 5$, $\;n = 60$

   $j_1 = 30$, $\;j_2 = 20$, $\;j_3 = 12$.

Wir untersuchen die zugehörigen Gruppen:

a) Es tritt ein System von zwei $\dfrac{n}{2}$-zähligen Polen P_1 und P_2 auf, zu ihnen gehört ein Normalteiler $\mathfrak{U}$ vom Index 2, der nach Fall 1 die zyklische Gruppe der Ordnung $\dfrac{n}{2}$ ist. Da die anderen Pole von der Ordnung 2 sind, ist $A^2 = E$, und jedes Element aus $A\mathfrak{U}$ vertauscht P_1 und P_2 miteinander. $\mathfrak{G}$ ist die Diedergruppe der Ordnung $2n_3$ und ist als reduzible Gruppe bereits in § 11 behandelt.

b) Zuerst ist leicht einzusehen, daß wir in der *Tetraedergruppe* eine solche vor uns haben, die ein System von sechs zweizähligen Polen und zwei Systeme von je vier dreizähligen Polen besitzt. Die Pole des ersten Systems werden erhalten, wenn man die Verbindungsgeraden je zweier gegenüberliegender Kantenmitten eines regelmäßigen Tetraeders mit der Umkugel schneidet. Die Pole der beiden letzteren Systeme sind die Tetraederecken bzw. ihre Gegenpunkte.

Es bleibt uns noch zu zeigen, daß die Tetraedergruppe die einzige Gruppe des angegebenen Typus ist. Nehmen wir zu diesem Zweck vier konjugierte dreizählige Pole, P_1, P_2, P_3, P_4, etwa aus dem zweiten System. Durch die Drehungen aus $\mathfrak{G}$ werden sie miteinander vertauscht. Da in $\mathfrak{G}$ nur Elemente zweiter und dritter Ordnung vorhanden sind, können nur vorkommen:

α) Vertauschungen von zwei Polen, in zyklischer Schreibweise:

$$(P_i, P_k) \quad i \neq k, \quad i, k = 1, 2, 3, 4.$$

Solche Vertauschungen müssen je paarweise auftreten: (P_i, P_j), (P_k, P_l), da bei einer Operation der Ordnung zwei kein dreizähliger Pol fest bleibt, wobei i, j, k, l irgend eine Permutation der vier Zahlen 1, 2, 3, 4 ist.

β) Vertauschungen von je drei Polen, wobei einer fest bleibt:

$$(P_i, P_j, P_k), \ (P_l)$$

wo wiederum i, j, k, l irgend eine Permutation der vier Zahlen 1, 2, 3, 4 ist. Die Permutationen in α) und β) sind die *geraden* Permutationen der vier Ecken des Tetraeders. Diese geraden Permutationen bilden die alternierende Gruppe. Da durch die Permutationen β) die drei Strecken $P_i P_l$, $P_j P_l$ und $P_k P_l$ miteinander vertauscht werden, so sind diese gleich lang, das heißt, jeder Pol P_l hat von den andern drei Polen gleiche Entfernung. Daraus folgt, daß alle sechs Strecken $P_1 P_2$, $P_1 P_3$, $P_1 P_4$, $P_2 P_3$, $P_2 P_4$ und $P_3 P_4$ gleich lang sind. Somit sind P_1, P_2, P_3 und P_4 die vier Ecken eines regulären Tetraeders. Durch Angabe dieses Tetraeders sind die Drehungen α) und β) und damit die Gruppe bestimmt. Da es bis auf orthogonale Transformationen nur ein reguläres Tetraeder in der Kugel gibt, so gibt es auch nur eine Gruppe von der angegebenen Art.

c) Es ist wiederum leicht zu sehen, daß die *Oktaedergruppe* die angeschriebene Struktur besitzt. Denn zeichnen wir um ein regelmäßiges Oktaeder die Umkugel, so sind seine Ecken die sechs vierzähligen Pole; die vier Verbindungslinien der Mittelpunkte der begrenzenden Dreiecke durchstoßen die Umkugel in den acht dreizähligen Polen, und die sechs Verbindungsgeraden gegenüberliegender Kantenmitten ergeben die zwölf zweizähligen Pole.

Um zu zeigen, daß jede Gruppe dieser Art mit der Oktaedergruppe übereinstimmt, beweisen wir zunächst, daß die sechs vierzähligen Pole ein reguläres Oktaeder bilden. Bei einer Viererdrehung und ihren Potenzen um ein solches Polepaar werden die vier anderen Pole zyklisch vertauscht, sie haben also gleiche Entfernung von den festbleibenden Polen. Dies gilt für alle drei vierzähligen Polepaare, somit sind alle Oktaederkanten gleich lang. Nun hat ein reguläres Oktaeder bis auf orthogonale Transformationen nur eine ternäre Darstellung, womit unsere Behauptung bewiesen ist. Weiter zeigen wir, daß die Oktaedergruppe isomorph zur symmetrischen Gruppe von vier Dingen ist. Zu dem Zweck betrachten wir die acht konjugierten dreizähligen Pole, die wir zu den Polepaaren P_1, P_1'; P_2, P_2'; P_3, P_3'; P_4, P_4' zusammenfassen dürfen. Wir behaupten, daß es in $\mathfrak{G}$ keine Drehung gibt, die jedes dieser Polepaare in sich überführt. Denn sei $A \neq E$ eine solche, so ist $A^2 = E$. Ist C aus $\mathfrak{G}$ beliebig, so hat auch $C A C^{-1}$ diese Eigenschaft, folglich ist auch

$$A \cdot C A C^{-1} = E. \tag{12}$$

Ist speziell $C^3 = E$, so vertauscht $A C$ die Pole von C, daher ist

$$A C \cdot A C = E. \tag{13}$$

Weil $C \neq C^{-1}$ ist, widersprechen sich (12) und (13), und daher ist $A = E$. Somit vertauscht jede Drehung aus $\mathfrak{G}$ die vier Polepaare P_1, P_1'; P_2, P_2'; P_3, P_3'; P_4, P_4' miteinander. Da ferner die Ordnung von $\mathfrak{G}$ gleich 24 ist, ist $\mathfrak{G}$ die symmetrische Gruppe von vier Dingen und diese ist daher isomorph zur Oktaedergruppe.

d) Die Gruppe kann in der Kristallographie nicht auftreten, denn sie läßt sich nicht ganzzahlig schreiben. Ist nämlich

$$A = \begin{pmatrix} 1 & 0 & 0 \\ 0 & \cos \varphi & -\sin \varphi \\ 0 & \sin \varphi & \cos \varphi \end{pmatrix}$$

in einem passenden Koordinatensystem die zu einem fünfzähligen Pol gehörende Drehung, so ist

$$Sp\, A = 1 + 2 \cos \varphi.$$

Dies ist nur für

$$\cos \varphi = 1,\ \varphi = 0; \quad \cos \varphi = -1,\ \varphi = 180^0; \quad \cos \varphi = -\frac{1}{2},\ \varphi = 120^0;$$

$$\cos \varphi = 0,\ \varphi = 90^0; \quad \cos \varphi = \frac{1}{2},\ \varphi = 60^0$$

eine ganze Zahl, somit kann in einer kristallographischen Gruppe kein fünfzähliger Pol auftreten.

Geometrisch können wir die fünfzähligen Achsen durch die Bemerkung ausschließen, daß senkrecht zu einer Drehachse stets eine Gitterebene liegt, deren Schnittpunkt mit der Achse Gitterpunkt ist. Da es keine ebenen Gitter mit fünfzähligen Punkten gibt, ist ein räumliches Gitter mit einer Fünferachse ausgeschlossen.

4. Es bleibt noch zu zeigen, daß die Tetraedergruppe und die Oktaedergruppe ganzzahlige Darstellungen in drei Variablen besitzen. Am besten sehen wir dies ein bei der Betrachtung der Drehungen, die einen Würfel in sich über-

führen. Den Koordinatenursprung legen wir in seinen Mittelpunkt, die Koordinatenebenen seien parallel zu den Würfelflächen (siehe Abb. 24). Wir zeichnen diesem Würfel ein Tetraeder ein. Die Koordinatenachsen sind für das Tetraeder Zweierachsen (Digyren), die Dreierachsen (Trigyren) t_1, t_2, t_3, t_4 haben wir in der Abbildung eingezeichnet. Die Umklappungen um die Zweierachsen bilden die Vierergruppe und lauten

$$[x, y, z], \quad [x, \bar{y}, \bar{z}], \quad [\bar{x}, y, \bar{z}], \quad [\bar{x}, \bar{y}, z].$$

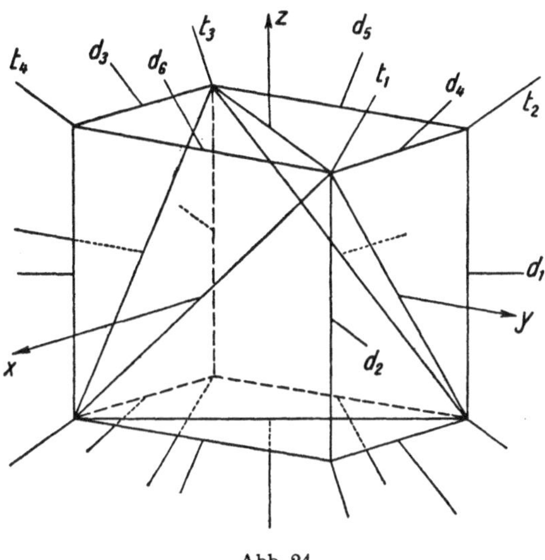

Abb. 24

Hierzu kommen von den Dreierachsen die zyklischen Vertauschungen

$$[z, x, y], \quad [\bar{z}, x, \bar{y}], \quad [\bar{z}, \bar{x}, y], \quad [z, \bar{x}, \bar{y}]$$
$$[y, z, x], \quad [\bar{y}, \bar{z}, x], \quad [y, \bar{z}, \bar{x}], \quad [\bar{y}, z, \bar{x}],$$

womit wir eine ganzzahlige Darstellung der Tetraedergruppe T angeschrieben haben. Wir bemerken nebenbei, daß sie zugleich orthogonal ist (vgl. Satz 17).

Wir erhalten die Oktaedergruppe O, wenn wir die Zweierachsen d_1, ..., d_6 hinzunehmen. d_1 bewirkt die Substitution $A = [\bar{y}, \bar{x}, \bar{z}]$, somit lauten die Substitutionen der Nebengruppe $A \cdot T$:

$$[\bar{y}, \bar{x}, \bar{z}], \quad [y, \bar{x}, z], \quad [\bar{y}, x, z], \quad [y, x, \bar{z}]$$
$$[\bar{x}, \bar{z}, \bar{y}], \quad [\bar{x}, z, y], \quad [x, z, \bar{y}], \quad [x, \bar{z}, y]$$
$$[\bar{z}, \bar{y}, \bar{x}], \quad [z, y, \bar{x}], \quad [z, \bar{y}, x], \quad [\bar{z}, y, x].$$

O erhalten wir in der Form

$$O = T + [\bar{y}, \bar{x}, \bar{z}] \cdot T.$$

O und T sind Drehgruppen. Wie bei den reduziblen Gruppen in § 11 erhalten wir aus ihnen die beiden Gruppen, welche die Inversion I enthalten (siehe die Tabelle auf Seite 71)

$$T_h = T + I \cdot T$$
$$O_h = O + I \cdot O.$$

Ferner erhalten wir eine Gruppe, welche die Inversion nicht enthält, aber keine Drehgruppe ist:

$$T_d = T - [\bar{y}, \bar{x}, \bar{z}] \cdot T.$$

Zusammenfassend können wir die irreduziblen Gruppen folgendermaßen charakterisieren:

Wir bezeichnen die obigen rechtwinkligen Koordinaten mit x_1, x_2, x_3, aus ihnen mögen durch eine Operation der Gruppe die Werte x_1', x_2', x_3' hervorgehen.

Die Gruppe O_h besteht aus allen Substitutionen

$$x_1' = \varepsilon_\alpha \, x_\alpha, \quad x_2' = \varepsilon_\beta \, x_\beta, \quad x_3' = \varepsilon_\gamma \, x_\gamma \tag{14}$$

mit $\varepsilon_i = \pm 1$ $(i = \alpha, \beta, \gamma)$, wobei α, β, γ irgend eine Permutation der drei Zahlen 1, 2, 3 ist.

Setzen wir

$$\varepsilon = \varepsilon_\alpha \cdot \varepsilon_\beta \cdot \varepsilon_\gamma$$

und $\delta = +1$, wenn die Permutation α, β, γ gerade ist, sonst $\delta = -1$. Wir erhalten:

Die Tetraedergruppe T, wenn wir von den Substitutionen (14) diejenigen herausgreifen, für die $\varepsilon = \delta = 1$ ist.

Die Oktaedergruppe O, wenn $\varepsilon \cdot \delta = 1$ ist.

Die Gruppe T_d, wenn $\varepsilon = 1$, $\delta = -1$.

Die Gruppe T_h, wenn $\varepsilon = -1$, $\delta = 1$.

§ 13. Die Gitter

Um im nächsten Paragraphen die ternären arithmetischen Kristallklassen herleiten zu können, lösen wir zunächst das Problem, zu einer gegebenen Gruppe G alle möglichen Gitter zu finden, welche unter G in sich übergehen, wobei ein Punkt des Gitters, der Ursprung, fest bleibt. Nach dem vorhergehenden sind die in Betracht fallenden Gruppen die geometrischen Kristallklassen (siehe die Tabelle auf Seite 71).

Da jedes Gitter die Inversion gestattet, können wir uns auf diejenigen Klassen beschränken, welche die Inversion enthalten, sie sind in der Tabelle von Seite 71 in der zweiten Spalte zusammengestellt.

In der geometrischen Klasse C_i ist das Gitter ein beliebiges, es heißt *triklin* und wird mit Γ_t bezeichnet. Die übrigen Klassen enthalten Drehungen. Dabei haben wir nach der Tabelle auf Seite 71 jedenfalls die Fälle zu unterscheiden, bei denen folgende Untergruppen auftreten: A) C_2, B) C_4, C) C_3, D) D_2, E) T. Daß wir mit dieser Fallunterscheidung bereits alle Klassen erhalten, welche die Inversion enthalten, wird sich im Lauf der Untersuchung zeigen.

A) *Die Klasse enthält eine Umklappung um die Achse a.*

Sei $\mathfrak{a}$ der Einheitsvektor auf der Achse a und $\mathfrak{b}$ ein Gittervektor, der nicht parallel zu a liege, $\mathfrak{b}'$ sei der durch die Zweierdrehung oder Umklappung um a aus $\mathfrak{b}$ hervorgegangene Vektor. Dann ist $\mathfrak{a}\mathfrak{b}' = \mathfrak{a}\mathfrak{b}$ und daher $\mathfrak{a}\,(\mathfrak{b}' - \mathfrak{b}) = 0$.

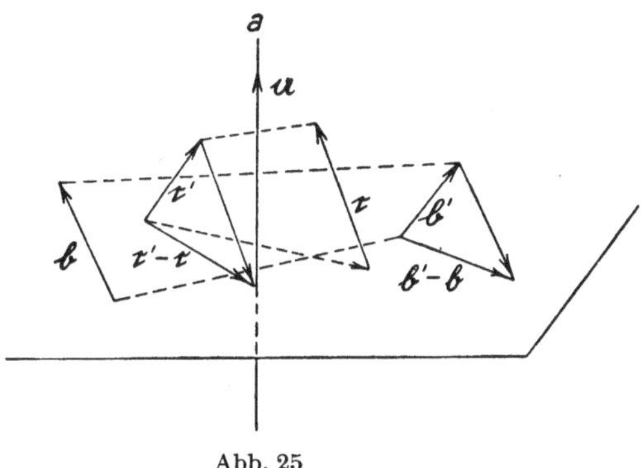

Abb. 25

Weil $\mathfrak{b}' - \mathfrak{b} \neq 0$ ist, steht somit $\mathfrak{b}' - \mathfrak{b}$ senkrecht zu $\mathfrak{a}$ (siehe Abb. 25). Sei $\mathfrak{c}$ ein von $\mathfrak{b}$ verschiedener Vektor, der nicht parallel zu a, zu $\mathfrak{b}$ und zu $\mathfrak{b}'$ ist, und $\mathfrak{c}'$ der daraus bei einer Umklappung um a hervorgehende Vektor. Wiederum ist $\mathfrak{c}' - \mathfrak{c}$ senkrecht zu $\mathfrak{a}$. Überdies ist $\mathfrak{c}' - \mathfrak{c}$ nicht parallel zu $\mathfrak{b}' - \mathfrak{b}$, denn $\mathfrak{c}$ und $\mathfrak{c}'$ liegen nicht in der durch die freien Vektoren $\mathfrak{b}$ und $\mathfrak{b}'$ aufgespannten Ebene. *Die beiden freien Gittervektoren* $\mathfrak{b}' - \mathfrak{b}$ *und* $\mathfrak{c}' - \mathfrak{c}$ *spannen somit eine Netzebene* π *auf die senkrecht zur Achse a steht.* Wir denken uns π durch den Ursprung gehend. Die Vektoren $\mathfrak{x}$ und $\mathfrak{y}$ mögen das Netz in π aufspannen und $\mathfrak{z}$ sei ein solcher dritter Vektor, dessen Komponente in Richtung der Achse a möglichst klein ist, das heißt $\mathfrak{z}$ ist ein nach einer zu π benachbarten Ebene führender Gittervektor. $\mathfrak{x}$, $\mathfrak{y}$ *und* $\mathfrak{z}$ *spannen das räumliche Gitter auf*, denn ist $\mathfrak{v}$ ein beliebiger Vektor, so subtrahieren wir zuerst ein passendes Vielfaches von $\mathfrak{z}$ derart, daß die Komponente von $\mathfrak{v}$ in Richtung a möglichst klein wird, sie wird daher Null, der Rest ist ein in π gelegener Netzvektor und somit nach Voraussetzung von der Form $\xi\,\mathfrak{x} + \eta\,\mathfrak{y}$.

Sei $\mathfrak{z}'$ der aus $\mathfrak{z}$ durch eine Umklappung um a entstandene Vektor, $\bar{\mathfrak{z}}'$ und $\bar{\mathfrak{z}}$ die normalen Projektionen von $\mathfrak{z}$ und $\mathfrak{z}'$ auf π, dann ist $\mathfrak{z} - \mathfrak{z}' = 2\bar{\mathfrak{z}}$. Somit ist $\bar{\mathfrak{z}}$ die Hälfte eines Netzvektors und es sind die vier Fälle möglich:

$$\left.\begin{array}{l} 1.\ \bar{\mathfrak{z}} = m\,\mathfrak{x} + n\,\mathfrak{y} \\[4pt] 2.\ \bar{\mathfrak{z}} = m\,\mathfrak{x} + (n + \tfrac{1}{2})\,\mathfrak{y} \\[4pt] 3.\ \bar{\mathfrak{z}} = (m + \tfrac{1}{2})\,\mathfrak{x} + n\,\mathfrak{y} \\[4pt] 4.\ \bar{\mathfrak{z}} = (m + \tfrac{1}{2})\,\mathfrak{x} + (n + \tfrac{1}{2})\,\mathfrak{y} \end{array}\right\} \quad m \text{ und } n \text{ ganzzahlig.}$$

Indem wir von $\mathfrak{z}$ geeignete Vielfache von $\mathfrak{x}$ und $\mathfrak{y}$ subtrahieren, können wir $m = n = 0$ annehmen. Die letzten drei Fälle $\mathfrak{z} = \tfrac{1}{2}\,\mathfrak{y}$, $\mathfrak{z} = \tfrac{1}{2}\,\mathfrak{x}$, $\mathfrak{z} = \tfrac{1}{2}\,(\mathfrak{x} + \mathfrak{y})$ sind nicht wesentlich voneinander verschieden, da man $\mathfrak{x}$ oder $\mathfrak{x} + \mathfrak{y}$ an Stelle von $\mathfrak{y}$ treten lassen kann. Somit haben wir zwei Fälle:

1. $\bar{\mathfrak{z}} = 0$, $\mathfrak{z}$ senkrecht zur $\mathfrak{x}\mathfrak{y}$-Ebene: *Einfaches monoklines Gitter* Γ_m (in der Bezeichnung von A. SCHOENFLIES, der wir uns anschließen).

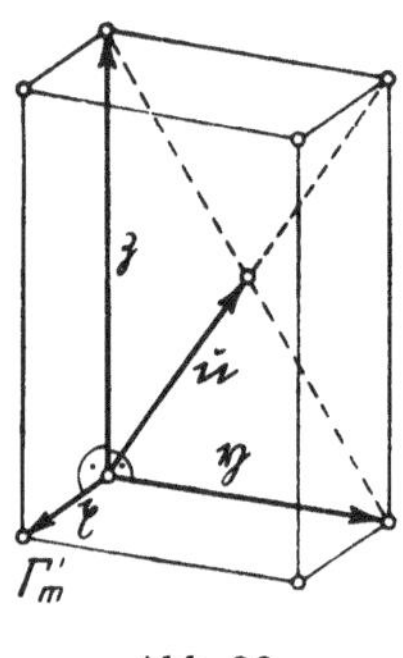

Abb. 26

2. $\bar{\mathfrak{z}} = \tfrac{1}{2}\,\mathfrak{y}$: *Flächenzentriertes monoklines Gitter* Γ_m'. Dieses entsteht aus einem einfachen monoklinen Gitter $\mathfrak{x}, \mathfrak{y}, \mathfrak{z}$ durch Hinzunahme des Vektors $\mathfrak{u} = \tfrac{1}{2}\,\mathfrak{y} + \tfrac{1}{2}\,\mathfrak{z}$, der vom Ursprung zur Mitte einer aufstehenden Seitenfläche führt (siehe Abb. 26). Wir führen noch den Vektor $\mathfrak{u}^* = \mathfrak{y} - \mathfrak{u} = \tfrac{1}{2}\,\mathfrak{y} - \tfrac{1}{2}\,\mathfrak{z}$ ein, so daß die drei Vektoren $\mathfrak{x}, \mathfrak{u}, \mathfrak{u}^*$ das Gitter Γ_m' aufspannen, wobei

$$\mathfrak{x} = \mathfrak{x}, \quad \mathfrak{u} = \tfrac{1}{2}\,\mathfrak{y} + \tfrac{1}{2}\,\mathfrak{z}, \quad \mathfrak{u}^* = \tfrac{1}{2}\,\mathfrak{y} - \tfrac{1}{2}\,\mathfrak{z},$$

oder in Matrizen

$$\begin{pmatrix} \mathfrak{x} \\ \mathfrak{u} \\ \mathfrak{u}^* \end{pmatrix} = T' \begin{pmatrix} \mathfrak{x} \\ \mathfrak{y} \\ \mathfrak{z} \end{pmatrix} \quad \text{mit } T' = \begin{pmatrix} 1 & 0 & 0 \\ 0 & \tfrac{1}{2} & \tfrac{1}{2} \\ 0 & \tfrac{1}{2} & -\tfrac{1}{2} \end{pmatrix} = T, \quad T^{-1} = \begin{pmatrix} 1 & 0 & 0 \\ 0 & 1 & 1 \\ 0 & 1 & -1 \end{pmatrix}. \tag{1}$$

Die monoklinen Gitter besitzen die Symmetrie der Klasse C_{2h}.

B) *Die Kristallklasse enthält eine Viererdrehung um die Achse a.*

Aus A) wissen wir, daß es senkrecht zu a eine Netzebene π gibt; das Netz in π ist wegen der Viererdrehung quadratisch und werde durch $\mathfrak{x}$ und $\mathfrak{y}$ aufgespannt mit $|\mathfrak{x}| = |\mathfrak{y}|$, $\mathfrak{x} \perp \mathfrak{y}$. Wie unter A) treten zunächst vier Fälle für den Vektor $\mathfrak{z}$ und seine Projektion $\bar{\mathfrak{z}}$ auf, von welchen 2. und 3. gleichwertig sind. Somit bleiben die drei Fälle übrig

$$\text{a)}\ \bar{\mathfrak{z}} = 0, \quad \text{b)}\ \bar{\mathfrak{z}} = \tfrac{1}{2}\mathfrak{y}, \quad \text{c)}\ \bar{\mathfrak{z}} = \tfrac{1}{2}\mathfrak{x} + \tfrac{1}{2}\mathfrak{y}.$$

$\mathfrak{z}$ wird aus $\bar{\mathfrak{z}}$ durch Addition einer zu π senkrechten Komponente erhalten. Dabei zeigt es sich, daß der Fall b) nicht möglich ist, weil das so entstandene Gitter keine Viererdrehung zuläßt. Somit bleiben übrig:

1. $\bar{\mathfrak{z}} = 0$: *Einfaches tetragonales Gitter Γ_q.*

2. $\bar{\mathfrak{z}} = \tfrac{1}{2}\mathfrak{x} + \tfrac{1}{2}\mathfrak{y}$: *Innenzentriertes tetragonales Gitter Γ_q'.*

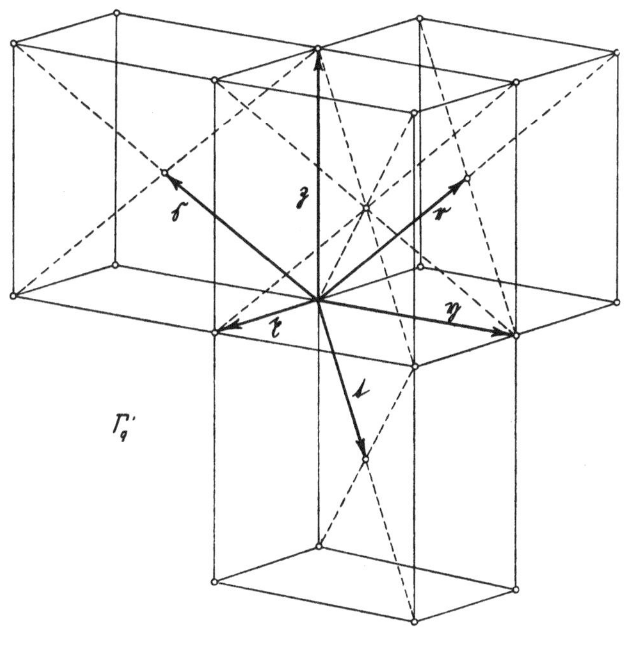

Abb. 27

Dieses entsteht aus Γ_q durch Hinzunahme des Vektors $\tfrac{1}{2}(\mathfrak{x} + \mathfrak{y} + \mathfrak{z})$ und kann durch die Vektoren aufgespannt werden (siehe Abb. 27):

$$\begin{aligned}
\mathfrak{r} &= \tfrac{1}{2}(-\mathfrak{x} + \mathfrak{y} + \mathfrak{z}) &\quad \text{und daher} \quad && \mathfrak{x} &= \phantom{\mathfrak{r} +} \mathfrak{s} + \mathfrak{t} \\
\mathfrak{s} &= \tfrac{1}{2}(\mathfrak{x} - \mathfrak{y} + \mathfrak{z}) & && \mathfrak{y} &= \mathfrak{r} \phantom{{} + \mathfrak{s}} + \mathfrak{t} \\
\mathfrak{t} &= \tfrac{1}{2}(\mathfrak{x} + \mathfrak{y} - \mathfrak{z}) & && \mathfrak{z} &= \mathfrak{r} + \mathfrak{s} \phantom{{}+ \mathfrak{t}} \ ,
\end{aligned}$$

oder in Matrizen geschrieben

$$\begin{pmatrix} \mathfrak{r} \\ \mathfrak{s} \\ \mathfrak{t} \end{pmatrix} = R' \begin{pmatrix} \mathfrak{x} \\ \mathfrak{y} \\ \mathfrak{z} \end{pmatrix} \quad \text{mit} \quad R' = \tfrac{1}{2} \begin{pmatrix} -1 & 1 & 1 \\ 1 & -1 & 1 \\ 1 & 1 & -1 \end{pmatrix} = R, \quad R^{-1} = \begin{pmatrix} 0 & 1 & 1 \\ 1 & 0 & 1 \\ 1 & 1 & 0 \end{pmatrix}. \quad (2)$$

Symmetrieklasse der tetragonalen Gitter: D_{4h}.

C) *Die Klasse enthält eine Dreierdrehung um die Achse a.*

Ist $\mathfrak{b}$ ein nicht in a gelegener Gittervektor und sind $\mathfrak{b}'$ und $\mathfrak{b}''$ die durch Dreierdrehung aus $\mathfrak{b}$ entstehenden Vektoren, so bilden die Endpunkte von $\mathfrak{b}$, $\mathfrak{b}'$ und $\mathfrak{b}''$ ein gleichseitiges Dreieck in einer zu a senkrechten Netzebene.

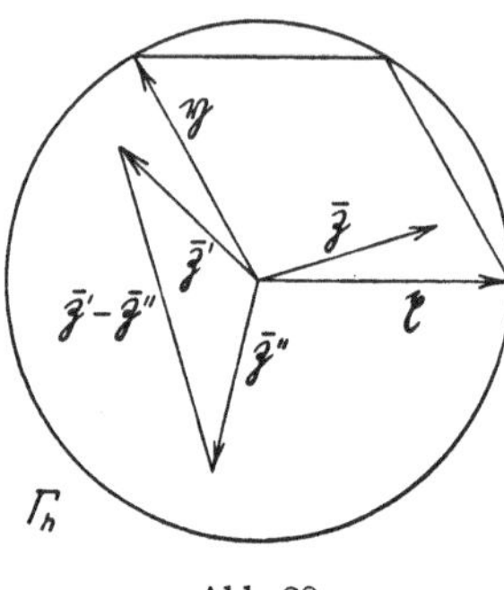

Abb. 28

Das Netz in π ist somit hexagonal (siehe Seite 55); es mögen von den Einheitsvektoren $\mathfrak{x}$ und $\mathfrak{y}$ mit $\sphericalangle\,(\mathfrak{x}\,\mathfrak{y}) = 120^0$ aufgespannt werden. Um das Raumgitter zu erzeugen, verbinden wir den Ursprung O mit einem Gitterpunkt P in der nächsten über π gelegenen Netzebene; die senkrechte Projektion von P falle auf den von $\mathfrak{x}$ und $\mathfrak{y}$ aufgespannten Fundamentalrhombus. Sei $\overrightarrow{OP} = \mathfrak{z}$, die Projektion von $\mathfrak{z}$ auf π heißt $\bar{\mathfrak{z}}$ mit $|\bar{\mathfrak{z}}| = \lambda < 1$. Aus $\mathfrak{z}$ bilden wir durch Dreierdrehung $\mathfrak{z}'$ und $\mathfrak{z}''$ mit den Projektionen $\bar{\mathfrak{z}}'$ und $\bar{\mathfrak{z}}''$ (siehe Abb. 28). $\mathfrak{z}' - \mathfrak{z}'' = \bar{\mathfrak{z}}' - \bar{\mathfrak{z}}''$ steht senkrecht auf $\mathfrak{z}$ und hat die Länge $\lambda\sqrt{3} < \sqrt{3}$ und muß dem Netz in π angehören. Es gibt aber keine anderen Netzvektoren, deren Länge kleiner als $\sqrt{3}$ ist, als $\mathfrak{x}$ und die durch Drehung um Vielfache von 60^0 daraus hervorgehenden. Also muß $\bar{\mathfrak{z}}$ entweder Null sein oder die Länge $\dfrac{1}{\sqrt{3}}$ haben und senkrecht zu $\mathfrak{x}$, $\mathfrak{y}$ oder $\mathfrak{x} + \mathfrak{y}$ stehen. Da diese drei Vektoren gleichberechtigt sind, ergeben sich nur zwei Fälle:

1. $\bar{\mathfrak{z}} = 0$, also $\mathfrak{z} \perp \pi$: *Hexagonales Gitter Γ_h.*

2. $\bar{\mathfrak{z}} = \tfrac{2}{3}\mathfrak{x} + \tfrac{1}{3}\mathfrak{y}$: *Rhomboedrisches Gitter Γ_{rh}.*

Der Endpunkt des Vektors $\bar{\mathfrak{z}}$ ist in diesem Fall der Schwerpunkt des Dreiecks mit den Ecken O, $\mathfrak{x}$, $\mathfrak{x} + \mathfrak{y}$ (siehe Abb. 29); also liegt im Raum der Punkt $\mathfrak{z}$ von diesen drei Punkten gleich weit entfernt. Nehmen wir daher

$$\mathfrak{x}^* = \mathfrak{z}, \quad \mathfrak{y}^* = \mathfrak{z} - \mathfrak{x}, \quad \mathfrak{z}^* = \mathfrak{z} - (\mathfrak{x} + \mathfrak{y}),$$

so wird das Gitter von drei gleich langen Vektoren, die gleiche Winkel miteinander bilden, aufgespannt. Durch solche Vektoren denken wir uns im folgenden das rhomboedrische Gitter erzeugt. Es gestattet außer den Dreierdrehungen die Umklappungen um die Achsen $\mathfrak{x}$, $\mathfrak{y}$ und $\mathfrak{x} + \mathfrak{y}$, also die Gruppe D_{3d}. Das hexagonale Gitter gestattet außerdem noch die Sechserdrehungen um die Achse a, also die Gruppe D_{6h}.

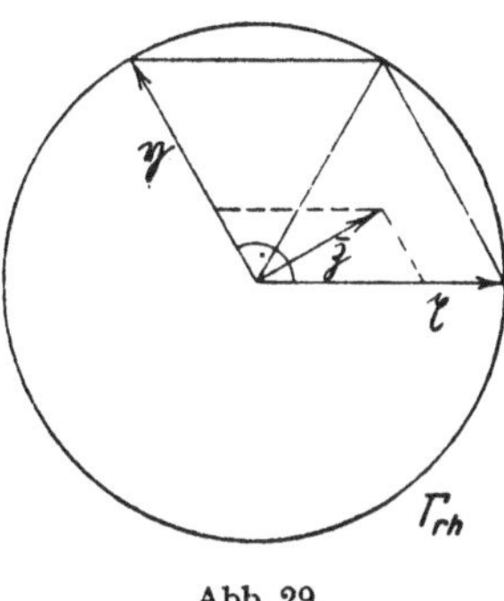

Abb. 29

D) *Die Klasse enthält zwei Umklappungen um zwei zueinander senkrechte Achsen a und b* und daher auch die Umklappung um die dritte darauf senkrechte Achse c.

Die Ebene π senkrecht zu a ist wieder Gitterebene (siehe oben unter A). Da das Gitter die Umklappung um b gestattet, ist das Netz in π rechteckig oder rhombisch (siehe § 9, Satz 14). Wie oben unter A) bewiesen wurde, muß $\bar{\mathfrak{z}}$ ein halber Netzvektor sein. Wir erhalten daher sechs Fälle:

a) Netz in π rechteckig: 1. $\bar{\mathfrak{z}} = 0$,   2. $\bar{\mathfrak{z}} = \tfrac{1}{2}\,\mathfrak{y}$,   3. $\bar{\mathfrak{z}} = \tfrac{1}{2}\,(\mathfrak{x} + \mathfrak{y})$;
b) Netz in π rhombisch: 4. $\bar{\mathfrak{z}} = \tfrac{1}{2}\,(\mathfrak{x} + \mathfrak{y})$,   5. $\bar{\mathfrak{z}} = \tfrac{1}{2}\,\mathfrak{y}$,   6. $\bar{\mathfrak{z}} = 0$.

Durch Hinzunahme der senkrechten Komponente von $\mathfrak{z}$ erhält man in allen sechs Fällen das Gitter. Das Gitter 5 scheidet aus, weil es die Umklappung um die Achse b nicht zuläßt. Das Gitter 2 hat, wiederum nach § 9, Satz 14, in der $\mathfrak{y}\mathfrak{z}$-Ebene ein rhombisches Netz, während der dritte Basisvektor $\mathfrak{x}$ senkrecht zu dieser Ebene steht, folglich ist der Fall 2 mit 6 identisch.

Die Fälle 1, 2, 3 und 4 sind alle verschieden. Die drei aufeinander senkrechten Klappachsen und ihre drei Verbindungsebenen sind nämlich durch die Klasse eindeutig festgelegt, und in diesen drei Ebenen haben die Gitter 1 und 3 lauter rechtwinklige Netze, das Gitter 2 zwei rechteckige und ein rhombisches, 4 dagegen lauter rhombische Netze. 1 und 2 unterscheiden sich dadurch, daß die drei Achsenvektoren im Falle 1 das Gitter aufspannen, im Fall 3 nicht. Am einfachsten beschreibt man die vier Fälle, indem man von einem Quader ausgeht. Seine Seitenflächen sind Rechtecke und man könnte die entstehenden Gitter deshalb rechteckige nennen. In der Kristallographie heißen sie *rhombisch*. Wir haben:

1. Drei aufeinander senkrechte Basisvektoren: *Einfaches rhombisches Gitter Γ_v.*
2. *Einfach flächenzentriertes rhombisches Gitter Γ_v'* (Abb. 30).
3. *Innenzentriertes rhombisches Gitter Γ_v'''* (Abb. 31).
4. *Allseitig flächenzentriertes rhombisches Gitter Γ_v''* (Abb. 32).

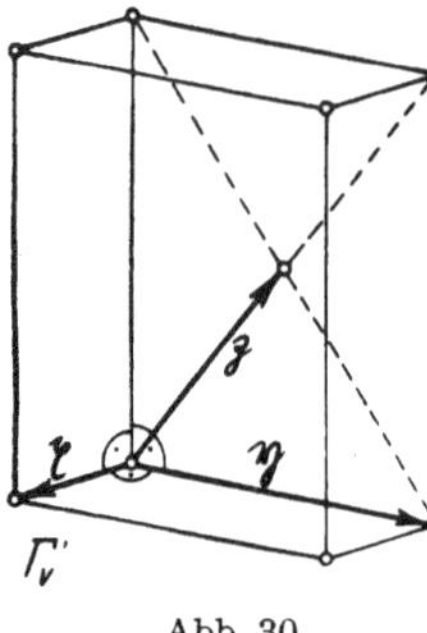

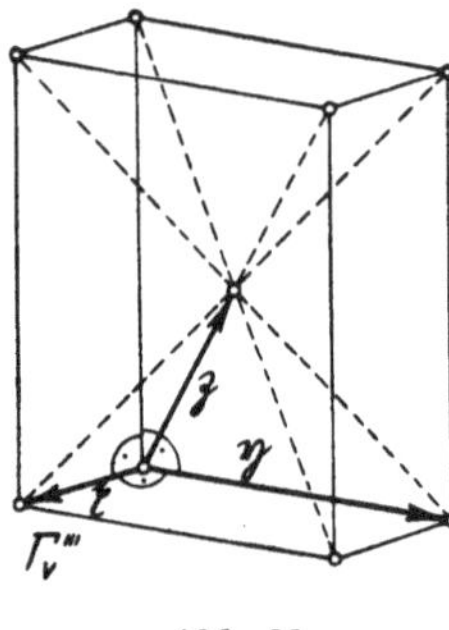

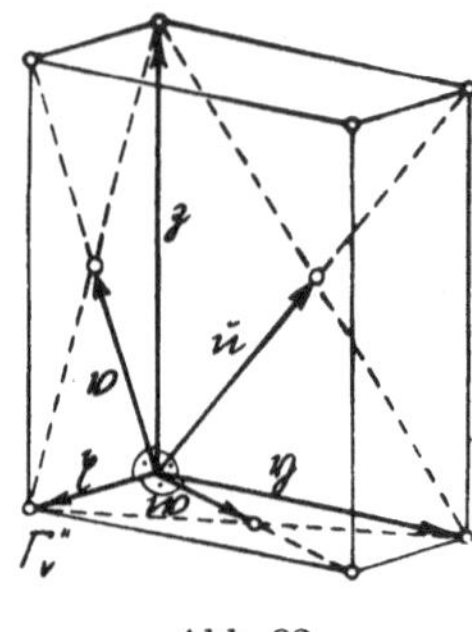

Abb. 30　　　　　　　　　　Abb. 31　　　　　　　　　　Abb. 32

Γ_v' geht aus Γ_v durch Transformation mit T' hervor, siehe Gleichung (1). Γ_v''' geht aus Γ_v durch Transformation mit R' hervor, siehe Gleichung (2). Seien ferner $\mathfrak{u}$, $\mathfrak{v}$, $\mathfrak{w}$ die Vektoren, die Γ_v'' aufspannen (siehe Abb. 32), so gilt

$$
\begin{aligned}
\mathfrak{u} &= \tfrac{1}{2}(\mathfrak{y} + \mathfrak{z}), &\quad \text{daher} \quad & \mathfrak{x} = -\mathfrak{u} + \mathfrak{v} + \mathfrak{w}, \\
\mathfrak{v} &= \tfrac{1}{2}(\mathfrak{x} + \mathfrak{z}), & & \mathfrak{y} = \mathfrak{u} - \mathfrak{v} + \mathfrak{w}, \\
\mathfrak{w} &= \tfrac{1}{2}(\mathfrak{x} + \mathfrak{y}), & & \mathfrak{z} = \mathfrak{u} - \mathfrak{v} + \mathfrak{w},
\end{aligned}
$$

oder in Matrizen

$$
\begin{pmatrix} \mathfrak{u} \\ \mathfrak{v} \\ \mathfrak{w} \end{pmatrix} = U' \begin{pmatrix} \mathfrak{x} \\ \mathfrak{y} \\ \mathfrak{z} \end{pmatrix} \quad \text{mit} \quad U' = \tfrac{1}{2}\begin{pmatrix} 0 & 1 & 1 \\ 1 & 0 & 1 \\ 1 & 1 & 0 \end{pmatrix} = U, \quad U^{-1} = \begin{pmatrix} -1 & 1 & 1 \\ 1 & -1 & 1 \\ 1 & 1 & -1 \end{pmatrix}. \quad (3)
$$

Symmetrieklasse der rhombischen Gitter: D_{2h}.

Damit sind die reduziblen Klassen erledigt, die irreduziblen führen zu

E) *Die Klasse enthält die Tetraedergruppe T.*

Zunächst gilt auch hier das unter D) gesagte, denn die Tetraedergruppe enthält drei Umklappungen um drei zueinander senkrechte Achsen. Dies führt auf die oben angeführten vier Fälle. Da aber das Gitter auch noch eine Dreierdrehung gestatten soll, die eine zyklische Vertauschung der drei Achsen bewirkt, müssen die drei Gittervektoren längs der drei Achsen gleich lang sein. Das einfach flächenzentrierte Gitter fällt weg, weil es die Dreierdrehung nicht gestattet. Es bleiben drei Fälle übrig:

1. Drei gleich lange zueinander senkrechte Basisvektoren: *Einfaches kubisches Gitter* Γ_c.
2. *Innenzentriertes kubisches Gitter* Γ_c''.
3. *Allseitig flächenzentriertes kubisches Gitter* Γ_c' (Abb. 33).

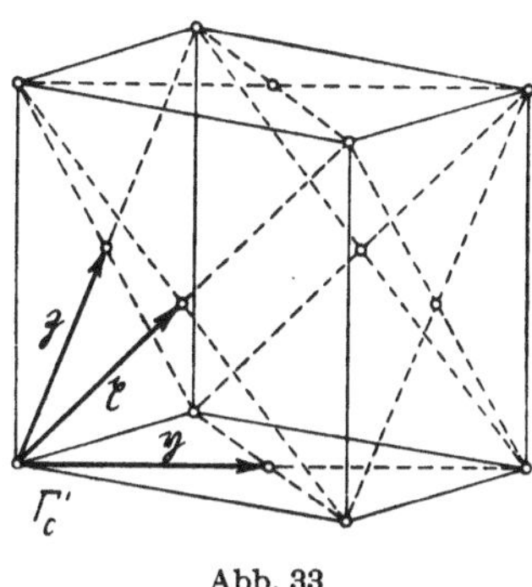

Abb. 33

Alle diese Gitter gestatten nicht nur die um die Inversion erweiterte Tetraedergruppe T_h, sondern sogar die um die Inversion erweiterte Oktaedergruppe O_h. Daher sind wir mit unserer Aufzählung zu Ende und haben gleichzeitig zu jedem Gitter die größte zugehörige Kristallklasse angegeben.

Tabelle der 14 Gitter und ihrer Symmetrie

(Bezeichnung nach A. SCHOENFLIES)

Gitter-Symmetrie	C_i Triklin	C_{2h} Monoklin	D_{2h} Rhombisch	D_{4h} Tetragonal	O_h Kubisch	D_{3d} Rhomboedrisch	D_{6h} Hexagonal
einfach	Γ_τ	Γ_m	Γ_v	Γ_q	Γ_c	Γ_{rh}	Γ_h
einfach flächenzentriert	—	[1]) Γ_m'	Γ_v'	—	—	—	—
allseitig flächenzentriert	—	—	Γ_v''	—	Γ_c'	—	—
innenzentriert	—	—	Γ_v'''	Γ_q'	Γ_c''	—	—

[1]) Eine Rechtecksfläche ist zentriert.

Die Gruppe aller Symmetrien eines Gitters, die einen Gitterpunkt festlassen, heißt eine **Holoedrie.** Zum *triklinen* Gitter Γ_t gehört daher die Holoedrie C_i, zu den beiden *monoklinen* Gittern Γ_m und Γ_m' die Holoedrie C_{2h}, zu den beiden *tetragonalen* Gittern Γ_q und Γ_q' die Holoedrie D_{4h}, zum *rhomboedrischen* Gitter Γ_{rh} die Holoedrie D_{3d}, zum *hexagonalen* Gitter Γ_h die Holoedrie D_{6h}, zu den vier *rhombischen* Gittern Γ_v, Γ_v', Γ_v'', Γ_v''' die Holoedrie D_{2h}, endlich zu den drei *kubischen* Gittern Γ_c, Γ_c', Γ_c'' die Holoedrie O_h.

Es gibt somit sieben Holoedrien, jede derselben bestimmt ein **Kristallsystem.** *Ein Kristallsystem wird definiert als eine Menge von Kristallklassen, bestehend aus einer Holoedrie und denjenigen ihrer Untergruppen, die nicht bereits Untergruppen einer kleineren Holoedrie sind.* Die Untergruppen der Holoedrie vom Index 2 heißen *Hemiedrien,* diejenigen vom Index 4 *Tetartoedrien.* Eine Hemiedrie, deren höchstzählige Achse polar ist, also keine zu ihr senkrechte Symmetrieebene besitzt, heißt *hemimorph,* eine solche, die nur Drehungen enthält, *enantiomorph,* und eine solche, welche die Inversion enthält, *paramorph.* Mit Ausnahme von C_2 und C_s deckt sich diese alte Einteilung mit unserer Kolonneneinteilung von Tabelle Seite 71, indem die Hemidrien der ersten Spalte (reine Drehgruppen) enantiomorph, diejenigen der zweiten Spalte (die Inversion enthaltend) paramorph und diejenigen der dritten Spalte (keine reinen Drehgruppen, aber die Inversion nicht enthaltend) hemimorph genannt werden.

Tabelle der sieben Kristallsysteme und ihrer Untergruppen

1. Triklines System:

Holoedrie … … … … … …		C_i
Hemiedrie … … … … … …		C_1

2. Monoklines System:

Holoedrie … … … … … …		C_{2h}
Hemiedrie .. … … … … …		C_s
Hemimorphe Hemiedrie … …		C_2

3. Rhomboedrisches System:

Holoedrie … … … … … …		D_{3d}
Hemiedrien	paramorph …	C_{3i}
	hemimorph …	C_{3v}
	enantimorph …	D_3
Tetartoedrie … … … … …		C_3

4. Tetragonales System:

Holoedrie … … … … … …		D_{4h}
Hemiedrien	hemiedrisch zweiter Art …	D_{2d}
	paramorph …	C_{4h}
	hemimorph …	C_{4v}
	enantiomorph …	D_4
Tetartoedrie … … … … …		C_4
Tetartoedrie zweiter Art .. …		S_4

5. Hexagonales System:

Holoedrie … … … … … …		D_{6h}
Hemiedrien	paramorph …	C_{6h}
	hemimorph …	C_{6v}
	enantiomorph …	D_6
	hemiedrisch mit trigonaler Achse	D_{3h}
Tetartoedrie … … … … …		C_6
Tetartoedrie mit trigonaler Achse … … … … … …		C_{3h}

6. Rhombisches System:

Holoedrie … … … … … …		D_{2h}
Hemiedrien	enantiomorph …	D_2
	hemimorph …	C_{2v}

7. Kubisches System:

Holoedrie … … … … … …		O_h
Hemiedrien	paramorph …	T_h
	hemimorph …	T_d
	enantiomorph …	O
Tetartoedrie … … … … …		T

§ 14. Die ternären arithmetischen Kristallklassen

Nachdem wir im vorigen Paragraphen die 14 Gitter des R^3 abgeleitet haben, ist es nicht schwer, die ternären arithmetischen Klassen aufzustellen. Jedes Gitter bestimmt eine arithmetische Klasse, es bleibt uns somit nur noch übrig, die Untergruppen anzugeben.

Dabei ist es üblich, von den geometrischen Klassen auszugehen, wie wir sie in den Paragraphen 11 und 12 aufgeschrieben haben (siehe die Tabelle auf Seite 71). Sei G eine geometrische Kristallklasse, die im Koordinatensystem $\mathfrak{x}$, $\mathfrak{y}$, $\mathfrak{z}$ eine ganzzahlige Darstellung der abstrakten Gruppe $\mathfrak{G}$ ist. Wir nehmen die verschiedenen in § 13 hergeleiteten zu $\mathfrak{G}$ gehörigen Gitter Γ, Γ', ... und schreiben uns $\mathfrak{G}$ in den Gittern Γ, Γ', ... auf, wodurch wir alle aus $\mathfrak{G}$ entstammenden arithmetischen Kristallklassen erhalten.

Der mit der geometrischen Kristallographie vertraute Leser wird unseren Ausführungen leicht an Hand einer der Tabellen in den einschlägigen Lehrbüchern folgen können, da dort die zu den Raumgruppen gehörigen Gitter angegeben sind (siehe zum Beispiel P. NIGGLI, Geometrische Kristallographie, S. 125 bis 131; R. W. G. WYCKOFF, The analytical expression of the results of the theory of space groups, p. 30 − 45; Internationale Tabellen zur Bestimmung der Kristallstruktur, 1. Band). Besonders einfach ist der Vergleich an Hand der Symbolik von C. HERMANN, weil in ihr zu jeder Raumgruppe das Gitter angegeben ist (Zeitschrift für Kristallographie *68*, 257 ff. [1928]).

In der Bezeichnung und in der Numerierung der arithmetischen Klassen folgen wir W. NOWACKI, Der arithmetische Begriff der Kristallklasse (Zeitschrift für Kristallographie *91*, 321 ff. [1935]):

Ist G_x eine geometrische Kristallklasse, so bezeichnet er die zugehörigen arithmetischen Klassen mit $G_{x\alpha}$, $G_{x\beta}$, ..., wobei $G_{x\alpha}$ stets mit der für die geometrische Klasse G_x gewählten Darstellung identisch ist. Um den Vergleich mit den kristallographischen Tabellen zu erleichtern, fügen wir jeder arithmetischen Klasse $G_{x\varrho}$ in Klammern die Null-Lösung als Raumgruppe G_x^y bei (siehe Kapitel III und NOWACKI, a.a.O., Tabelle III).

I. *Triklines System.*

Es gibt nur das Gitter Γ_t und nur je eine Klasse:

1. C_1, (C_1^1).   2. C_i, (C_i^1).

II. *Monoklines System.*

Entsprechend den beiden Gittern Γ_m und Γ_m' erhalten wir zu jeder geometrischen Klasse je **zwei** arithmetische Klassen:

3. $C_{s\alpha}$, (C_s^1), Γ_m.

4. $C_{s\beta} = T^{-1} C_s T$, (C_s^3), Γ_m', wobei $T = \begin{pmatrix} 1 & 0 & 0 \\ 0 & \frac{1}{2} & \frac{1}{2} \\ 0 & \frac{1}{2} & -\frac{1}{2} \end{pmatrix}$ die auf Seite 84, (1), angegebene Matrix ist. Das Netz in der $\mathfrak{y}$, $\mathfrak{z}$-Ebene ist zentriert.

5. $C_{2\alpha}$, (C_2^1), Γ_m.   6. $C_{2\beta} = T^{-1} C_2 T$, (C_2^3), Γ_m'.

7. $C_{2h\alpha}$, (C_{2h}^1), Γ_m.   8. $C_{2h\beta} = T^{-1} C_{2h} T$, (C_{2h}^3), Γ_m'.

III. Rhombisches System.

Zunächst gibt es, entsprechend den vier rhombischen Gittern, zu jeder geometrischen Klasse vier arithmetische:

9. $C_{2v\alpha}$, (C_{2v}^1), Γ_v, entsteht aus der binären Klasse C_{2v} durch Hinzunahme der Identität (siehe S. 71).

10. $C_{2v\beta} = U^{-1} C_{2v} U$, (C_{2v}^{18}), Γ_v'', allseitig flächenzentriert (U siehe Seite 88).

11. $C_{2v\gamma} = R^{-1} C_{2v} R$, (C_{2v}^{20}), Γ_v''', innenzentriert (Matrix R siehe S. 86 [2]).

Da C_{2v} von zwei zueinander senkrechten Spiegelebenen, in unserer Darstellung der $\mathfrak{x}$, $\mathfrak{z}$- und der $\mathfrak{y}$, $\mathfrak{z}$-Ebene, erzeugt wird, entstehen zwei verschiedene arithmetische Klassen, je nachdem wir das Netz in einer Spiegelebene oder in der anderen Koordinatenebene zentrieren. Daher treten auf:

12. $C_{2v\delta} = S^{-1} C_{2v} S$, (C_{2v}^{11}), Γ_v', wo $S = \frac{1}{2} \begin{pmatrix} 1 & 1 & 0 \\ 1 & -1 & 0 \\ 0 & 0 & 1 \end{pmatrix}$. Das Netz in der $\mathfrak{x}$, $\mathfrak{y}$-
Ebene, die nicht Spiegelebene ist, ist zentriert.

13. $C_{2v\varepsilon} = T^{-1} C_{2v} T$, (C_{2v}^{14}), Γ_v'. Das Netz in der $\mathfrak{y}$, $\mathfrak{z}$-Ebene, die eine Spiegelebene ist, ist zentriert.

14. $D_{2\alpha}$, (D_2^1), Γ_v.

15. $D_{2\beta} = U^{-1} D_2 U$, (D_2^7), Γ_v''.

16. $D_{2\gamma} = R^{-1} D_2 R$, (D_2^8), Γ_v'''.   17. $D_{2\delta} = S^{-1} D_2 S$, (D_2^6), Γ_v'.

18. $D_{2h\alpha}$, (D_{2h}^1), Γ_v.   19. $D_{2h\beta} = U^{-1} D_{2h} U$, (D_{2h}^{23}), Γ_v''.

20. $D_{2h\gamma} = R^{-1} D_{2h} R$, (D_{2h}^{25}), Γ_v'''.   21. $D_{2h\delta} = S^{-1} D_{2h} S$, (D_{2h}^{19}), Γ_v'.

IV. Tetragonales System.

Entsprechend den beiden Gittern Γ_q und Γ_q' gibt es zu jeder geometrischen Klasse zwei arithmetische:

38. $C_{4\alpha}$, (C_4^1), Γ_q.   39. $C_{4\beta} = R^{-1} C_4 R$, (C_4^5), Γ_q'.

40. $S_{4\alpha}$, (S_4^1), Γ_q.   41. $S_{4\beta} = R^{-1} S_4 R$, (S_4^2), Γ_q'.

42. $C_{4v\alpha}$, (C_{4v}^1), Γ_q.   43. $C_{4v\beta} = R^{-1} C_{4v} R$, (C_{4v}^9), Γ_q''.

44. $C_{4h\alpha}$, (C_{4h}^1), Γ_q.   45. $C_{4h\beta} = R^{-1} C_{4h} R$, (C_{4h}^5), Γ_q'.

Da D_{2d} keine Viererachse besitzt, treten wie beim rhombischen System vier arithmetische Klassen auf:

46. $D_{2d\alpha}$, (D_{2d}^1), Γ_q. 47. $D_{2d\delta} = S^{-1} D_{2d} S$, (D_{2d}^5), Γ_q.

48. $D_{2d\beta} = U^{-1} D_{2d} U$, (D_{2d}^9), Γ_q'. 49. $D_{2d\gamma} = R^{-1} D_{2d} R$, (D_{2d}^{11}), Γ_q'.

50. $D_{4\alpha}$, (D_4^1), Γ_q. 51. $D_{4\beta} = R^{-1} D_4 R$, (D_4^9), Γ_q'.

52. $D_{4h\alpha}$, (D_{4h}^1), Γ_q. 53. $D_{4h\beta} = R^{-1} D_{4h} R$, (D_{4h}^{17}), Γ_q'.

V. *Kubisches System.*

Entsprechend den drei Gittern Γ_c, Γ_c', Γ_c'' erhalten wir je drei arithmetische Klassen:

59. T_α, (T^1), Γ_c. 60. $T_\beta = U^{-1} T U$, (T^2), Γ_c'. 61. $T_\gamma = R^{-1} T R$, (T^3), Γ_c''.

62. $T_{h\alpha}$, (T_h^1), Γ_c. 63. $T_{h\beta} = U^{-1} T_2 U$, (T_h^3), Γ_c'. 64. $T_{h\gamma} = R^{-1} T_h R$, (T_h^5), Γ_c''.

65. $T_{d\alpha}$, (T_d^1), Γ_c. 66. $T_{d\beta} = U^{-1} T_d U$, (T_d^2), Γ_c'. 67. $T_{d\gamma} = R^{-1} T_d R$, (T_d^3), Γ_c''.

68. O_α, (O^1), Γ_c. 69. $O_\beta = U^{-1} O U$, (O^3), Γ_c'. 70. $O_\gamma = R^{-1} O R$, (O^5), Γ_c''.

71. $O_{h\alpha}$, (O_h^1), Γ_c. 72. $O_{h\beta} = U^{-1} O_h U$, (O_h^5), Γ_c'. 73. $O_{h\gamma} = R^{-1} O_h R$, (O_h^9), Γ_c''.

VI. *Rhomboedrisches System.*

Es gibt nur das Gitter Γ_{rh}. Es gibt nur je eine arithmetische Klasse (in rhomboedrischen Koordinaten):

22. $C_{3\alpha} = \{[x, y, z], [z, x, y], [y, z, x]\}$, (C_3^4).

23. $C_{3i\alpha} = C_{3\alpha} + [\bar{x}, \bar{y}, \bar{z}] C_{3\alpha}$, (C_{3i}^2). 24. $C_{3v\alpha} = C_{3\alpha} + [x, z, y] C_{3\alpha}$, (C_{3v}^5).

25. $D_{3\alpha} = C_{3\alpha} + [\bar{y}, \bar{x}, \bar{z}] C_{3\alpha}$, (D_3^7). 26. $D_{3d\alpha} = D_{3\alpha} + [\bar{x}, \bar{y}, \bar{z}] D_{3\alpha}$, (D_{3d}^5).

VII. *Hexagonales System.*

Es gibt nur ein Gitter Γ_h. Zunächst nehmen wir die fünf geometrischen Klassen aus dem rhomboedrischen System, die in hexagonalen Koordinaten zu den folgenden arithmetischen Klassen führen:

27. $C_{3\delta}$, (C_3^1). 28. $C_{3i\delta} = C_{3\delta} + [\bar{x}, \bar{y}, z] C_{3\delta}$, (C_{3i}^1).

35. $C_{3h} = C_{3\delta} + [x, y, \bar{z}] C_{3\delta}$, (C_{3h}^1).

Bereits im binären Fall haben wir gesehen, daß es zu C_{3v} zwei arithmetische Klassen gibt, sie treten im ternären Falle, durch die Identität erweitert, wieder auf:

29. $C_{3v\delta} = C_{3\delta} + [\bar{y}, \bar{x}, z] C_{3\delta}$, (C_{3v}^1). 30. $C_{3v\epsilon} = C_{3\delta} + [y, x, z] C_{3\delta}$, (C_{3v}^2).

Entsprechend findet man (wir halten uns stets an die Bezeichnung von NOWACKI, der im folgenden die Indizes δ und ϵ vertauscht):

31. $D_{3\delta} = C_{3\delta} + [y, x, \bar{z}] C_{3\delta}$, (D_3^2). 32. $D_{3\epsilon} = C_{3\delta} + [\bar{y}, \bar{x}, \bar{z}] C_{3\delta}$, (D_3^1).

33. $D_{3d\delta} = D_{3\delta} + [\bar{x}, \bar{y}, \bar{z}] D_{3\delta}$, (D_{3d}^3). 34. $D_{3d\epsilon} = D_{3\epsilon} + [\bar{x}, \bar{y}, \bar{z}] D_{3\epsilon}$, (D_{3d}^1).

36. $D_{3h\delta} = D_{3\delta} + [x, y, \bar{z}] D_{3\delta}$, (D_{3h}^3). 37. $D_{3h\epsilon} = D_{3\epsilon} + [x, y, \bar{z}] D_{3\epsilon}$, (D_{3h}^1).

Endlich finden wir, entsprechend dem binären Fall, nur je eine arithmetische Klasse bei:

54. C_6, (C_6^1).   55. C_{6v}, (C_{6v}^1).   56. C_{6h}, (C_{6h}^1).

57. D_6, (D_6^1).   58. D_{6h}, (D_{6h}^1).

Wir haben daher insgesamt 73 ternäre arithmetische Klassen.

§ 15. Andere Herleitung der ternären arithmetischen Kristallklassen

Wir wollen in diesem Abschnitt die ternären arithmetischen Klassen herleiten, ohne von der Kenntnis der geometrischen Klassen Gebrauch zu machen. Die Methode, die uns zum Ziele führt, ist der Reduktionstheorie der ternären quadratischen Formen nachgebildet und liefert uns die 14 räumlichen Gitter. Ihre Symmetriegruppen und deren Untergruppen ergeben sodann, in Gitterkoordinaten geschrieben, die arithmetischen Klassen.

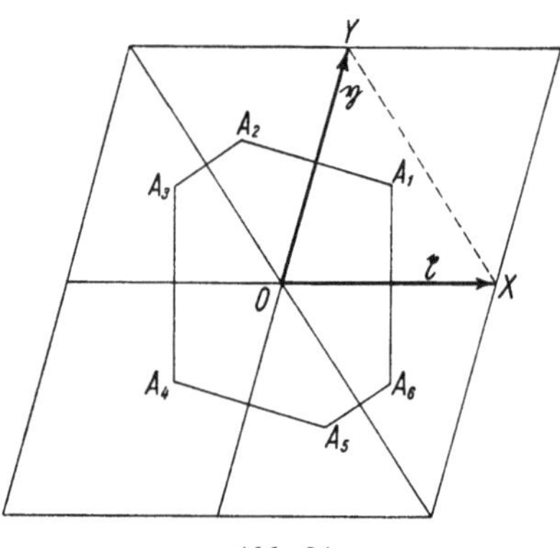

Abb. 34

Sei ein Gitter gegeben. Wir bestimmen in ihm eine sogenannte *reduzierte Zelle* durch *drei aufeinanderfolgende Minima* auf folgendem Wege:

1. Sei O ein beliebiger Gitterpunkt und X ein zu O nächster Gitterpunkt, $\overrightarrow{OX} = \mathfrak{x}$.

2. Außerhalb der Geraden OX sei Y ein zu O nächster Gitterpunkt, $\overrightarrow{OY} = \mathfrak{y}$. Nach § 10 (3) und (4) dürfen wir annehmen

$$|\mathfrak{x}| \leqq |\mathfrak{y}| \leqq |\mathfrak{y} - \mathfrak{x}| \leqq |\mathfrak{y} + \mathfrak{x}|, \tag{1}$$

$$0 \leqq 2\,\mathfrak{x}\,\mathfrak{y} \leqq \mathfrak{x}^2. \tag{2}$$

Daher hat das Dreieck OXY lauter nicht stumpfe Winkel. Zeichnen wir die beiden Mittellote $A_1 A_6$ und $A_1 A_2$ auf OX und OY, so schneiden sie sich daher im Innern des Dreiecks OXY (siehe Abb. 34). Ebenso schneiden sich die Mittellote der Seiten der übrigen fünf um O liegenden und zu OXY kongruenten Dreiecke je im Innern der entsprechenden Dreiecke. Wir erhalten so das Sechseck $A_1, \ldots, A_6$, welches demnach die Eigenschaft besitzt, daß jeder seiner Punkte von O nicht weiter entfernt ist als von einem anderen Netzpunkt der Ebene OXY. Dieses Sechseck heißt der DIRICHLET*sche Bereich* des Punktes O in bezug auf das Netz. Falls das Netz rechteckig ist, wird er zu einem Rechteck.

3. Außerhalb der Ebene OXY wählen wir einen zu O nächsten Gitterpunkt Z, sei $\overrightarrow{OZ} = \mathfrak{z}$. Somit gilt

$$|\mathfrak{x}| \leqq |\mathfrak{y}| \leqq |\mathfrak{z}|. \tag{3}$$

Betrachten wir die Ebene der Vektoren $\mathfrak{x} + \mathfrak{y}$ und $\mathfrak{z}$, so dürfen wir uns Z so gewählt denken, daß

$$\sphericalangle\,(\mathfrak{z},\,\mathfrak{x} + \mathfrak{y}) \geqq 90^0.$$

Daher gilt

$$\mathfrak{z}\,(\mathfrak{x} + \mathfrak{y}) < 0. \tag{4}$$

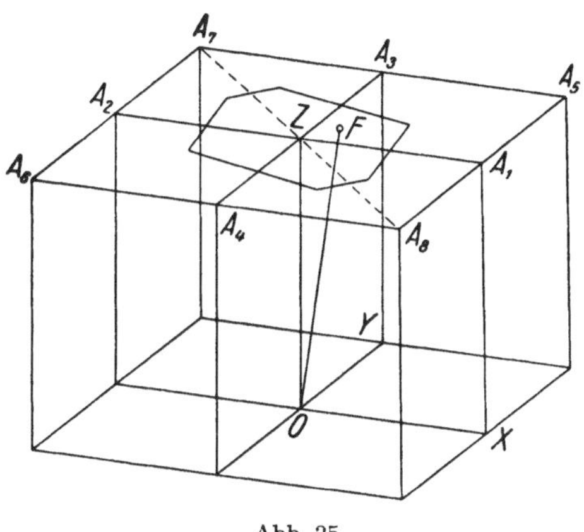

Abb. 35

Fällen wir von O das Lot auf die zu OXY parallele Ebene durch Z und sei F sein Fußpunkt, so kann F nicht außerhalb des Dirichletschen Bereiches von Z liegen. Denn sonst wäre Z nicht nächster Gitterpunkt zu O außerhalb der Ebene OXY (siehe Abb. 35).

Anmerkung: Die Ungleichungen (1) besagen, daß in dem durch $\mathfrak{x}$ und $\mathfrak{y}$ aufgespannten Parallelogramm die Seiten nicht grösser sind als die Diagonalen. Diese Tatsache gilt nun auch für Diagonalen der beiden anderen Begrenzungsflächen der reduzierten Zelle $OXYZ$, nämlich die Flächen OXZ und OYZ. Diese stimmen in Länge und Richtung überein mit OA_1 und OA_2, bzw. mit OA_3 und OA_4 unserer Abbildung 35. Ferner können die Körperdiagonalen der reduzierten Zelle $OXYZ$ nicht kleiner als deren längste Seite $|\mathfrak{z}|$ sein, denn OA_5, OA_6, OA_7 und OA_8 sind nicht kleiner als $|\mathfrak{z}|$.

Für das weitere beweisen wir den grundlegenden Satz:

Satz 19: *Eine reduzierte Zelle $OXYZ$ enthält in ihrem Innern keinen Gitterpunkt. Ferner liegen auf ihrer Oberfläche keine Gitterpunkte außer den Eckpunkten.*

Daß auf der Oberfläche nur die Eckpunkte Gitterpunkte sein können, folgt unmittelbar aus den Ausführungen für den ebenen Fall (siehe § 10, S. 61).

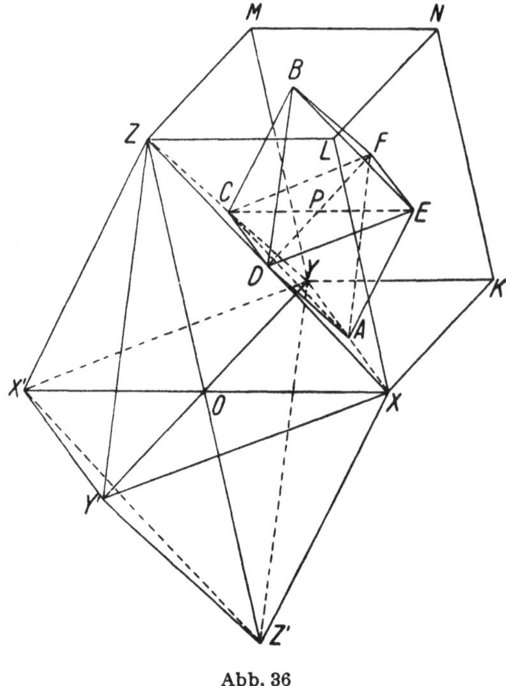

Abb. 36

Wir nehmen an, es liege entgegen unserer Behauptung der Gitterpunkt P im Innern der reduzierten Zelle. P kann nicht im Innern des Tetraeders $OXYZ$ liegen, denn seine Punkte sind näher bei O als $|\mathfrak{z}|$, wie man erkennt, indem man um O die Kugel mit dem Radius $|\mathfrak{z}|$ schlägt. Ebensowenig kann P im Innern eines der anderen sieben Tetraeder der Zelle mit den Spitzen X, K, Y, Z, L, M, N liegen. Somit muß P im Restkörper liegen. Dieser ist das Oktaeder $\mathfrak{O} = ABCDEF$, dessen Ecken die Mittelpunkte der Seitenflächen der reduzierten Zelle sind (siehe Abb. 36). $\mathfrak{O}$ ist ähnlich und ähnlich gelegen dem Oktaeder $XYZX'Y'Z'$; das Ähnlichkeitszentrum ist der Punkt N, das Ähnlichkeitsverhältnis beträgt 1:2. $\mathfrak{O}$ spannt daher ein zum ursprünglichen Gitter Γ ähnlich und ähnlich gelegenes Gitter Γ' auf, von welchem P ein Gitterpunkt ist, denn jeder Punkt von Γ ist Gitterpunkt von Γ'. Der P bei der Ähnlichkeit entsprechende Punkt P' im ursprünglichen Gitter Γ ist auch Gitterpunkt und liegt im Innern des Oktaeders $XYZX'Y'Z'$.

Dies ist nur möglich, wenn P der Mittelpunkt des Oktaeders $\mathfrak{O}$ ist. Daß aber dieser Mittelpunkt kein Gitterpunkt sein kann, sieht man dadurch ein, daß man seinen Abstand von O ausrechnet:

$$\overline{OP}^2 = \left(\frac{\mathfrak{x}}{2} + \frac{\mathfrak{y}}{2} + \frac{\mathfrak{z}}{2}\right)^2 = \tfrac{1}{4}\,(\mathfrak{x}^2 + \mathfrak{y}^2 + \mathfrak{z}^2) + \tfrac{1}{2}\,\mathfrak{x}\,\mathfrak{y} + \tfrac{1}{2}\,(\mathfrak{x} + \mathfrak{y})\,\mathfrak{z}.$$

Nach (2), (3) und (4) wird hieraus

$$\overline{OP}^2 < \tfrac{3}{4}\,\mathfrak{z}^2 + \tfrac{1}{4}\,\mathfrak{z}^2 = \mathfrak{z}^2.$$

Der Abstand $\overline{OP}$ müßte daher kleiner als $|\mathfrak{z}|$ sein entgegen der Voraussetzung, Z sei ein drittes Minimum. Hiermit haben wir Satz 19 bewiesen.

Nachdem wir die Eigenschaften der reduzierten Zelle kennen, können wir aus ihr alle solchen reduzierten Zellen herleiten, die höhere Symmetrien aufweisen, für die also die aufspannenden Vektoren besondere Lage zueinander haben. Um im folgenden mit den Abbildungen zu § 13 in Einklang zu bleiben, nehmen wir entgegen unserer Festsetzung in (4) an, daß

$$\sphericalangle\,(\mathfrak{z},\,\mathfrak{x} + \mathfrak{y}) \leqq 90^0 \tag{5}$$

ist, was natürlich erlaubt ist. Wir nennen wiederum $\bar{\mathfrak{z}}$ die Projektion von $\mathfrak{z}$ auf die Ebene OXY. Wir bemerken, daß die Abbildungen von § 13 nicht mit den hier verwendeten Bezeichnungen versehen sind, was jedoch kaum stören wird.

Solange die Vektoren $\mathfrak{x}$, $\mathfrak{y}$, $\mathfrak{z}$ keinen anderen als den Bedingungen (1), (2), (3) und (5) genügen, sagen wir, sie hätten *allgemeine* Lage. Im Unterschied hierzu werden wir im folgenden die *besonderen* Lagen dieser Vektoren zu betrachten haben. Damit die Symmetrie eines Gitters nicht nur die Inversion ist, muß die reduzierte Zelle Symmetrien besitzen. Dies kommt in unserer Darstellung dadurch zum Ausdruck, daß das Dreieck OXY der Abbildung 34 gewisse Symmetrien besitzt und daß die Projektion $\bar{\mathfrak{z}}$ des Vektors $\mathfrak{z}$ besondere Lage hat. Solche besonderen Lagen des Punktes $\bar{\mathfrak{z}}$ können sein:

a) der Ursprung;

b) die Mitte des Vektors $\mathfrak{x}$ oder des Vektors $\mathfrak{y}$;

c) die Mitte der Seite XY;

d) der Mittelpunkt des Dreiecks OXY.

Es ist leicht einzusehen, daß für $\mathfrak{x}\,\mathfrak{y} > 0$ der Punkt A_1 der Abbildung 34 nicht auf die Strecke XY fallen kann und somit der Endpunkt des Vektors $\tfrac{1}{2}\,(\mathfrak{x} + \mathfrak{y})$ außerhalb des DIRICHLETschen Bereiches fällt.

Nach diesen Vorbereitungen können wir die Gitter mit höheren Symmetriegruppen herleiten.

I. $\mathfrak{x}$, $\mathfrak{y}$, $\mathfrak{z}$ und $\bar{\mathfrak{z}}$ haben allgemeine Lage: *Triklines Gitter Γ_t.*

    1. $0 < 2\,\mathfrak{x}\,\mathfrak{y} < \mathfrak{x}^2$.

        a) $\bar{\mathfrak{z}} = 0$: *Monoklines Gitter Γ_m.*

        b) $\bar{\mathfrak{z}} = \frac{1}{2}\,\mathfrak{x}$: *Einfach flächenzentriertes monoklines Gitter Γ_m'* (Abb. 26).

    2. $\mathfrak{x}\,\mathfrak{y} = 0$.

        a) $\bar{\mathfrak{z}} = 0$: *Rhombisches Gitter Γ_v.*

        b) $\bar{\mathfrak{z}} = \frac{1}{2}\,\mathfrak{x}$: *Einfach flächenzentriertes rhombisches Gitter Γ_v'* (Abb. 30).

        c) $\bar{\mathfrak{z}} = \frac{1}{2}\,(\mathfrak{x} + \mathfrak{y})$: *Innenzentriertes rhombisches Gitter Γ_v'''* (Abb. 31).

    3. $\frac{1}{2}\,\mathfrak{x}\,\mathfrak{y} = \mathfrak{x}^2$. In der $\mathfrak{x}$-$\mathfrak{y}$-Ebene haben wir das rhombische Netz N_v (siehe Abb. 16), das als zentriert rechteckiges aufgefaßt werden kann.

        a) $\bar{\mathfrak{z}} = 0$ gibt wiederum Γ_v'.

        b) $\bar{\mathfrak{z}} = \frac{1}{2}\,\mathfrak{x}$ gibt ein Gitter, das sowohl in der $\mathfrak{x}$-$\mathfrak{y}$-Ebene als auch in der $\mathfrak{x}$-$\mathfrak{z}$-Ebene aus zentrierten Rechtecken besteht. Ferner liegt in der zu diesen beiden Ebenen senkrechten Ebene durch $\mathfrak{z}$ ein zentriertes Netz. Somit haben wir: *Allseitig flächenzentriertes rhombisches Gitter Γ_v''* (Abb. 32).

II. $|\mathfrak{x}| = |\mathfrak{y}|$.

    1. $0 < 2\,\mathfrak{x}\,\mathfrak{y} < \mathfrak{x}^2$ gibt spezielle Fälle von monoklinen Gittern.

    2. $\mathfrak{x}\,\mathfrak{y} = 0$.

        a) $\bar{\mathfrak{z}} = 0$: *Tetragonales Gitter Γ_q.*

        b) $\bar{\mathfrak{z}} = \frac{1}{2}\,\mathfrak{x}$: Spezialfall von Γ_v'.

        c) $\bar{\mathfrak{z}} = \frac{1}{2}\,(\mathfrak{x} + \mathfrak{y})$: *Innenzentriertes tetragonales Gitter Γ_q'* (Abb. 27).

    3. $\frac{1}{2}\,\mathfrak{x}\,\mathfrak{y} = \mathfrak{x}^2$.

        a) $\bar{\mathfrak{z}} = 0$: *Hexagonales Gitter Γ_h* (Abb. 28).

        b) $\bar{\mathfrak{z}} = \frac{1}{2}\,\mathfrak{x}$ gibt einen Spezialfall von Γ_m'.

        c) $\bar{\mathfrak{z}} = \frac{1}{3}\,(\mathfrak{x} + \mathfrak{y})$ gibt wiederum das Gitter Γ_h.

III. $|\mathfrak{x}| = |\mathfrak{y}| = |\mathfrak{z}|$.

    1. $0 < 2\,\mathfrak{x}\,\mathfrak{y} < \mathfrak{x}^2$. Wir erhalten nur dann ein neues Gitter, wenn $\mathfrak{x}\,\mathfrak{y} = \mathfrak{y}\,\mathfrak{z} = \mathfrak{x}\,\mathfrak{z}$: drei gleich lange Vektoren, die gleiche Winkel miteinander bilden. *Rhomboedrisches Gitter Γ_{rh}.*

    2. $\mathfrak{x}\,\mathfrak{y} = 0$.

        a) $\bar{\mathfrak{z}} = 0$: *Kubisches Gitter Γ_c.*

        b) $\bar{\mathfrak{z}} = \frac{1}{2}\,\mathfrak{x}$ gibt einen Spezialfall von Γ_v'.

        c) $\bar{\mathfrak{z}} = \frac{1}{2}\,(\mathfrak{x} + \mathfrak{y})$: *Innenzentriertes kubisches Gitter Γ_c''.*

3. $\frac{1}{2}\,\mathfrak{x}\,\mathfrak{y} = \mathfrak{x}^2$ gibt nur dann ein neues Gitter wenn d) $\bar{\mathfrak{z}} = \frac{1}{3}\,(\mathfrak{x} + \mathfrak{y})$ im Mittelpunkt des Dreiecks OXY der Abbildung 29 liegt und außerdem $\mathfrak{x}\,\mathfrak{y} = \mathfrak{y}\,\mathfrak{z} = \mathfrak{x}\,\mathfrak{z}$ ist. Wir haben somit drei gleich lange Vektoren, die untereinander je den Winkel von 60^0 bilden: *Allseitig flächenzentriertes kubisches Gitter* Γ_c'' (Abb. 33).

Es ist nicht schwer, zu jedem dieser Gitter die Symmetriegruppe anzugeben, in Gitterkoordinaten aufzuschreiben und ihre Untergruppen aufzustellen. Dies führt genau zu den im vorigen Paragraphen aufgezählten 73 arithmetischen Klassen; wir unterlassen hier ihre nochmalige Angabe. Zusammenfassend halten wir fest: Wir haben in diesem Paragraphen die ternären arithmetischen Klassen gefunden, indem wir die besonderen Symmetrien der reduzierten Zelle aufgesucht haben. Dieses Verfahren ist kürzer als das frühere, bei welchem wir zunächst die geometrischen Klassen aufgesucht haben, sodann die Gitter bestimmt und darauf die geometrischen Klassen in den verschiedenen Gittern aufgeschrieben haben. Da sich zeigen läßt, daß sich die Reduktion der quadratischen Formen nach aufeinanderfolgenden Minima in Räumen höherer Dimension nicht mehr durchführen läßt, wird sich das Verfahren dieses Paragraphen nicht auf höherdimensionale Räume anwenden lassen. Dagegen sollte der erste von uns eingeschlagene Weg, die arithmetischen Klassen zu erhalten, auch in höherdimensionalen Räumen gangbar sein.

III. KAPITEL

Die Bewegungsgruppen

§ 16. Die Bewegungsgruppen

Jede Bewegung in R^ν hat die Form

$$y = A x + a, \tag{1}$$

wo A eine ν-reihige orthogonale Matrix und a eine Spalte von ν reellen Zahlen ist (siehe § 2, [10]). Die auftretenden Koeffizienten a_{ik} und a_l faßt man vorteilhaft zu einem Matrizenpaar zusammen, das aus den Matrizen A und a gebildet ist, und wofür man (A, a) schreibt. Die Aufeinanderfolge einer orthogonalen Transformation A und einer Verschiebung a gibt die Bewegung

$$(E, a)\,(A, 0) = (A, a), \tag{2}$$

wobei wir uns der Festsetzung von § 2 erinnern, daß die zuerst ausgeführte Operation im Produkt an der rechten Stelle, die nachher auszuführende Operation an der linken Stelle geschrieben wird.

Im R^ν mögen zwei Bewegungen S_1 und S_2 gegeben sein durch

$$S_1\colon\ x' = B x + b; \qquad S_2\colon\ x'' = A x' + a,$$

wobei A und B orthogonale Matrizen sind, a und b Spalten von je ν reellen Zahlen. A und B heißen die *rotativen*, a und b die *translativen* Bestandteile der Bewegung. Führen wir zuerst S_1 und dann S_2 aus, so erhalten wir

$$S_2 S_1\colon\ x'' = A\,(B x + b) + a = A B x + A b + a.$$

Dabei ist $A b$ die Matrix mit einer einzigen Spalte, deren Elemente man erhält, indem man die Zeilen von A mit der Spalte b multipliziert:

$$A b = \begin{pmatrix} a_{11}, \dots, a_{1\nu} \\ \cdots\cdots\cdots \\ a_{\nu 1}, \dots, a_{\nu\nu} \end{pmatrix} \begin{pmatrix} b_1 \\ \vdots \\ b_\nu \end{pmatrix} = \begin{pmatrix} a_{11} b_1 + \cdots + a_{1\nu} b_\nu \\ \cdots\cdots\cdots\cdots\cdots \\ a_{\nu 1} b_1 + \cdots + a_{\nu\nu} b_\nu \end{pmatrix}.$$

Ferner wird die Summe zweier Spalten durch gliedweise Addition erhalten

$$g = \begin{pmatrix} g_1 \\ \vdots \\ g_\nu \end{pmatrix}, \quad f = \begin{pmatrix} f_1 \\ \vdots \\ f_\nu \end{pmatrix}; \quad g + f = \begin{pmatrix} g_1 + f_1 \\ \vdots \\ g_\nu + f_\nu \end{pmatrix} = f + g.$$

In der Schreibweise durch Matrizenpaare ist das Produkt von $S_1 = (B, b)$ und $S_2 = (A, a)$ gleich

$$S_2 S_1 = (A, a)\, (B, b) = (A B, A b + a) = (C, c) \quad\Big|$$
$$\text{mit} \quad C = A B, \ c = A b + a. \quad\Big|$$
$$\tag{3}$$

Wir behaupten

SATZ 20: *Die Gesamtheit der Bewegungen bildet eine Gruppe.*

Wir haben nachzuweisen, daß die vier Forderungen von § 4 erfüllt sind:

I. Das Verknüpfungsgesetz für die Bewegungen ist die Multiplikation der Matrizenpaare, wie sie durch die Gleichung (3) festgelegt ist.

II. Das assoziative Gesetz ist nachzuprüfen:

$$(A, a)\, (B, b) \cdot (C, c) = (A B, A b + a)\, (C, c) = (A B \cdot C, A B c + A b + a)$$

$$(A, a) \cdot (B, b)\, (C, c) = (A, a)\, (B C, B c + b) = (A \cdot B C, A\, (B c + b) + a),$$

die beiden Produkte sind wegen der Geltung des assoziativen Gesetzes für die Multiplikation quadratischer Matrizen und wegen des leicht zu bestätigenden distributiven Gesetzes für die Multiplikation von quadratischen Matrizen mit Spalten erfüllt.

III. Das Matrizenpaar $(E, 0)$ ist die Einheit, wobei E die quadratische Einheitsmatrix von ν Zeilen und 0 die Spalte von ν Nullen ist. Es gilt nämlich nach (3)

$$(A, a)\, (E, 0) = (A E, A \cdot 0 + a) = (A, a)$$
$$(E, 0)\, (A, a) = (E A, E a + 0) = (A, a).$$

IV. Das zu (A, a) inverse Element ist $(A, a)^{-1} = (A^{-1}, - A^{-1}a)$, denn

$$(A, a)\, (A^{-1}, -A^{-1}a) = (A A^{-1}, - A A^{-1} a + a) = (E, 0)$$
$$(A^{-1}, - A^{-1}a)\, (A, a) = (A^{-1}A, A^{-1} a - A^{-1} a) = (E, 0).$$

DEFINITION: *Gruppen, deren Elemente Bewegungen sind, heißen Bewegungsgruppen oder Raumgruppen.*

Um die Struktur der Bewegungsgruppe kennenzulernen, beweisen wir

SATZ 21: *In der Gruppe G aller Bewegungen bilden die Translationen (E, f) einen* ABEL*schen Normalteiler T.*

Sind (E, f) und (E, g) zwei Translationen, so ist auch

$$(E, f)\, (E, g) = (E, g + f) = (E, g)\, (E, f)$$

eine Translation, diese bilden daher eine ABELsche Untergruppe. Ferner ist

$$(A, a)\, (E, f)\, (A, a)^{-1} = (A, A f + a)\, (A^{-1}, - A^{-1} a) = (E, A f)$$

eine Translation, daher ist die Untergruppe T ein Normalteiler. Zudem sehen wir, daß mit (E, f) stets auch $(E, A f)$ im Normalteiler T enthalten ist, wobei A der rotative Bestandteil irgendeiner Bewegung aus G ist.

Außer der Gruppe *aller* Bewegungen gibt es weitere Gruppen von Bewegungen. Wir geben zwei Beispiele.

1. Nehmen wir für A die Inversion und t beliebig

$$A = \begin{pmatrix} -1 & 0 \\ 0 & -1 \end{pmatrix}, \quad t = \begin{pmatrix} t_1 \\ t_2 \end{pmatrix}.$$

(A, t) sei das erzeugende Element der Gruppe. Es wird $(A, t)^2 = (A^2, A t + t) = (E, 0)$ und daher $(A, t)^{-1} = (A, t)$.

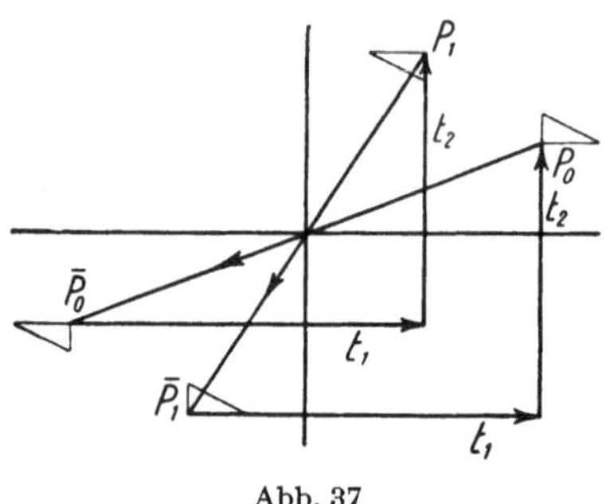

Abb. 37

Um in Abbildung 37 den Punkt P_0, dem wir nach kristallographischer Gewohnheit ein Dreieck anheften, um ein unsymmetrisches Raumelement anzudeuten, durch (A, t) nach P_1 überzuführen, zerlegen wir $(A, t) = (E, t)\,(A, 0)$. Durch die Inversion geht P_0 in $\bar{P}_0$ über, die Verschiebungen um t_1 und um t_2 in den Koordinatenrichtungen bringen $\bar{P}_0$ nach P_1. Übt man auf P_1 nochmals $(A, t) = (E, t)\,(A, 0)$ aus, so erhalten wir zuerst den Punkt $\bar{P}_1$ und gelangen sodann durch die Verschiebungen t_1 und t_2 nach P_0 zurück. Unsere Bewegung (A, t) erzeugt somit eine endliche Bewegungsgruppe mit den beiden einzigen Elementen $(E, 0)$ und (A, t).

2. Nehmen wir A und t wie im vorigen Beispiel und wählen als Erzeugende der Bewegungsgruppe die beiden Elemente $S_1 = (E, t)$ und $S_2 = (A, 0)$. Es gilt $(S_1 S_2)^2 = [(E, t)\,(A, 0)]^2 = (A, t)^2 = (E, 0)$, für ganzzahliges n ist $(E, t)^n = (E, n\,t)$. Die Gruppe enthält somit unendlich viele Elemente.

Satz 22: *In jeder Gruppe G von Bewegungen bilden die Translationen (E, f) einen Abelschen Normalteiler.*

Der Beweis verläuft wie bei Satz 21.

Sind (A, a), (B, b), ... die Elemente einer Bewegungsgruppe, so bilden wegen (3) die Matrizenpaare $(A, 0)$, $(B, 0)$, ... für sich eine Gruppe G^*, die mit der

Gruppe G_0 der orthogonalen Matrizen A, B, ... isomorph ist. G_0 braucht keine Untergruppe von G zu sein; den Zusammenhang zwischen G und G_0 sprechen wir im grundlegenden Satz aus:

SATZ 23: *Die Faktorgruppe G/T einer Bewegungsgruppe G nach der in G enthaltenen Translationsgruppe T ist isomorph der orthogonalen Gruppe G_0 der rotativen Bestandteile:*

$$G/T \cong G_0.$$

Zum Beweise beachten wir, daß die Elemente der Faktorgruppe die Nebengruppen sind, die bei der Zerlegung von G nach dem Normalteiler T auftreten, das Einheitselement der Faktorgruppe ist dabei T. Sind (A, a), (B, b), ... geeignete Elemente aus G, wobei (B, b) nicht in $(A, a)\, T$ enthalten ist usw., so schreibt man diese Zerlegung in der Form

$$G = T + (A, a)\, T + (B, b)\, T \ldots$$

Hieraus ist ersichtlich, daß man von der Gruppe G zu der Faktorgruppe G/T gelangt, indem man zwei Elemente von G als gleich betrachtet, die sich nur um einen Faktor aus T unterscheiden.

Sind (A, a) und (B, b) zwei Elemente aus G und (E, f) ein Element aus T derart, daß

$$(A, a) = (B, b)\, (E, f), \tag{4}$$

so liegen (A, a) und (B, b) in derselben Nebengruppe und werden daher als Elemente von G/T als gleich betrachtet. Es ist vorteilhaft, sich der aus der Zahlentheorie geläufigen Schreibweise in Kongruenzen zu bedienen, in welcher wir für (4) schreiben

$$(A, a) \equiv (B, b) \quad (\mathrm{mod}\ T). \tag{5}$$

Man sagt auch, (A, a) und (B, b) liegen in derselben Restklasse modulo T, weshalb man die Nebengruppen auch Restklassen nennt.

(4) und (5) besagen $(B, b)^{-1}\, (A, a) = (E, f)$, woraus nach (3) folgt $A = B$. Umgekehrt gehört mit (A, a) und (A, b) stets auch $(A, a)\, (A, b)^{-1}$ zu G, und es liegt $(A, a)\, (A, b)^{-1} = (E, a - b)$ in T. Zwei Elemente (A, a) und (B, b) gehören also dann und nur dann zu T, wenn ihre rotativen Teile gleich sind, womit Satz 23 bewiesen ist. Es gibt somit ebensoviele Restklassen modulo T, als es Elemente in G_0 gibt. Ist G_0 eine endliche orthogonale Gruppe, so ist daher der Index von T unter G endlich.

Wir betrachten im folgenden nur solche Bewegungsgruppen G im R^v, deren translativer Normalteiler T genau v linear unabhängige Erzeugende besitzt, und die das Gitter, das durch diese Erzeugenden aufgespannt wird, in sich überführen.

Satz 24: *Ist G eine solche Bewegungsgruppe des R^ν, so ist $G/T \cong G_0$ eine endliche Gruppe.*

Zum Beweis sei (E, t) ein beliebiges Element von T, (A, a) ein Element aus G. Dann muß $(A, a)(E, t)(A, a)^{-1}$ wieder zu T gehören. Nach der Rechnung bei Satz 21 oben ist

$$(A, a)(E, t)(A, a)^{-1} = (E, A\,t),$$

daher muß mit dem Vektor t stets auch $A\,t$ zu T gehören. Diese Vektoren spannen nach Voraussetzung ein ν-dimensionales Gitter Γ auf, das durch $(A, 0)$ in sich übergeht.

Ebenso zeigt man, daß alle übrigen Matrizenpaare $(B, 0), \ldots$ das Gitter Γ in sich überführen. Die Matrizenpaare $(A, 0), (B, 0), \ldots$ bilden daher die Symmetriegruppe G^* eines Gitters Γ; eine solche ist nach Satz 8 endlich. Die Gruppe G_0 der Matrizen $A, B, \ldots$ ist zu G^* isomorph und daher auch endlich. Weil G^* Symmetriegruppe eines Gitters ist, besitzt G^* eine ganzzahlige Darstellung in einem durch die Translationsgruppe T bestimmten Koordinatensystem; diese verwenden wir im folgenden und bezeichnen die darin ganzzahlige Darstellung von G^* mit G_0. Bewegungsgruppen mit endlicher Faktorgruppe G/T werden auch *diskrete* Bewegungsgruppen genannt, denn man zeigt leicht, daß sie keine zur Identität beliebig nahen Elemente enthalten.

Zu Satz 24 können wir den Zusatz formulieren:

Zusatz: Wählt man die Vektoren der ν Erzeugenden von T als Koordinatenvektoren, so ist die Faktorgruppe $G/T = G_0$ einer diskreten Bewegungsgruppe eine Gruppe von ganzzahligen Matrizen.

Nach Satz 24 gehört zu jeder Bewegungsgruppe eine Kristallklasse G_0. Umgekehrt gibt es zu jeder Kristallklasse G_0 eine Bewegungsgruppe. Sind nämlich $A, B, \ldots$ die Elemente von G_0, die wegen Satz 10 in ganzzahliger Darstellung angenommen werden dürfen, und T die ganzzahlige Translationsgruppe, deren Einheitsvektoren mit den Koordinatenvektoren von G_0 zusammenfallen, so ist $(A, 0)\,T + (B, 0)\,T + \cdots$ eine Bewegungsgruppe. Es erhebt sich die Frage, wie viele verschiedene Bewegungsgruppen $G^{(i)}$ es geben kann derart, daß $G^{(i)}/T \cong G_0$ ist (über die genaue Fassung des Begriffes der Verschiedenheit zweier Bewegungsgruppen siehe § 17). Wir sagen in diesem Falle, die Bewegungsgruppe $G^{(i)}$ *entstamme* der Kristallklasse G_0. Nennen wir ferner eine Spalte a, deren Koeffizienten rationale Zahlen $a_1, \ldots, a_\nu$ sind, eine *rationale Spalte*, insbesondere eine solche, deren Koeffizienten die n-ten Teile von ganzen Zahlen sind, eine rationale Spalte mit dem Nenner n, so behaupten wir:

Satz 25: *Ist n die Ordnung der endlichen Gruppe G_0 von Satz 24, so kann man durch eine Verschiebung des Ursprungs erreichen, daß nicht nur die Matrizen $A, B, \ldots, L$ der Elemente von G_0 ganzzahlig, sondern außerdem noch die Spalten $a, b, \ldots, l$ der zugehörigen Bewegungen aus G rationale Spalten mit dem Nenner n sind.*

Zum Beweis sei A eine festgehaltene Matrix der Kristallklasse G_0, X durchlaufe alle Elemente $A, \ldots, L$ von G_0. Sei

$$A \cdot X = Y.$$

Durchläuft X alle Elemente von G_0, so durchläuft wegen der Gruppeneigenschaft Y eine gewisse Permutation dieser Elemente. Nach Satz 24 gilt für die Elemente der zugehörigen Raumgruppe

$$(A, a)\,(X, x) \equiv (Y, y) \quad (\text{mod } T),$$

woraus nach (3) folgt
$$A\,x + a \equiv y \quad (\text{mod } T). \tag{6}$$

Hierbei ist die Translationsgruppe T wiederum im Koordinatensystem von G_0 geschrieben, ihre Verschiebungen sind Vielfache von ganzen Zahlen, und wir dürfen für (6) schreiben

$$A\,x + a \equiv y \quad (\text{mod } 1). \tag{6*}$$

Ist $g\,(y)$ eine Spalte von *ganzen* Zahlen, so läßt sich die Kongruenz (6) als Gleichung schreiben:
$$A\,x + a = y + g\,(y). \tag{7}$$

Die Gleichung (7) schreiben wir für $X = A$ bis $X = L$ an und addieren alle diese Gleichungen, wodurch wir erhalten

$$A\,(a + \cdots + l) + n\,a = (a + \cdots + l) + (g\,(a) + \cdots + g\,(l)). \tag{8}$$

Wir setzen zur Abkürzung

$$\frac{1}{n}\,(a + \cdots + l) = u, \quad g\,(a) + \cdots + g\,(l) = g,$$

wo g eine Spalte mit lauter ganzzahligen Koeffizienten ist. Dann wird aus (8)

$$A\,u + a = u + \frac{g}{n}. \tag{9}$$

Seien $u_1, \ldots, u_\nu$ die Koeffizienten der Spalte u. Wir verschieben den Ursprung in der i-ten Koordinatenrichtung um u_i für $i = 1, \ldots, \nu$, kurz gesagt, wir verschieben den Ursprung um die Spalte u. Hierdurch erhalten wir aus den Koordinaten ξ die Koordinaten ξ^*:

$$\xi = \xi^* + u.$$

Somit wird aus $\xi' = A\,\xi + a$

$$(\xi^*)' + u = A\,(\xi^* + u) + a = A\,\xi^* + A\,u + a,$$

daher nach (9) $\quad (\xi^*)' = A\,\xi^* + (A\,u + a - u) = A\,\xi^* + \dfrac{g}{n}.$

Hieraus sehen wir, daß im neuen Koordinatensystem die Translationen rationale Spalten mit dem Nenner n sind. Jede Bewegung hat die Form

$$(A, a + g),$$

worin a eine rationale Spalte mit dem Nenner n ist, deren Koeffizienten kleiner als Eins sind und g eine ganzzahlige Spalte ist. Hieraus folgt

SATZ 26: *Einer Kristallklasse in der ganzzahligen Darstellung G_0 entstammen nur endlich viele Bewegungsgruppen.*

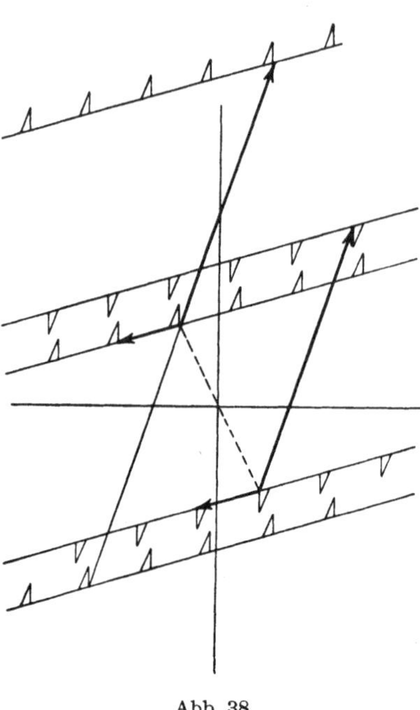

Abb. 38

Anknüpfend an Satz 24 können wir die folgende geometrische Darstellung einer Raumgruppe G geben:

Sei P ein Punkt allgemeiner Lage, und laute eine Zerlegung von G nach Nebengruppen

$$G = T(A, a) + T(B, b) + \cdots + T(L, l).$$

Wir üben die Elemente von $T(A, a)$ auf den Punkt P aus. Bei (A, a) geht P über in einen Punkt $P_{(A, a)}$, den wir im folgenden kurz mit P_A bezeichnen. Aus P_A entsteht durch die Translationsgruppe ein Gitter, das wir entsprechend mit Γ_A bezeichnen. Üben wir auf P die Operationen von $T(B, b), \ldots, T(L, l)$ aus, so erhalten wir entsprechend die Gitter $\Gamma_B, \ldots, \Gamma_L$. Alle Gitter $\Gamma_A, \ldots, \Gamma_L$ sind einander kongruent, denn sie entstehen durch Anwendung *derselben* Translationsgruppe T. Sie liegen in demselben Raume, und wir sprechen daher von *ineinandergestellten* Gittern. Die Punktmenge, die aus derartig ineinandergestellten Punktgittern gebildet wird, heißt *ein regelmäßiges Punktsystem* Σ. Wir behaupten, daß jeder beliebige Punkt $\bar{P}_J$ von Σ in jeden beliebigen Punkt $\bar{P}_K$ von Σ durch eine Operation aus der Bewegungsgruppe übergeführt werden kann, wobei jeweils das regelmäßige Punktsystem in sich übergeht. Zunächst führen wir $\bar{P}_J$ durch eine Verschiebung in den Punkt P_J über, diesen sodann durch eine Operation aus G/T nach P; P führen wir in den Punkt P_K über, aus welchem $\bar{P}_K$ durch eine Translation erhalten werden kann. Daher können wir sagen, daß jeder Punkt eines regelmäßigen Punktsystems *gleich umgeben* ist wie jeder andere Punkt von Σ. In den Abbildungen 38 und 39 ge-

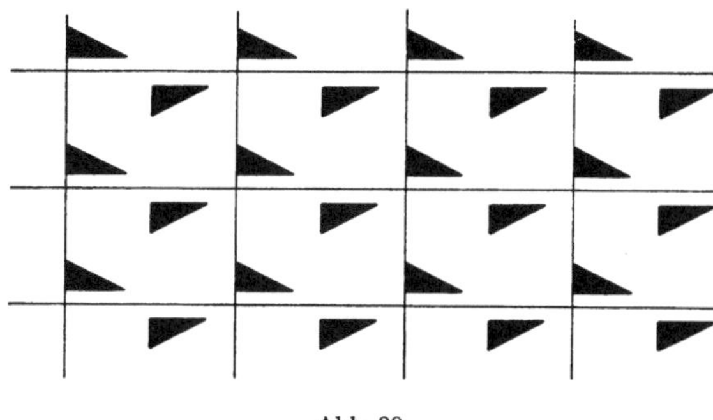

Abb. 39

ben wir zwei Beispiele von regelmäßigen Punktsystemen, wir haben beidemal *zwei* ineinandergestellte Gitter. In Abbildung 38 besteht die Faktorgruppe G/T aus den Elementen $(E, 0)$ und $(I, 0)$, wobei I die Inversion ist; in der Abbildung 39 besteht sie aus den Elementen $(E, 0)$ und (A, a), wobei $A = \begin{pmatrix} 1 & 0 \\ 0 & -1 \end{pmatrix}$ und $a = \begin{pmatrix} \frac{1}{2} \\ 0 \end{pmatrix}$ ist.

Umgekehrt geht Σ durch jede Operation von G in sich über. Wir behaupten, daß eine Punktmenge mit den folgenden drei Eigenschaften eine unendliche diskrete Bewegungsgruppe bestimmt[1]):

1. Die Menge enthält unendlich viele Punkte, und zwar soll die Menge der in einer Sphäre $x_1^2 + \cdots + x_\nu^2 = r^2$ vom Radius r liegenden Punkte mit der ν-ten Potenz von r ins Unendliche wachsen.

2. In jedem endlichen Gebiet sollen nur endlich viele Punkte der Menge liegen.

3. Jeder Punkt soll gleich umgeben sein wie jeder andere. Die dritte Eigenschaft besagt, daß jeder Punkt der Menge mit jedem anderen derart zur Deckung gebracht werden kann, daß dabei die Punktmenge in sich übergeht. Diese

---

[1]) Siehe D. HILBERT und S. COHN-VOSSEN, Anschauliche Geometrie, § 8 und § 9. Berlin 1932.

Operationen bilden eine Gruppe. Die zweite Eigenschaft schließt aus, daß diese Gruppe beliebig kleine Bewegungen enthält und die erste ergibt für die Translationsgruppe die ν linear unabhängigen Translationen. Somit bestimmt eine derartige Punktmenge in der Tat eine unendliche diskrete Bewegungsgruppe. Zusammenfassend erhalten wir

SATZ 27: *Jede Bewegungsgruppe bestimmt ein regelmäßiges Punktsystem und umgekehrt.*

Wenn wir die Operation (A, a) auf den Punkt P ausüben, so schreiben wir für die folgende Überlegung $(A, a) \cdot P$. Sei O der Ursprung, so gilt wegen $(A, a) = (E, a) (A, 0)$, daß

$$(A, a) \cdot O = (E, a) (A, 0) \cdot O = (E, a) \cdot O, ..., (L, l) \cdot O = (E, l) \cdot O.$$

Unser Beweisverfahren von Satz 25 können wir jetzt dahin charakterisieren, daß wir durch die Verschiebung

$$u = \frac{1}{n} (a + \cdots + l)$$

den Ursprung O in den Schwerpunkt der n Punkte

$$(A, a) \cdot O, ..., (L, l) \cdot O$$

des aus O entstandenen regelmäßigen Punktsystems verlegt haben. Dieses Koordinatensystem verwenden wir im folgenden.

Für einen weitergehenden Satz über die Beschränkung der Nenner in den translativen Bestandteilen, der mit Hilfe der Darstellungstheorie bewiesen wird, verweisen wir auf A. SPEISER, Gruppentheorie, § 72.

§ 17. Das Äquivalenzproblem der Bewegungsgruppen

Wir wurden im vorigen Paragraphen auf die Frage geführt, wann zwei Bewegungsgruppen als gleich zu betrachten sind und als solche *äquivalent* bezeichnet werden. Zur Beantwortung gehen wir am besten von der geometrischen Deutung einer Raumgruppe als regelmäßiges Punktsystem aus. Da ein solches aus ineinandergestellten kongruenten Gittern besteht, werden wir für die Äquivalenz zweier Raumgruppen $G^{(1)}$ und $G^{(2)}$ verlangen, daß die Gitter $\Gamma^{(1)}$ und $\Gamma^{(2)}$, aus denen die zugehörigen regelmäßigen Punktsysteme $\Sigma^{(1)}$ und $\Sigma^{(2)}$ bestehen, gleich sind. Zwei Gitter $\Gamma^{(1)}$ und $\Gamma^{(2)}$ wiederum sind nach unseren Ausführungen in § 6 dann gleich, wenn sie durch eine unimodulare ganzzahlige Transformation auseinander hervorgehen. Dies besagt, daß die beiden Faktorgruppen $G^{(1)}/T^{(1)}$ und $G^{(2)}/T^{(2)}$ unimodular ganzzahlig ineinander transformierbar sein müssen. Wir erhalten daher

SATZ 28: *Damit zwei Raumgruppen $G^{(1)}$ und $G^{(2)}$ äquivalent sind, müssen sie derselben arithmetischen Kristallklasse entstammen.*

Man vergleiche hierzu die beiden nicht äquivalenten Bewegungsgruppen, die wir in § 16 in den Abbildungen 38 und 39 gegeben haben.

Sind $G^{(1)}$ und $G^{(2)}$ zwei Raumgruppen, die derselben arithmetischen Kristallklasse entstammen, so dürfen wir sie in demselben Koordinatensystem geschrieben denken. Seien

$$G^{(1)} = T\,(A_1, a_1) + \cdots + T\,(A_n, a_n)$$

und

$$G^{(2)} = T\,(A_1, b_1) + \cdots + T\,(A_n, b_n)$$

zwei solche Bewegungsgruppen. Es kann sein, daß sie durch eine Bewegung des Koordinatensystems auseinander hervorgehen, solche Gruppen werden wir ebenfalls als äquivalent betrachten. Gibt es somit eine Bewegung (U, s) derart, daß

$$(U, s)^{-1}\,(A_i, a_i)\,(U, s) \equiv (A_k, b_k) \quad (\text{mod } 1)$$

für alle $i = 1, \ldots, n$ ist, so sind $G^{(1)}$ und $G^{(2)}$ äquivalent. Diese Kongruenz besagt nach § 16, IV und (3)

$$U^{-1} A_i\, U = A_k \tag{a}$$

und

$$U^{-1}\,(A_i\, s + a_i - s) \equiv b_k \quad (\text{mod } 1) \tag{b}$$

oder (b) in etwas brauchbarerer Form

$$E\, a_i - U\, b_k \equiv (E - A_i)\, s \quad (\text{mod } 1). \tag{b'}$$

Setzen wir $U = E$, so sind zwei Lösungen äquivalent und gehen durch eine *Verschiebung* des Koordinatensystems auseinander hervor, wenn es eine Spalte s gibt derart, daß

$$a_i - b_i \equiv (E - A_i)\, s \quad (\text{mod } 1).$$

Zusammenfassend erhalten wir

SATZ 29: *Zu einer arithmetischen Kristallklasse G_0 mit den Elementen $A_1, \ldots, A_n$ findet man alle Bewegungsgruppen, indem man nach § 16 (6*) die sogenannten* FROBENIUS*schen Kongruenzen*

$$A_i\, a_k + a_i \equiv a_l \quad (\text{mod } 1)$$

löst, wobei (A_i, a_i), (A_k, a_k), (A_l, a_l) *je drei Elemente mit der Beziehung* $A_i A_k = A_l$ *sind.*

Zwei Lösungen $(A_1, a_1), \ldots, (A_n, a_n)$ *und* $(A_1, b_1), \ldots, (A_n, b_n)$, *welche den Kongruenzen*

$$\left.\begin{aligned} E\, a_i - U\, b_k &\equiv (E - A_i)\, s \quad (\text{mod } 1), \qquad i = 1, \ldots, n \\ U^{-1} A_i\, U &= A_k \end{aligned}\right\} \tag{1}$$

mit

genügen, sind äquivalent, insbesondere sind alle Lösungen äquivalent, für die gilt

$$a_i - b_i \equiv (E - A_i)\, s \quad (\text{mod } 1). \tag{2}$$

Eine Abbildung $U^{-1} A_i U = A_k$ der Gruppe G_0 auf sich heißt ein *Automorphismus* von G_0. Um die inäquivalenten Lösungen zu finden, muß man daher die Automorphismen der Klasse kennen.

Die Werte

$$a_i \equiv 0 \quad (\text{mod } 1), \qquad i = 1, \ldots, n$$

sind stets eine Lösung der FROBENIUSschen Kongruenzen, die wir die *Null-Lösung* nennen. Die zugehörige Bewegungsgruppe lautet

$$G = T\,(A_1, 0) + \cdots + T\,(A_n, 0).$$

Im Zusammenhang mit den FROBENIUSschen Kongruenzen werden wir eine Bewegungsgruppe kurz eine *Lösung* nennen.

Falls wir von einer Klasse G_0 durch Transformation mit der Matrix $U = (U, 0)$ zu einer äquivalenten $U^{-1} G_0 U = G_0'$ übergehen, so erhalten wir die zugehörigen Verschiebungen nach (b) zu $U^{-1} a_i \equiv b_k$ (mod 1). Daher

SATZ 30: *Die Verschiebungen zweier Klassen G_0 und G_0' mit $(U, 0)\, G_0\, (U, 0)^{-1} = G_0'$ gehen durch $U^{-1} a_i \equiv b_k$ (mod 1) auseinander hervor.*

Mit diesem Satz werden wir später die Verschiebungen, wie sie in den kristallographischen Lehrbüchern angegeben sind, umrechnen in denjenigen Fällen, in welchen wir nicht dieselbe Darstellung der Klassen verwenden, wie die Kristallographen.

SATZ 31: *Die Summe und die Differenz zweier Lösungen der FROBENIUSschen Kongruenzen sind wiederum Lösungen der FROBENIUSschen Kongruenzen.*

Denn ist

$$A_i a_k + a_i \equiv a_l \quad (\text{mod } 1)$$

und

$$A_i b_k + b_i \equiv b_l \quad (\text{mod } 1),$$

so ist auch

$$A_i\,(a_k \pm b_k) + (a_i \pm b_i) \equiv a_l \pm b_l \quad (\text{mod } 1),$$

was zu beweisen war.

SATZ 32: *Die zum Einheitselement (E, e) gehörige Spalte e ist stets kongruent Null.*

Denn setzen wir in den ersten Gleichungen von Satz 29

$$A_i = E \quad \text{und daher} \quad A_l = A_k,$$

so wird

$$a_k + e \equiv a_k \quad (\text{mod } 1),$$

und somit

$$e \equiv 0 \quad (\text{mod } 1).$$

Durch diese Bemerkung sind die FROBENIUSschen Kongruenzen mit $A_i = E$ voll ausgewertet und brauchen später ebenso wie diejenigen mit $A_k = E$ nicht mehr berücksichtigt zu werden.

SATZ 33: *Damit eine Lösung der* FROBENIUS*schen Kongruenzen äquivalent der Null-Lösung ist, genügt es bereits, wenn die Bedingungen*

$$a \equiv (E - A)\, s \quad (\mathrm{mod}\ 1)$$
$$b \equiv (E - B)\, s \quad (\mathrm{mod}\ 1) \tag{3}$$

$\dots\dots\dots\dots\dots\dots\dots\dots$

erfüllt sind für ein System von Erzeugenden $A, B, \dots$ *der Gruppe* G_0.

Beweis: Die Äquivalenzbedingungen (3) bedeuten nach ihrer Herleitung, daß man durch Verschiebung des Ursprungs die Bewegungen (A, a), (B, b), ... auf $(A, 0)$, $(B, 0)$, ... reduzieren kann, sofern mit den Spalten modulo 1 gerechnet wird. Die Bewegungen $(A, 0)$, $(B, 0)$, ... erzeugen aber die Gruppe G, also ist diese ganz in der Bewegungsgruppe enthalten, und das bedeutet wiederum, nach Satz 29, daß die vorgelegte Lösung der FROBENIUSschen Kongruenzen äquivalent der Null-Lösung ist.

§ 18. Die Bewegungsgruppen der Ebene

Wir wenden unsere Methode zur Bestimmung der Bewegungsgruppen zuerst auf die *zyklischen Gruppen* an.

Zu C_1 gibt es nur die Bewegungsgruppe C_1^{I} (siehe Abb. 40). In dieser und den folgenden Abbildungen geben wir jeweils die Symmetrieverhältnisse in einer Zelle an. Der Leser überlege sich, welche Symmetrieelemente (Drehachsen, Spiegelgeraden und Gleitspiegelgeraden) auftreten und vergleiche die Abbildungen mit den Bildern in den angeführten Werken (P. NIGGLI, A. SPEISER und andere).

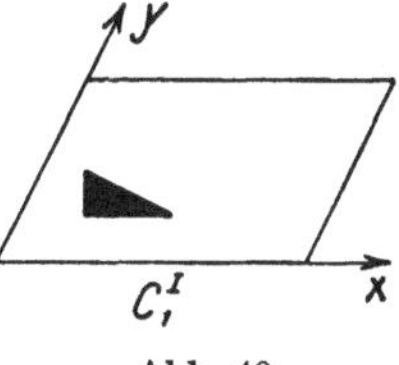

Abb. 40

Nehmen wir unter den zyklischen Gruppen zuerst diejenigen der Ordnung zwei. G mit den Elementen E und A sei eine binäre arithmetische Klasse; eine zugehörige Bewegungsgruppe laute

$$T\,(E, 0) + T\,(A, a).$$

Nach Satz 25 kommen für die Elemente $a^{(1)}$ und $a^{(2)}$ der Spalte a, für deren Bezeichnung wir im folgenden hochgestellte Indizes verwenden, nur die Werte 0 und $\frac{1}{2}$ in Betracht. Da zwischen den Elementen von G nur die eine Relation $A^2 = E$ besteht, lauten die FROBENIUSschen Kongruenzen

$$Aa + a \equiv (A + E)\, a \equiv 0 \quad (\mathrm{mod}\ 1). \tag{1}$$

Zwei ihrer Lösungen, etwa a und a', sind nach Satz 29 äquivalent, wenn es eine Spalte s gibt derart, daß

$$a - a' \equiv (E - A)\, s \quad (\mathrm{mod}\ 1). \tag{2}$$

Nach der Tabelle auf Seite 60 gibt es drei binäre Klassen der Ordnung zwei, zu welchen wir die *Bewegungsgruppen* suchen wollen:

C_2. $A = \begin{pmatrix} -1 & 0 \\ 0 & -1 \end{pmatrix}$; (1) gibt *keine* Bedingung für die Spalte a. Jede Lösung ist der Null-Lösung äquivalent, denn (2) wird zu

$$\begin{pmatrix} a^{(1)} \\ a^{(2)} \end{pmatrix} \equiv \begin{pmatrix} 2 & 0 \\ 0 & 2 \end{pmatrix} s \equiv \begin{pmatrix} 2\,s_1 \\ 2\,s_2 \end{pmatrix} \quad (\mathrm{mod}\ 1)$$

mit der Lösung $s_1 = \dfrac{a^{(1)}}{2}$, $s_2 = \dfrac{a^{(2)}}{2}$. Zu C_2 gibt es *daher nur eine Bewegungsgruppe*; sie wird C_2^{I} genannt (Abb. 41).

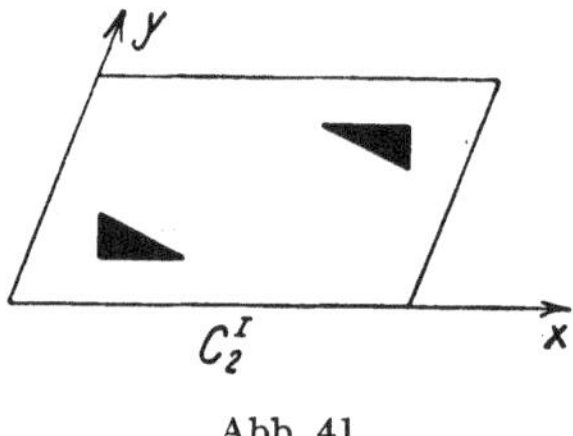

Abb. 41

C_k. Sei $A = \begin{pmatrix} 0 & 1 \\ 1 & 0 \end{pmatrix}$; (1) wird zu

$$\begin{pmatrix} 1 & 1 \\ 1 & 1 \end{pmatrix} \begin{pmatrix} a^{(1)} \\ a^{(2)} \end{pmatrix} \equiv \begin{pmatrix} a^{(1)} + a^{(2)} \\ a^{(1)} + a^{(2)} \end{pmatrix} \equiv \begin{pmatrix} 0 \\ 0 \end{pmatrix} \quad (\mathrm{mod}\ 1).$$

Somit ist $\qquad\qquad a^{(1)} + a^{(2)} \equiv 0 \quad (\mathrm{mod}\ 1).$ \hfill (3)

Erste Lösung: $a^{(1)} = a^{(2)} = 0$, Null-Lösung.

Zweite Lösung: $a^{(1)} = a^{(2)} = \frac{1}{2}$. Wir behaupten, daß sie der Null-Lösung äquivalent ist. Zum Beweise setzen wir diese beiden Lösungen in (2) ein und erhalten

$$\begin{pmatrix} \frac{1}{2} \\ \frac{1}{2} \end{pmatrix} \equiv \begin{pmatrix} 1 & -1 \\ -1 & 1 \end{pmatrix} \begin{pmatrix} s_1 \\ s_2 \end{pmatrix} \equiv \begin{pmatrix} s_1 - s_2 \\ -s_1 + s_2 \end{pmatrix} \quad (\mathrm{mod}\ 1).$$

Diese Kongruenzen sind für $s_1 = \frac{1}{2}$, $s_2 = 0$ erfüllt, womit unsere Behauptung bewiesen ist. Aus C_k entspringt daher nur die eine Bewegungsgruppe C_k^I. Wir können unsere Herleitung auch in folgende Form kleiden:

Setzen wir nach (3) $a^{(2)} \equiv -a^{(1)} \pmod 1$, so ist $a \equiv (E - A)\, s \pmod 1$ mit $a^{(1)} = s_1 - s_2$ stets erfüllt. Daher gibt es nur eine Bewegungsgruppe. In der geometrischen Kristallographie wird sie $C_s^{(III)}$ genannt, da man sie dort aus der geometrischen Klasse C_s herleitet. Die rechteckige, doppelt primitive Zelle haben wir in Abb. 42 punktiert eingezeichnet.

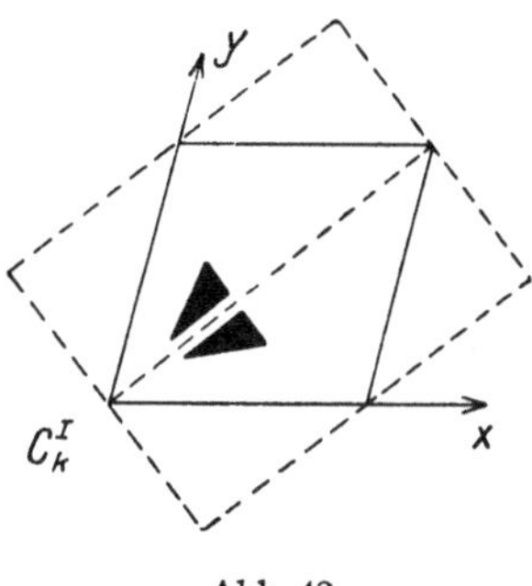

Abb. 42

C_s. $A = \begin{pmatrix} 1 & 0 \\ 0 & -1 \end{pmatrix}$, daher wird (1) zu

$$\begin{pmatrix} 2 & 0 \\ 0 & 0 \end{pmatrix} \begin{pmatrix} a^{(1)} \\ a^{(2)} \end{pmatrix} \equiv \begin{pmatrix} 2\,a^{(1)} \\ 0 \end{pmatrix} \equiv \begin{pmatrix} 0 \\ 0 \end{pmatrix} \pmod 1.$$

Wir haben somit vier Lösungen:

$$\alpha)\ a^{(1)} = 0 \qquad \beta)\ a^{(1)} = 0 \qquad \gamma)\ a^{(1)} = \tfrac{1}{2} \qquad \delta)\ a^{(1)} = \tfrac{1}{2}$$
$$a^{(2)} = 0 \qquad\qquad a^{(2)} = \tfrac{1}{2} \qquad\qquad a^{(2)} = 0 \qquad\qquad a^{(2)} = \tfrac{1}{2}.$$

Die zweite Lösung ist der Null-Lösung äquivalent, denn

$$\begin{pmatrix} 0 \\ \tfrac{1}{2} \end{pmatrix} \equiv \begin{pmatrix} 0 & 0 \\ 0 & 2 \end{pmatrix} \begin{pmatrix} s_1 \\ s_2 \end{pmatrix} \equiv \begin{pmatrix} 0 \\ 2\,s_2 \end{pmatrix} \pmod 1$$

ist für $s_2 = \tfrac{1}{4}$ richtig.

Die dritte und die vierte Lösung sind äquivalent, denn

$$\begin{pmatrix} 0 \\ \tfrac{1}{2} \end{pmatrix} \equiv \begin{pmatrix} 0 \\ 2\,s_2 \end{pmatrix} \pmod 1$$

gilt für $s_2 = \tfrac{1}{4}$.

Die dritte Lösung, und damit auch die vierte, ist der Null-Lösung nicht äquivalent, denn

$$\begin{pmatrix} \tfrac{1}{2} \\ 0 \end{pmatrix} \equiv \begin{pmatrix} 0 \\ 2\,s_2 \end{pmatrix} \quad (\mathrm{mod}\ 1)$$

hat keine Lösung in s_1 und s_2.

Somit gibt es zu C_s zwei Bewegungsgruppen; die Null-Lösung wird C_s^{I}, die andere C_s^{II} genannt (siehe Abb. 43 und 44, in welchen wir an der x-Achse spiegeln).

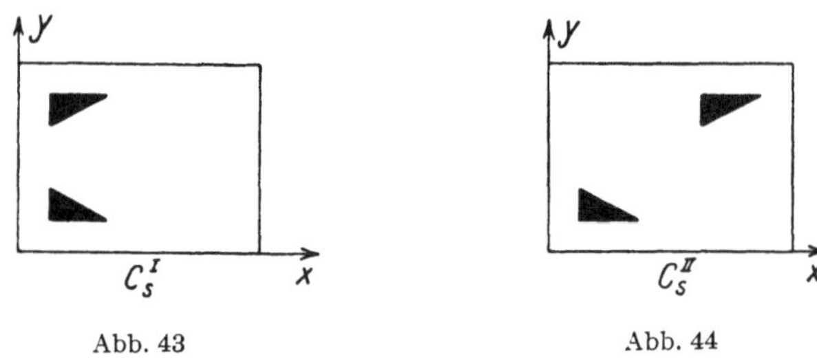

Abb. 43   Abb. 44

Sei G eine *zyklische Klasse* der Ordnung n im R^ν. Die Elemente einer zugehörigen Bewegungsgruppe lauten: $(E, 0)$, (A, a), (A^2, a_2), ..., (A^{n-1}, a_{n-1}). (A, a) ist ein erzeugendes Element der Lösung. Falls

$$|E - A| \neq 0$$

ist, so hat $\qquad a \equiv (E - A)\,s \quad (\mathrm{mod}\ 1)$

eine Lösung, nämlich $\qquad s = (E - A)^{-1}\,a\ ;$

wir können daher den Satz 33 anwenden und erhalten:

SATZ 34: *Ist A das erzeugende Element einer Klasse und ist $|E - A| \neq 0$, so ist jede Lösung der* FROBENIUS*schen Kongruenzen der Null-Lösung äquivalent.*

Wir können diesen wichtigen Satz auch folgendermaßen bestätigen:

Die Gleichungen $(A, a)^2 = (A^2, a_2)$ usw. ergeben die FROBENIUSschen Kongruenzen:

$$\left.\begin{aligned}
a_2 &\equiv (A + E)\,a & (\mathrm{mod}\ 1) \\
a_3 &\equiv A \cdot a_2 + a \equiv (A^2 + A + E)\,a & (\mathrm{mod}\ 1) \\
&\;\cdots\cdots\cdots\cdots\cdots\cdots\cdots\cdots\cdots \\
a_i &\equiv (A^{i-1} + \cdots + E)\,a & (\mathrm{mod}\ 1) \\
&\;\cdots\cdots\cdots\cdots\cdots\cdots\cdots\cdots \\
a_{n-1} &\equiv (A^{n-2} + \cdots + E)\,a & (\mathrm{mod}\ 1).
\end{aligned}\right\} \quad \text{(I)}$$

Nach Satz 29 müssen wir eine Spalte s finden, welche folgende Kongruenzen befriedigt:

$$a \equiv (E - A)\, s \qquad (\text{mod } 1)$$
$$(A + E)\, a \equiv (E - A^2)\, s \qquad (\text{mod } 1)$$
$$\dotfill$$
$$(A^{n-2} + \cdots + E)\, a \equiv (E - A^{n-1})\, s \qquad (\text{mod } 1).$$

Die formale Lösung dieser Kongruenzen lautet

$$s = (E - A)^{-1}\, a,$$

denn es gilt identisch

$$E - A^i = (E + A + \cdots + A^{i-1})\,(E - A). \qquad \text{(II)}$$

Diese Lösung existiert dann und nur dann, wenn $(E - A)^{-1}$ existiert, wenn also $|E - A| \neq 0$ ist.

Schreiben wir die ebene Drehung A in einem rechtwinkligen Koordinatensystem

$$A = \begin{pmatrix} \cos \varphi & -\sin \varphi \\ \sin \varphi & \cos \varphi \end{pmatrix},$$

und rechnen

$$|E - A| = \begin{vmatrix} 1 - \cos \varphi & \sin \varphi \\ -\sin \varphi & 1 - \cos \varphi \end{vmatrix} = (1 - \cos \varphi)^2 + \sin^2 \varphi = 2\,(1 - \cos \varphi).$$

Für $\cos \varphi \neq 1$, das heißt für $\varphi \neq 2\pi \cdot k$, k ganzzahlig, ist daher $|E - A| \neq 0$. Unter diese Methode fällt auch die oben behandelte Klasse C_2.

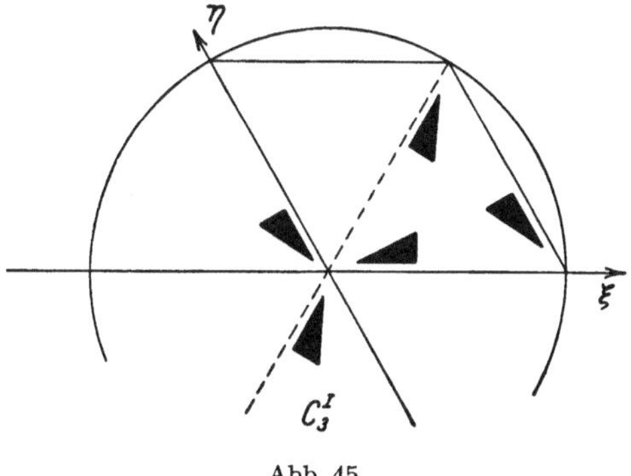

Abb. 45

Es treten somit nur folgende Bewegungsgruppen auf:

zur zyklischen Gruppe C_3 die Bewegungsgruppe C_3^I (siehe Abb. 45),
zur zyklischen Gruppe C_4 die Bewegungsgruppe C_4^I (siehe Abb. 46),
zur zyklischen Gruppe C_6 die Bewegungsgruppe C_6^I (siehe Abb. 47).

Nicht zyklische Klassen: C_{2v}, C_{2k}, C_{3v}, C_{3s}, C_{4v}, C_{6v}.

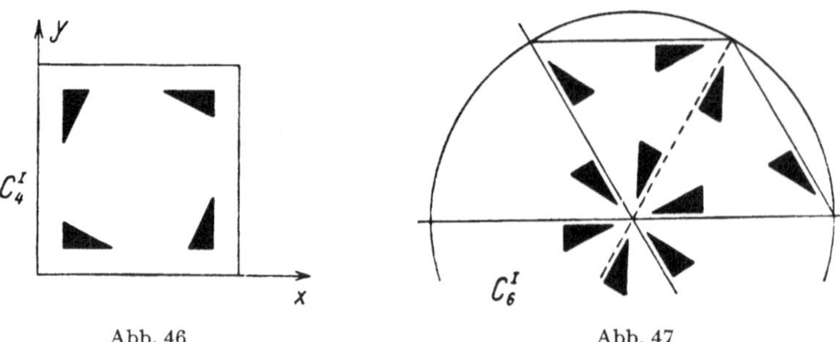

Abb. 46   Abb. 47

Um die zugehörigen Bewegungsgruppen zu erhalten, bedienen wir uns der folgenden Methode:

Sei G_{2n} eine Klasse der Ordnung $2n$ mit dem Normalteiler G_n der Ordnung n, und es gelte die Zerlegung

$$G_{2n} = G_n + B\,G_n, \quad \text{wobei} \quad B\,G_n = G_n B$$

ist. Ferner nehmen wir an, daß

$$B^2 = E$$

ist. Sei G_2 die Gruppe aus den Elementen E und B. Somit ist die Faktorgruppe $G_{2n}/G_n = G_2$ eine der zu Anfang behandelten Klassen der Ordnung zwei. G_n bestehe aus den Elementen E, A_1, ..., A_{n-1}. G_2^*, G_n^* und G_{2n}^* seien zu G_2, G_n und zu G_{2n} gehörige Bewegungsgruppen:

$$G_2^*: \quad (E, 0),\ (B, b),$$

$$G_n^*: \quad (E, 0),\ (A_1, a_1),\ ...,\ (A_{n-1}, a_{n-1}),$$

$$G_{2n}^*: \quad (E, 0),\ (A_1, p_1),\ ...,\ (A_{n-1}, p_{n-1}),\ (B, p_n),\ (BA_1, p_{n+1}),\ ...,$$
$$(BA_i, p_{n+i}),\ ...,\ (BA_{n-1}, p_{2n-1}).$$

Wir nehmen an, daß zu G_2 und zu G_n die Bewegungsgruppen bekannt seien und wollen daraus diejenigen von G_{2n} ableiten.

Da in jeder zu G_{2n} gehörigen Bewegungsgruppe G_{2n}^* diejenigen Bewegungen, deren rotative Bestandteile zu einer Untergruppe G von G_{2n} gehören, eine Bewegungsgruppe G^* bilden, die eine Untergruppe von G_{2n}^* ist, so sind G_2^* und G_n^* Untergruppen von G_{2n}^* und es gilt daher

$$\begin{aligned}
p_n &\equiv b \quad &(\text{mod } 1) \\
p_i &\equiv a_i \quad &(\text{mod } 1) \qquad \text{für } i = 1, ..., n-1.
\end{aligned} \tag{4}$$

Somit sind alle Lösungen von G_{2n} unter denjenigen von G_2 und von G_n zu suchen. Aber nicht alle diese Werte treten als Lösungen von G_{2n} auf, denn es bestehen die Beziehungen

$$A_k \cdot B = B A_i,$$

und daher ist
$$A_k\, b + a_k \equiv p_{n+i} \quad (\text{mod } 1). \tag{5}$$

Aus
$$B \cdot A_i = B A_i$$

folgt ferner
$$B\, a_i + b \equiv p_{n+i} \quad (\text{mod } 1). \tag{6}$$

Aus (5) und (6) folgt
$$A_k\, b + a_k \equiv B a_i + b \quad (\text{mod } 1). \tag{7}$$

p_{n+i} ist durch (5) oder durch (6) bestimmt.

Die Gleichung (7) ist eine **Vertauschungsrelation,** *die zwischen einer Lösung* $a_1, \ldots, a_{n-1}$ *von* G_n *und einer Lösung* b *von* G_2 *bestehen muß, damit diese nach* (4), (5) *und* (6) *eine Lösung* $p_1, \ldots, p_{2n-1}$ *von* G_{2n} *ist.*

Wir behaupten, daß alle Werte $a_1, \ldots, a_n$ und b, die den Vertauschungsrelationen (7) genügen, wirklich Lösungen von G_{2n} sind. Zum Beweise müssen wir zeigen, daß die aus dem Produkt zweier beliebiger Elemente aus der Gruppe G_{2n} sich ergebenden FROBENIUSschen Kongruenzen Folgerungen aus den obigen sind.

a) Seien $B A_i$ und $B A_j$ zwei Elemente aus der Nebengruppe. Sei ferner

$$B A_i = A_k B \quad \text{und} \quad B A_i \cdot B A_j = A_k B B A_j = A_k A_j = A_m.$$

Aus diesen Gleichungen folgt nach Satz 29 die Kongruenz

$$B A_i\, p_{n+j} + p_{n+i} \equiv a_m \quad (\text{mod } 1).$$

Hierin für p_{n+j} den Wert aus (6) und für p_{n+i} denjenigen aus (5) eingesetzt ergibt

$$B A_i\, (B a_j + b) + A_k\, b + a_k \equiv a_m \quad (\text{mod } 1),$$

und somit
$$(A_k\, a_j + a_k - a_m) + B A_i\, b + A_k\, b \equiv 0 \quad (\text{mod } 1).$$

Diese Kongruenz ist stets erfüllt, denn aus

$$A_k\, A_j = A_m,$$

folgt, daß
$$A_k\, a_j + a_k - a_m \equiv 0 \quad (\text{mod } 1).$$

Sodann ist

$$B A_i\, b + A_k\, b \equiv A_k B\, b + A_k\, b \equiv A_k\, (B + E)\, b \equiv 0 \quad (\text{mod } 1),$$

wie aus $B^2 = E$ folgt.

b) Sei ferner
$$A_l \cdot B A_i = A_l A_k B = A_m B$$

das Produkt eines Elementes A_l aus G_n und eines Elementes $B A_i$ aus der Nebengruppe $B G_n$. Hieraus folgt die Kongruenz

$$A_l\, p_{n+i} + a_l \equiv A_m\, b + a_m \quad (\text{mod } 1).$$

Für p_{n+i} den Wert aus (5) eingesetzt ergibt

$$A_l (A_k b + a_k) + a_l \equiv A_m b + a_m \quad (\text{mod } 1),$$

so daß

$$A_m b + A_l a_k + a_l \equiv A_m b + a_m \quad (\text{mod } 1),$$

oder

$$A_l a_k + a_l \equiv a_m \quad (\text{mod } 1)$$

sein muß, was wegen $A_l A_k = A_m$ stets gültig ist.

c) Der erste Faktor gehöre zu $B G_n$, der zweite zu G_n. Die leichte Rechnung überlassen wir dem Leser.

d) Beide Faktoren liegen in G_n. Dieser Fall führt direkt auf die Vertauschungsrelation von G_n.

Hiermit ist unsere Behauptung bewiesen:

Satz 35: *Ist $G_{2n}/G_n = G_2$, so findet man alle Lösungen von G_{2n}, indem man alle Lösungen von G_2 mit allen Lösungen von G_n unter Berücksichtigung der Vertauschungsrelation zusammensetzt. Unter diesen ist ein System von inäquivalenten auszusondern.*

Ist G_n eine von A erzeugte zyklische Gruppe und $|E - A| \neq 0$, so können wir unser Verfahren vereinfachen. Nach Voraussetzung hat

$$a \equiv (E - A) s \quad (\text{mod } 1) \tag{8}$$

stets eine Lösung $s = s^*$. Sei ferner

$$b \equiv (E - B) s^* \quad (\text{mod } 1). \tag{9}$$

Wir behaupten, daß die durch $(A, 0)$ und (B, b) bestimmte Lösung von G_{2n} der Null-Lösung äquivalent ist. Zum Beweise rechnen wir p_{n+i} aus, indem wir mittels (I) den Wert von (8) mit $s = s^*$ und den Wert aus (9) in Gleichung (6) einsetzen:

$$
\begin{aligned}
p_{n+i} &\equiv B a_i + b \equiv B (A^{i-1} + \cdots + E)(E - A) s^* + (E - B) s^* \\
&\equiv \quad\quad B A^{i-1} s^* + \cdots + B A s^* + B s^* \\
&\quad - B A^i s^* - B A^{i-1} s^* - \cdots - B A s^* \quad\quad + E s^* - B s^* \\
&\equiv (E - B A^i) s^*.
\end{aligned}
\tag{10}
$$

(8), (9) und (10) sind nach Satz 29, Gleichung (2), hinreichende Bedingungen für die Äquivalenz zur Null-Lösung. Somit:

Satz 36: *Sei $G_{2n}/G_2 = G_n$ eine durch A erzeugte zyklische Gruppe mit $|E - A| \neq 0$ und B die Erzeugende von G_2. Falls*

$$a \equiv (E - A) s \ (\text{mod } 1) \quad \text{und} \quad b \equiv (E - B) s \ (\text{mod } 1)$$

eine gemeinsame Lösung $s = s^*$ besitzen, ist die durch (A, a) und (B, b) bestimmte Lösung von G_{2n} der Null-Lösung äquivalent.

Ferner wird uns der folgende Satz die Aufstellung der Lösungen wesentlich erleichtern:

SATZ 37: *Es sei G_n eine Untergruppe von G_{in}, und für G_n sei jede Lösung der* FROBENIUS*schen Kongruenzen äquivalent der Null-Lösung. Dann kann man bei der Behandlung von G_{in} annehmen, daß die Verschiebung $a = 0$ ist für alle Elemente A von G_n.*

Beweis: In jeder zu G_{in} gehörigen Bewegungsgruppe G_{in}^* bilden diejenigen Bewegungen, deren rotative Bestandteile zu G_n gehören, eine Untergruppe G_n^*. Nach Annahme kann der Ursprung so verschoben werden, daß für alle Bewegungen von G_n^* gilt $a \equiv 0$ (mod 1). Das bedeutet aber, daß man $a = 0$ wählen kann für alle zu G_n gehörigen Matrizen A.

Mit dieser Methode wollen wir im folgenden zeigen, daß jede Lösung der Klassen C_{2k}, C_{3v}, C_{3s} und C_{6v} der Null-Lösung äquivalent ist. Wir sagen kurz: *Zu jeder dieser Klassen gibt es nur die Null-Lösung.* Wir halten an diesen ersten Beispielen unsere Herleitung etwas ausführlicher, bei den späteren Beispielen fassen wir die Ableitung knapper. Für die Darstellung der Klassen verweisen wir auf Seite 59.

$$C_{2k} = C_2 + [y, x]\, C_2. \qquad A = \begin{pmatrix} -1 & 0 \\ 0 & -1 \end{pmatrix}, \qquad B = \begin{pmatrix} 0 & 1 \\ 1 & 0 \end{pmatrix}. \qquad \text{Aus } B^2 = E \text{ folgt}$$

$$B\,b + b \equiv 0 \qquad (\text{mod } 1),$$

und daher
$$b^{(1)} + b^{(2)} \equiv 0 \qquad (\text{mod } 1), \tag{11}$$

Vertauschungsrelation: Aus $AB = BA$ folgt

$$A\,b + a \equiv B\,a + b \qquad (\text{mod } 1).$$

Dies ergibt in unserem Beispiel, indem wir nach Satz 37 $a = 0$ setzen:

$$\begin{aligned} -\,b^{(1)} &\equiv b^{(1)} \qquad (\text{mod } 1) \\ -\,b^{(2)} &\equiv b^{(2)} \qquad (\text{mod } 1). \end{aligned} \tag{12}$$

Aus (11) und (12) folgt nach Satz 25

$$b^{(1)} \equiv -\,b^{(2)} \equiv \begin{cases} 0 \\ \tfrac{1}{2} \end{cases} \qquad (\text{mod } 1). \tag{13}$$

Die Kongruenzen für s heißen nun nach Satz 36

$$(E - A)\, s \equiv \begin{pmatrix} 2\,s_1 \\ 2\,s_2 \end{pmatrix} \equiv 0 \qquad (\text{mod } 1),$$

$$(E - B)\, s \equiv \begin{pmatrix} s_1 - s_2 \\ -\,s_1 + s_2 \end{pmatrix} \equiv b \qquad (\text{mod } 1).$$

Die Lösung $s_1 = b^{(1)}$, $s_2 = 0$ genügt nach (13) offensichtlich beiden Bedingungen.

Somit gibt es zu C_{2k} nur die Null-Lösung; sie heißt C_{2k}^{I} (siehe Abb. 48).

Bemerkung: C_{2k}^{I} wird in der geometrischen Kristallographie C_{2v}^{IV} genannt, da man sie dort aus der geometrischen Klasse C_{2v} herleitet, indem man von der doppelt primitiven Zelle ausgeht, die wir in unserer Abb. 48 punktiert eingezeichnet haben.

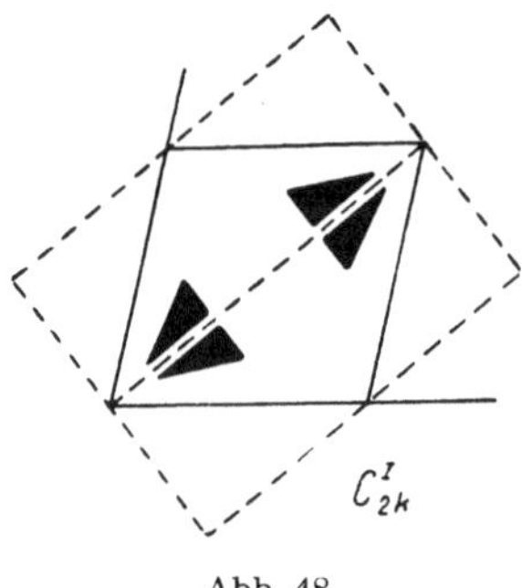

Abb. 48

$C_{3v} = C_3 + [y, x] C_3$. Sei $A = [\bar{y}, x - y]$ Erzeugende von C_3 und $B = [y, x]$. Wiederum ist

$$b^{(1)} \equiv - b^{(2)} \quad (\text{mod } 1). \tag{14}$$

Sodann gibt $A B = B A^2$, woraus die Vertauschungsrelation mit $a = 0$:

$$A b \equiv b \quad (\text{mod } 1),$$

oder ausgeschrieben

$$- b^{(2)} \equiv b^{(1)} \quad (\text{mod } 1),$$
$$b^{(1)} - b^{(2)} \equiv b^{(2)} \quad (\text{mod } 1),$$

somit

$$3 b^{(1)} \equiv 0 \quad (\text{mod } 1) \tag{15}$$

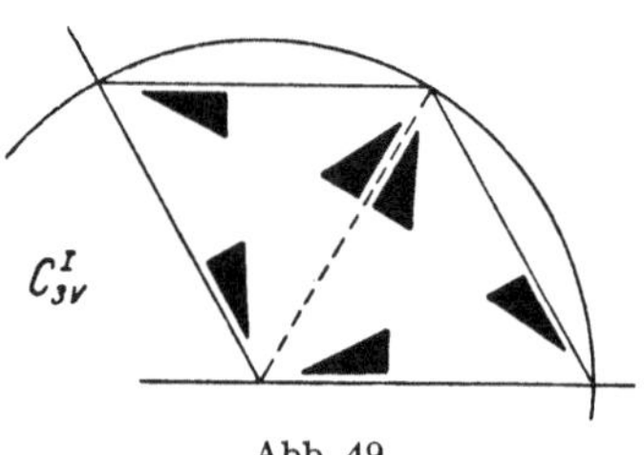

Abb. 49

Die Bedingungen von Satz 36

$$0 \equiv (E - A) s \equiv \begin{pmatrix} s_1 + s_2 \\ - s_1 + 2 s_2 \end{pmatrix} \quad (\text{mod } 1)$$

$$b \equiv (E - B) s \equiv \begin{pmatrix} s_1 - s_2 \\ - s_1 + s_2 \end{pmatrix} \quad (\text{mod } 1)$$

werden wegen (14) und (15) durch $s = - b$ befriedigt. Daher ist jede Lösung von C_{3v} der Null-Lösung äquivalent, diese heißt C_{3v}^{I} (Abb. 49).

$C_{3s} = C_3 + [\bar{y}, \bar{x}]\, C_3$. Hier ist $B = [\bar{y}, \bar{x}]$, und die Ausführungen von C_{3v} bleiben mit ganz leichten Änderungen, die wir dem Leser überlassen, bestehen. Somit tritt nur auf C_{3s}^{I} (Abb. 50).

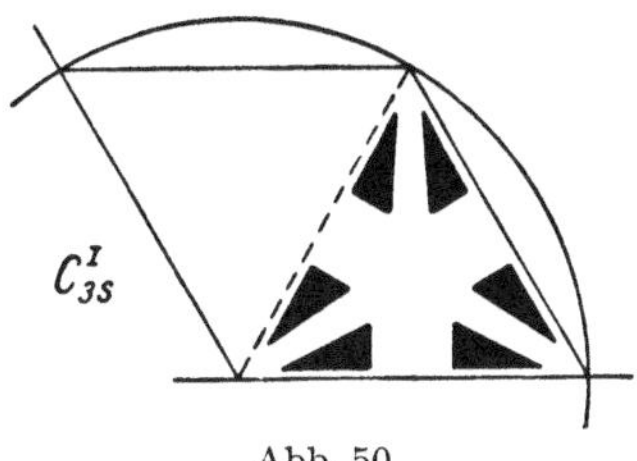

Abb. 50

$C_{6v} = C_6 + [y, x]\, C_6$. Sei $A = [y, y - x]$ die Erzeugende von C_6 und $B = [y, x]$. Aus $B^2 = E$ folgt

$$b^{(1)} \equiv -\, b^{(2)} \quad (\text{mod } 1). \tag{16}$$

Vertauschungsrelation: Aus $A B = B A^5$ folgt mit $a = 0$

$$A\, b \equiv b \qquad (\text{mod } 1).$$

Somit
$$b^{(2)} \equiv b^{(1)} \qquad (\text{mod } 1),$$
$$-\, b^{(1)} + b^{(2)} \equiv b^{(2)} \qquad (\text{mod } 1).$$

Daher ist
$$b^{(1)} \equiv b^{(2)} \equiv 0 \qquad (\text{mod } 1). \tag{17}$$

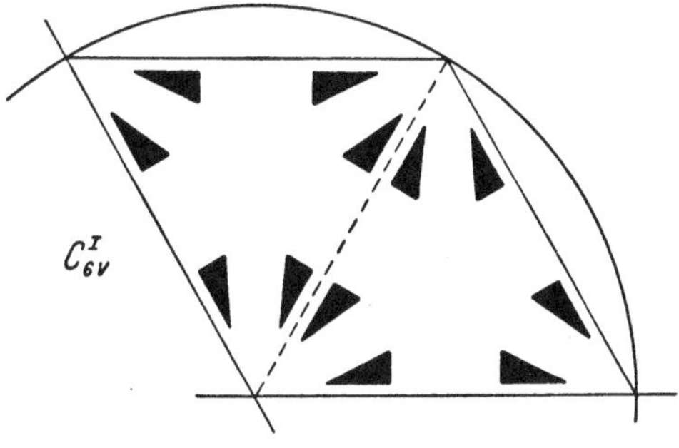

Abb. 51

Die Bedingungen von Satz 36

$$0 \equiv (E - A)\, s \equiv \begin{pmatrix} s_1 - s_2 \\ s_1 \end{pmatrix} \qquad (\text{mod } 1)$$

und
$$b \equiv (E - B)\, s \equiv \begin{pmatrix} s_1 - s_2 \\ -\, s_1 + s_2 \end{pmatrix} \qquad (\text{mod } 1)$$

besitzen mit Rücksicht auf (17) die Lösung $s = 0$. Somit tritt nur C_{6v}^{I} auf (Abb. 51).

Es bleiben uns noch die Klassen C_{2v} und C_{4v} zu untersuchen, wo die Verhältnisse etwas anders liegen, und die wir insbesondere als Vorbereitung für den ternären Fall ausführlich besprechen wollen.

Setzen wir in der Bezeichnungsweise von Satz 36

$$C_{2v} = C_2 + [x, \bar{y}]\, C_2, \quad G_n = C_2, \quad G_2 = C_s, \quad A = \begin{pmatrix} -1 & 0 \\ 0 & -1 \end{pmatrix}, \quad B = \begin{pmatrix} 1 & 0 \\ 0 & -1 \end{pmatrix}.$$

Aus $B^2 = E$ folgt
$$2\, b^{(1)} \equiv 0 \quad (\mathrm{mod}\ 1),$$

somit
$$b^{(1)} = \begin{cases} 0 \\ \tfrac{1}{2} \end{cases}. \tag{18}$$

Die Vertauschungsrelation aus $A B = B A$ ergibt mit $a = 0$

$$2\, b^{(2)} \equiv 0 \quad (\mathrm{mod}\ 1),$$

so daß
$$b^{(2)} = \begin{cases} 0 \\ \tfrac{1}{2} \end{cases}. \tag{19}$$

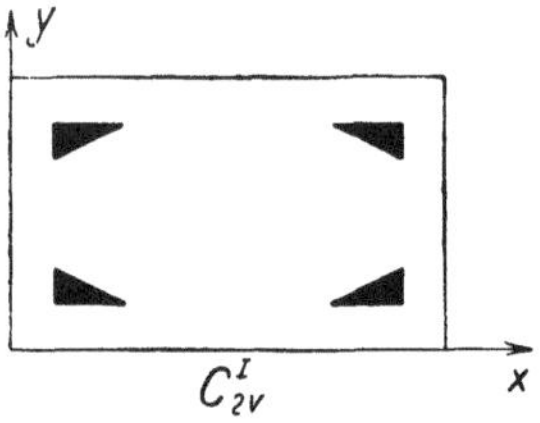

$$C_{2v}^{I}$$
Abb. 52

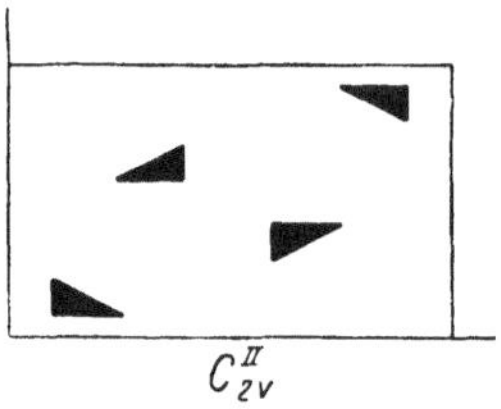

$$C_{2v}^{II}$$
Abb. 53

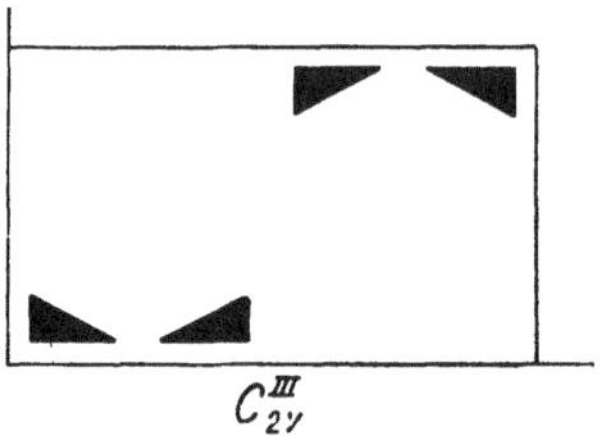

$$C_{2v}^{III}$$
Abb. 54

Daher treten zunächst die vier Lösungen untenstehender Tabelle auf (Abbildungen 52–54).

	$[\bar{x}, \bar{y}]$		$[x, \bar{y}]$		$[\bar{x}, y]$		
1.	0	0	0	0	0	0	C_{2v}^{I}
2.	0	0	$\tfrac{1}{2}$	0	$\tfrac{1}{2}$	0	$\left.\rule{0pt}{20pt}\right\}\ C_{2v}^{III}$
3.	0	0	0	$\tfrac{1}{2}$	0	$\tfrac{1}{2}$	
4.	0	0	$\tfrac{1}{2}$	$\tfrac{1}{2}$	$\tfrac{1}{2}$	$\tfrac{1}{2}$	C_{2v}^{II}
$(E - A_i)\, s$	$2\, s_1$	$2\, s_2$	0	$2\, s_2$	$2\, s_1$	0	

In der untersten Zeile obiger Tabelle haben wir die mit s multiplizierten Differenzen von E und den Gruppenelementen, die wir kurz mit A_i bezeichnen, angeschrieben. Diese Zeile dient zur Prüfung der Äquivalenz zweier Lösungen nach Satz 29, Gleichung (2).

Vertauscht man in C_{2v} x mit y, so geht $[\bar{x}, \bar{y}]$ in sich über, während $[\bar{x}, y]$ und $[x, \bar{y}]$ miteinander vertauscht werden. Setzt man daher

$$M = \begin{pmatrix} 0 & 1 \\ 1 & 0 \end{pmatrix} = M^{-1},$$

so gilt

$$M^{-1}[\bar{x}, \bar{y}]\,M = [\bar{x}, \bar{y}], \quad M^{-1}[\bar{x}, y]\,M = [x, \bar{y}], \quad M^{-1}[x, \bar{y}]\,M = [\bar{x}, y].$$

Wir behaupten, daß mit diesem Automorphismus M die zweite und die dritte Lösung nach Satz 29, Gleichung (1), äquivalent werden. Zum Beweis zeigen wir, daß folgende drei Kongruenzen in s lösbar sind:

1. $\begin{pmatrix} 0 \\ 0 \end{pmatrix} \equiv \begin{pmatrix} 2s_1 \\ 2s_2 \end{pmatrix}$ (mod 1),

2. $\begin{pmatrix} \frac{1}{2} \\ 0 \end{pmatrix} - \begin{pmatrix} 0 & 1 \\ 1 & 0 \end{pmatrix}\begin{pmatrix} 0 \\ \frac{1}{2} \end{pmatrix} \equiv \begin{pmatrix} \frac{1}{2} \\ 0 \end{pmatrix} - \begin{pmatrix} \frac{1}{2} \\ 0 \end{pmatrix} \equiv \begin{pmatrix} 0 \\ 2s_2 \end{pmatrix}$ (mod 1),

3. $\begin{pmatrix} 0 \\ \frac{1}{2} \end{pmatrix} - \begin{pmatrix} 0 & 1 \\ 1 & 0 \end{pmatrix}\begin{pmatrix} \frac{1}{2} \\ 0 \end{pmatrix} \equiv \begin{pmatrix} 0 \\ \frac{1}{2} \end{pmatrix} - \begin{pmatrix} 0 \\ \frac{1}{2} \end{pmatrix} \equiv \begin{pmatrix} 2s_1 \\ 0 \end{pmatrix}$ (mod 1).

Eine Lösung heißt $s_1 = s_2 = 0$.

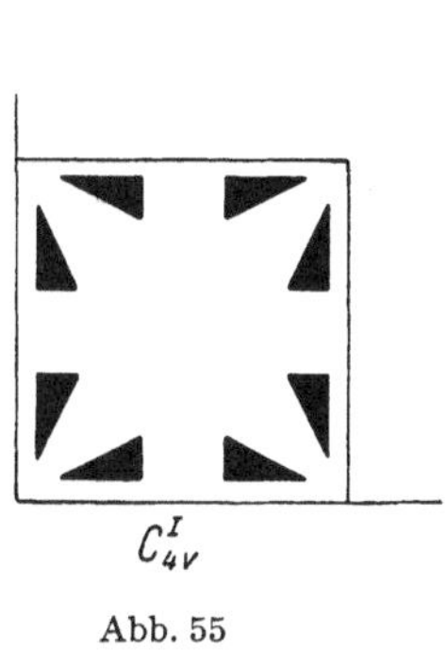

$$C_{4v}^{I}$$

Abb. 55

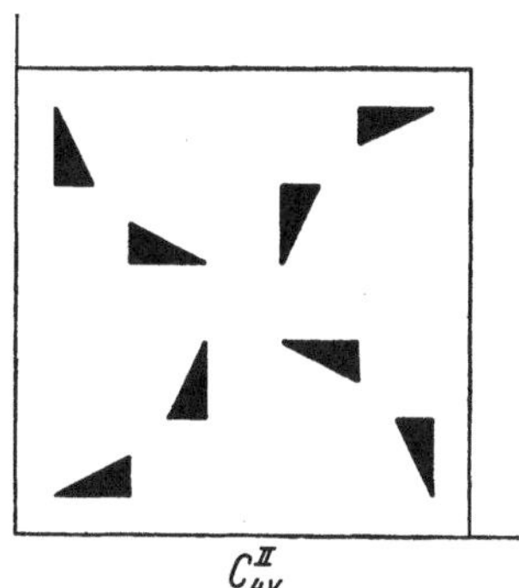

$$C_{4v}^{II}$$

Abb. 56

$$C_{4v} = C_4 + [y, x]\,C_4, \quad B = \begin{pmatrix} 0 & 1 \\ 1 & 0 \end{pmatrix}.$$ Wiederum ist

$$b^{(1)} \equiv -b^{(2)} \quad (\text{mod } 1).$$

Sei $A = [y, \bar{x}]$ die Erzeugende von C_4. Aus $AB = BA^3$ folgt mit $a = 0$

$$A\,b \equiv b \quad (\text{mod } 1).$$

Somit wird

$$b^{(2)} \equiv b^{(1)} \quad (\text{mod } 1)$$
$$-b^{(1)} \equiv b^{(2)} \quad (\text{mod } 1)$$

und daher

$$b^{(1)} = b^{(2)} \equiv \begin{vmatrix} 0 \\ \frac{1}{2} \end{vmatrix} \quad (\text{mod } 1).$$

Somit haben wir zwei Bewegungsgruppen: C_{4v}^{I} und C_{4v}^{II} (Abb. 55, 56).

124 · III. Kapitel: Die Bewegungsgruppen

$[y,\bar{x}]$		$[\bar{x},\bar{y}]$		$[\bar{y},x]$		$[y,x]$		$[\bar{x},y]$		$[\bar{y},\bar{x}]$		$[x,\bar{y}]$		
0	0	0	0	0	0	0	0	0	0	0	0	0	0	C_{4v}^{I}
0	0	0	0	0	0	$\frac{1}{2}$	$\frac{1}{2}$	$\frac{1}{2}$	$\frac{1}{2}$	$\frac{1}{2}$	$\frac{1}{2}$	$\frac{1}{2}$	$\frac{1}{2}$	C_{4v}^{II}
s_1-s_2	s_1+s_2	$2s_1$	$2s_2$	s_1+s_2	$-s_1+s_2$	s_1-s_2	$-s_1+s_2$	$2s_1$	0	s_1+s_2	s_1+s_2	0	$2s_2$	

Wir halten die Ergebnisse über *die 17 Bewegungsgruppen der Ebene* in der folgenden Tabelle fest:

	Arithmetische Klasse	Bewegungsgruppe	Seite
1.	C_1	C_1^{I}	111
2.	C_2	C_2^{I}	112
3.	C_3	C_3^{I}	115
4.	C_4	C_4^{I}	115
5.	C_6	C_6^{I}	115
6.	C_s	C_s^{I}, C_s^{II}	114
7.	C_k	C_k^{I} $(= C_s^{\mathrm{III}})$	113
8.	C_{2v}	C_{2v}^{I}, C_{2v}^{II}, C_{2v}^{III}	122
9.	C_{2k}	C_{2k}^{I} $(= C_{2v}^{\mathrm{IV}})$	120
10.	C_{3v}	C_{3v}^{I}	120
11.	C_{3s}	C_{3s}^{I} $(= C_{3v}^{\mathrm{II}})$	121
12.	C_{4v}	C_{4v}^{I}, C_{4v}^{II}	123
13.	C_{6v}	C_{6v}^{I}	121

§ 19. Die räumlichen Bewegungsgruppen, Einleitung und einfache Beispiele

Wir haben in § 14 die ternären Klassen hergeleitet. Zur Aufstellung der zugehörigen Bewegungsgruppen empfiehlt es sich, die Klassen nicht in der dortigen Reihenfolge zu nehmen, sondern zunächst diejenigen zu betrachten, die aus den binären Klassen durch Hinzunahme der Identität entstehen.

a) *Ternäre Klassen, die aus zyklischen binären Klassen durch Hinzunahme der Identität entstehen.*

Sei G_n' eine zyklische binäre Klasse, A' ihr erzeugendes Element und $|E - A'| \neq 0$. Nach Satz 34 gibt es zu G_n' nur eine Bewegungsgruppe, die Null-Lösung. Sei G_n die durch Hinzunahme der Identität aus G_n' entstandene ternäre Klasse und $A = \begin{pmatrix} A' & 0 \\ 0 & 1 \end{pmatrix}$ ihr erzeugendes Element. Die Bewegungen der gesuchten Bewegungsgruppe finden in zwei zueinander senkrechten Räumen statt, nämlich der xy-Ebene und der z-Achse, und die Gruppe zerfällt in die Summe zweier fremder Teile, wovon wir denjenigen in der xy-Ebene aus dem binären Falle kennen. Nach Satz 25 kommen für die dritte Komponente $a^{(3)}$ von a nur die Werte $\frac{g}{n}$, $g = 0, 1, ..., n-1$ in Betracht. Diese treten aber auch wirklich auf, denn es ist

$$(A, a)^n = \left(\begin{pmatrix} A' & 0 \\ 0 & 1 \end{pmatrix}, \begin{pmatrix} 0 \\ 0 \\ \frac{g}{n} \end{pmatrix} \right)^n = (E, e), \quad \text{mit } e = \begin{pmatrix} 0 \\ 0 \\ g \end{pmatrix}, \quad g = 0, 1, ..., n-1.$$

Diese n Lösungen sind nach Satz 29, Gleichung (2), nicht durch eine *Verschiebung* s des Koordinatensystems ineinander überzuführen, denn die dritte Komponente der Differenz zweier Lösungen lautet $\frac{r}{n}$, $(0 < r < n)$ und müßte nach Gleichung (2) gleich der dritten Komponente von $(E - A) s$ sein, diese ist aber Null. Somit können zwei der n Lösungen höchstens durch einen Automorphismus der Klasse äquivalent sein, daher

SATZ 38: *Nimmt man zu einer binären zyklischen Klasse der Ordnung n mit der Erzeugenden A', für die $|E - A'| \neq 0$ ist, und welche daher nur die Null-Lösung besitzt, die identische Darstellung hinzu, so erhält man eine ternäre Klasse, zu der es, abgesehen von Automorphismen der Klasse, n inäquivalente Bewegungsgruppen gibt.*

Anwendungen:

1. Zu C_1 gibt es nur die Bewegungsgruppe C_1^1.

2. Aus der binären Klasse C_2 entsteht durch Hinzunahme der Identität die ternäre Klasse $C_{2\alpha} = \{[x, y, z], [\bar{x}, \bar{y}, z]\}$. Nach Satz 38 gibt es zwei Bewegungsgruppen C_2^1 und C_2^2.

3. Binär C_3, ternär $C_{3\delta}$. Nach Satz 38 gibt es drei Bewegungsgruppen C_3^1, C_3^2, C_3^3. Um sie zu unterscheiden, sei $A = [\bar{y}, x-y, z]$ das erzeugende Element von $C_{3\delta}$ (siehe Tabelle S. 59), (A, a) die Erzeugende der Bewegungsgruppe und a_2 nach Gleichung (I) von § 18 berechnet. Dann ist

$$a^{(3)} = a_2^{(3)} = 0: \quad C_3^1, \qquad a^{(3)} = \tfrac{2}{3},\ a_2^{(3)} = \tfrac{1}{3}: \quad C_3^2, \qquad a^{(3)} = \tfrac{1}{3},\ a_2^{(3)} = \tfrac{2}{3}: \quad C_3^3.$$

Es bleibt uns übrig zu untersuchen, ob von diesen Lösungen durch einen Automorphismus von $C_{3\delta}$ gewisse äquivalent werden. Geht man in der xy-Ebene etwa durch Spiegelung an der Winkelhalbierenden zu einem neuen Koordinatensystem über, so wird die Gruppe durch den Automorphismus

$$L = \begin{pmatrix} 0 & 1 & 0 \\ 1 & 0 & 0 \\ 0 & 0 & 1 \end{pmatrix} = L^{-1}$$

auf sich abgebildet, und man bestätigt leicht

$$L^{-1}AL = A^2, \quad L^{-1}A^2L = A.$$

Nach Satz 29, Gleichung (1), werden hierdurch C_3^2 und C_3^3 äquivalent, wie man durch Einsetzen der obigen Werte unmittelbar bestätigt. Sieht man daher Bewegungsgruppen als gleich an, die durch Änderung des Windungssinnes einer Schraubenachse auseinander hervorgehen, so sind C_3^2 und C_3^3 äquivalent. In der geometrischen Kristallographie werden sie als verschieden betrachtet. Diese Bemerkung beachte man auch bei den folgenden beiden Klassen.

4. Binär C_4, ternär $C_{4\alpha}$. Nach Satz 38 gibt es vier Bewegungsgruppen, C_4^1, C_4^2, C_4^3, C_4^4. Ist (A, a) mit $A = [\bar{y}, x, z]$ (siehe Seite 59) das erzeugende Element, so gilt

$$a^{(3)} = 0: \quad C_4^1, \qquad a^{(3)} = \tfrac{1}{2}: \quad C_4^3,$$
$$a^{(3)} = \tfrac{1}{4}: \quad C_4^2, \qquad a^{(3)} = \tfrac{3}{4}: \quad C_4^4.$$

Bei Änderung des Windungssinnes der Schraubenachse werden C_4^2 und C_4^4 äquivalent.

5. Binär C_6, ternär C_6, erzeugendes Element $A = [y, y-x, z]$ (siehe Tabelle Seite 59). Nach Satz 38 gibt es sechs Bewegungsgruppen, die bezeichnet werden

$$a^{(3)} = 0: \quad C_6^1, \qquad a^{(3)} = \tfrac{1}{3}: \quad C_6^4,$$
$$a^{(3)} = \tfrac{1}{6}: \quad C_6^2, \qquad a^{(3)} = \tfrac{2}{3}: \quad C_6^5,$$
$$a^{(3)} = \tfrac{5}{6}: \quad C_6^3, \qquad a^{(3)} = \tfrac{1}{2}: \quad C_6^6.$$

Von diesen werden bei Änderung des Windungssinnes der Schraubenachse C_6^2 und C_6^3 einerseits, C_6^4 und C_6^5 andererseits äquivalent.

b) *Behandeln wir anschließend die übrigbleibenden Klassen der Ordnung zwei.*

1. Binär C_k, ternär $C_{s\beta}$, denn man rechnet leicht nach (siehe Seite 92)

$$C_{s\beta} = T^{-1} C_s T = \{[x, y, z], [x, z, y]\}. \quad \text{Sei } A = [x, z, y].$$

$A^2 = E$ liefert $a^{(2)} \equiv - a^{(3)}$ und $2\,a^{(1)} \equiv 0$ (mod 1).

$$a \equiv (E - A)\, s \equiv \begin{pmatrix} 0 \\ s_2 - s_3 \\ - s_2 + s_3 \end{pmatrix} \quad (\text{mod } 1)$$

ist für $a^{(1)} = 0$ lösbar (siehe C_k, § 18, Seite 113), für $a^{(1)} = \tfrac{1}{2}$ nicht lösbar. Die Null-Lösung heißt C_s^3, die andere C_s^4.

Bemerkungen:

I. Wir werden später öfters die zu $C_{s\beta}$ arithmetisch äquivalenten Klassen $\{[x, y, z], [y, x, z]\}$ und $\{[x, y, z], [\bar{y}, \bar{x}, z]\}$ mit $C_{s\beta}$ bezeichnen. Die erste geht aus der obigen durch Umbenennung der Koordinaten, die andere aus dieser durch Vertauschung von x mit $- x$ hervor.

II. In der geometrischen Kristallographie werden die Klassen, welche im folgenden einen Index β, γ, δ oder ε tragen, auf ein anderes als das von uns verwendete Koordinatensystem bezogen. Das angehörige Gitter wird durch sogenannte «mehrfach primitive Elementarzellen» aufgespannt. G sei eine solche Klasse im Koordinatensystem der geometrischen Kristallographie geschrieben, und G' dieselbe Klasse in den von uns verwendeten Koordinaten. Es gelte

$$G' = X^{-1} G X$$

für die Umrechnung. Um von den in der geometrischen Kristallographie angegebenen Verschiebungen a einer zugehörigen Bewegungsgruppe zu den Verschiebungen a' in unserer Darstellung zu gelangen, hat man nach Seite 110, Satz 30, zu bilden

$$a' = X^{-1} a.$$

2. C_i. Wie bei der binären Klasse C_2 findet man, daß es nur eine Bewegungsgruppe gibt: C_i^1.

3. $C_{s\alpha}$ wird durch $A = [x, y, \bar{z}]$ erzeugt. $(A, a)^2 = (E, 0)$ ergibt $\begin{pmatrix} 2\,a^{(1)} \\ 2\,a^{(2)} \\ 0 \end{pmatrix} \equiv 0$ (mod 1). Durch eine Verschiebung s des Koordinatensystems können sodann zwei Lösungen ineinander übergeführt werden, deren Differenz die Form

$$(E - A)\,s = \begin{pmatrix} 0 \\ 0 \\ 2\,s_3 \end{pmatrix}$$

besitzt. Daher sind zunächst folgende Lösungen zu betrachten:

	$a^{(1)}$	$a^{(2)}$	$a^{(3)}$	
1.	0	0	0	C_s^1
2.	$\frac{1}{2}$	0	0	
3.	0	$\frac{1}{2}$	0	C_s^2
4.	$\frac{1}{2}$	$\frac{1}{2}$	0	
	0	0	$2\,s_3$	$(E - A)\,s$

Aus der Tabelle sieht man leicht, daß keine zwei der Lösungen durch eine Verschiebung des Koordinatensystems ineinander übergeführt werden können. Wir haben daher zu untersuchen, ob einige durch einen Automorphismus von $C_{s\alpha}$ äquivalent werden. Da $C_{s\alpha}$ symmetrisch in x und y ist, geht $C_{s\alpha}$ durch Transformation mit $M = \begin{pmatrix} 0 & 1 & 0 \\ 1 & 0 & 0 \\ 0 & 0 & 1 \end{pmatrix} = M^{-1}$ in sich über: $M^{-1} A\,M = A$. Vertauscht man aber x und y, so geht die dritte Lösung in die zweite über, wie man auch leicht nach Gleichung (1) von Satz 29 bestätigt (wir lassen abkürzend die invariante z-Achse weg):

$$\begin{pmatrix} 0 \\ \frac{1}{2} \end{pmatrix} - \begin{pmatrix} 0 & 1 \\ 1 & 0 \end{pmatrix} \begin{pmatrix} \frac{1}{2} \\ 0 \end{pmatrix} \equiv \begin{pmatrix} 0 \\ \frac{1}{2} \end{pmatrix} - \begin{pmatrix} 0 \\ \frac{1}{2} \end{pmatrix} \equiv \begin{pmatrix} 0 \\ 0 \end{pmatrix} \quad \text{(mod 1)}.$$

Da wir ferner in der xy-Ebene eine Winkelhalbierende als neue Koordinatenachse einführen dürfen, so geht die vierte Lösung in die zweite oder dritte über. Nehmen wir etwa (wobei wir wiederum abkürzend die invariante z-Achse weglassen): $N = \begin{pmatrix} 1 & 0 \\ 1 & -1 \end{pmatrix} = N^{-1}$; dann ist

$$\begin{pmatrix} \frac{1}{2} \\ 0 \end{pmatrix} - \begin{pmatrix} 1 & 0 \\ 1 & -1 \end{pmatrix} \begin{pmatrix} \frac{1}{2} \\ \frac{1}{2} \end{pmatrix} \equiv \begin{pmatrix} \frac{1}{2} \\ 0 \end{pmatrix} - \begin{pmatrix} \frac{1}{2} \\ 0 \end{pmatrix} \equiv \begin{pmatrix} 0 \\ 0 \end{pmatrix} \quad \text{(mod 1)},$$

somit ist die vierte und die zweite Lösung äquivalent. Es gibt daher neben der Null-Lösung C_s^1 nur noch eine Lösung C_s^2, von der wir im obigen Schema drei äquivalente Darstellungen gegeben haben.

4. $C_{2\beta} = T^{-1} C_2 T = \{[x, y, z], \ A = [\bar{x}, \bar{z}, \bar{y}]\}$. Aus $(A, a)^2 = (E, 0)$ folgt leicht $a^{(2)} \equiv a^{(3)} \pmod 1$. Die Gleichung (2) von Satz 29

$$\begin{pmatrix} a^{(1)} \\ a^{(2)} \\ a^{(3)} \end{pmatrix} \equiv (E - A)\, s \equiv \begin{pmatrix} 2\,s_1 \\ s_2 + s_3 \\ s_2 + s_3 \end{pmatrix} \qquad \pmod 1$$

ist wegen $a^{(2)} = a^{(3)}$ stets in s zu erfüllen, somit gibt es nur die Null-Lösung, die C_2^3 heißt.

Bemerkung: Zu $C_{2\beta}$ äquivalente Klassen werden durch $[\bar{y}, \bar{x}, \bar{z}]$, $[\bar{z}, \bar{y}, \bar{x}]$ und $[\bar{x}, z, y]$ erzeugt; die beiden ersteren gehen durch Umbenennung der Koordinaten aus ihr hervor, die letzte durch Transformation mit

$$\begin{pmatrix} 1 & 0 & 0 \\ 0 & -1 & 0 \\ 0 & 0 & 1 \end{pmatrix}.$$

c) *Zyklische Gruppen.*

Satz 34 kann auf folgende Gruppen angewendet werden:

1. $C_{3i\alpha}$, erzeugendes Element $A = [\bar{z}, \bar{x}, \bar{y}]$ (siehe Seite 93).
   Die zugehörige Bewegungsgruppe heißt C_{3i}^2.

2. $C_{3i\delta}$, erzeugendes Element $A = [y, y-x, \bar{z}]$ (siehe Seiten 59 und 93).
   Bewegungsgruppe C_{3i}^1.

3. C_{3h}, erzeugendes Element $A = [\bar{y}, x-y, \bar{z}]$ (siehe Seiten 59 und 93).
   Bewegungsgruppe C_{3h}^1.

4. $S_{4\alpha}$, erzeugendes Element $A = [\bar{y}, x, \bar{z}]$ (siehe Seite 71).
   Bewegungsgruppe S_4^1.

5. $S_{4\beta} = R^{-1} S_4 R$ erzeugt durch $A = [\bar{y}, z-y, x-y]$.
   Bewegungsgruppe S_4^2.

Die übrigbleibenden Klassen behandeln wir nach Systemen; dabei zeigt es sich, daß die Verhältnisse im rhomboedrischen System besonders einfach liegen; wir beginnen daher mit den Klassen dieses Systems.

§ 20. Die Bewegungsgruppen des rhomboedrischen Systems

1. $C_{3\alpha}$ wird durch $A = [z, x, y]$ erzeugt, und es gilt

$$|E - A| = \begin{vmatrix} 1 & 0 & -1 \\ -1 & 1 & 0 \\ 0 & -1 & 1 \end{vmatrix} = 0.$$

Daher können wir den Satz 34 über die zyklischen Gruppen nicht anwenden. Wir behaupten, daß jede Lösung von $C_{3\alpha}$ der Null-Lösung äquivalent ist. Aus $(A, a)^3 = (E, 0)$ folgt nach Gleichung (I) von § 18

$$(E + A + A^2)\, a \equiv 0 \quad (\text{mod } 1),$$

das heißt
$$\begin{pmatrix} 1 & 1 & 1 \\ 1 & 1 & 1 \\ 1 & 1 & 1 \end{pmatrix} a \equiv 0 \quad (\text{mod } 1).$$

Somit ist
$$a^{(1)} + a^{(2)} + a^{(3)} \equiv 0 \quad (\text{mod } 1). \tag{1}$$

Wenn
$$a \equiv (E - A)\, s \quad (\text{mod } 1)$$

eine Lösung in s hat, so ist die Lösung a der Null-Lösung äquivalent. Nun ist

$$(E - A)\, s = \begin{pmatrix} s_1 - s_3 \\ -s_1 + s_2 \\ -s_2 + s_3 \end{pmatrix} \equiv \begin{pmatrix} a^{(1)} \\ a^{(2)} \\ a^{(3)} \end{pmatrix} \quad (\text{mod } 1)$$

in s lösbar, da die dritte Kongruenz wegen (1) eine Folge der beiden ersten ist. Setzen wir $t_1 = s_1 - s_3$, $t_2 = -s_1 + s_2$, so wird $-s_2 + s_3 = -(t_1 + t_2)$. Hieraus sehen wir, daß durch $a^{(1)}$, $a^{(2)}$, $a^{(3)}$ nur zwei der drei Größen s_1, s_2, s_3 bestimmt sind; eine von ihnen ist noch frei. Diese Bemerkung werden wir später verwenden (siehe § 26). Die Bewegungsgruppe heißt C_3^4.

2. $C_{3i\alpha}$ haben wir auf Seite 129 behandelt.

3. $C_{3v\alpha} = C_{3\alpha} + [y, x, z]\, C_{3\alpha}$. Wir bilden mit der Untergruppe $C_{3\alpha}$ vom Index zwei die Faktorgruppe $C_{3v\alpha}/C_{3\alpha} = C_{s\beta}$. Sei $A = [z, x, y]$, $B = [y, x, z]$. Nach den Ergebnissen bei den Klassen $C_{3\alpha}$ und $C_{s\beta}$ wissen wir, daß

$$a \equiv 0 \quad (\text{mod } 1), \qquad b^{(1)} \equiv -b^{(2)} \quad (\text{mod } 1), \qquad 2\, b^{(3)} \equiv 0 \quad (\text{mod } 1). \tag{2}$$

$AB = BA^2$ ergibt sodann mit $a = 0$ die Vertauschungsrelation $A\, b \equiv b$ (mod 1), somit

$$b^{(3)} \equiv b^{(1)} \quad (\text{mod } 1), \qquad b^{(1)} \equiv b^{(2)} \quad (\text{mod } 1), \qquad b^{(2)} \equiv b^{(3)} \quad (\text{mod } 1),$$

woraus in Verbindung mit (2) wird

$$b^{(1)} \equiv b^{(2)} \equiv b^{(3)} \equiv \begin{cases} 0 \\ \tfrac{1}{2} \end{cases} \quad (\text{mod } 1). \tag{3}$$

$$0 \equiv (E - A)\, s \equiv \begin{pmatrix} s_1 - s_3 \\ s_2 - s_1 \\ s_3 - s_2 \end{pmatrix} \quad (\text{mod } 1)$$

und
$$b \equiv (E - B)\, s \equiv \begin{pmatrix} s_1 - s_2 \\ - s_1 + s_2 \\ 0 \end{pmatrix} \quad (\text{mod } 1)$$

hat für $b = 0$ die Lösung $s = b$, ist für $b^{(1)} = b^{(2)} = b^{(3)} = \tfrac{1}{2}$ aber nicht zu erfüllen. Somit gibt es zu $C_{3v\alpha}$ insgesamt zwei inäquivalente Lösungen: $C_{3v}^5 = C_3^4 + [y, x, z]\, C_3^4$, $C_{3v}^6 = C_3^4 + [y + \tfrac{1}{2},\ x + \tfrac{1}{2},\ z + \tfrac{1}{2}]\, C_3^4$. (Siehe hierzu § 26.)

4. $D_{3\alpha} = C_{3\alpha} + [\bar{x}, \bar{z}, \bar{y}]\, C_{3\alpha}$, $D_{3\alpha}/C_{3\alpha} = C_{2\beta}$. Sei $A = [z, x, y]$, $B = [\bar{x}, \bar{z}, \bar{y}]$. Aus $C_{3\alpha}$ folgt $a = 0$, aus $C_{2\beta}$ folgt $b^{(2)} \equiv b^{(3)}$ (mod 1). Vertauschungsrelation: $A B = B A^2$ liefert $A b \equiv b$ (mod 1), welche ergibt

$$b^{(1)} \equiv b^{(2)} \equiv b^{(3)} \quad (\text{mod } 1). \tag{4}$$

$$0 \equiv (E - A)\, s \equiv \begin{pmatrix} s_1 - s_3 \\ - s_1 + s_2 \\ - s_2 + s_3 \end{pmatrix} \quad (\text{mod } 1)$$

und
$$b \equiv (E - B)\, s \equiv \begin{pmatrix} 2 s_1 \\ s_3 + s_2 \\ s_3 + s_2 \end{pmatrix} \quad (\text{mod } 1)$$

besitzen wegen (4) die Lösung $s_1 = s_2 = s_3 = -\dfrac{b^{(1)}}{2}$. Daher gibt es nur die Null-Lösung; sie heißt D_3^7.

5. $D_{3d\alpha} = C_{3i\alpha} + [y, x, z]\, C_{3i\alpha}$, $D_{3d\alpha}/C_{3i\alpha} = C_{s\beta}$. Sei $A = [\bar{z}, \bar{x}, \bar{y}]$ die Erzeugende von $C_{3i\alpha}$, $B = [y, x, z]$. Von $C_{s\beta}$ wissen wir, daß

$$b^{(1)} \equiv - b^{(2)}, \quad 2 b^{(3)} \equiv 0 \quad (\text{mod } 1). \tag{5}$$

Vertauschungsrelation: Aus $A B = B A^5$ folgt mit $a = 0$: $A b \equiv b$ (mod 1), was unter Berücksichtigung von (5) ergibt

$$b^{(1)} = b^{(2)} = b^{(3)} = \begin{cases} 0 \\ \tfrac{1}{2} \end{cases}.$$

Ist $b = 0$, so ist

$$0 \equiv (E - A)\, s \equiv \begin{pmatrix} s_1 + s_3 \\ s_1 + s_2 \\ s_2 + s_3 \end{pmatrix} \quad (\text{mod } 1)$$

und
$$b = (E - B)\, s \equiv \begin{pmatrix} s_1 - s_2 \\ - s_1 + s_2 \\ 0 \end{pmatrix} \quad (\text{mod } 1)$$

mit $s = b$ erfüllt. Diese Lösung heißt D_{3d}^5 und wird in der Kristallographie in der Form angegeben: $D_{3d}^5 = C_{3i}^2 + [y, x, z]\, C_{3i}^2$.

Ist $b^{(1)} = b^{(2)} = b^{(3)} = \tfrac{1}{2}$, so erhalten wir $D_{3d}^6 = C_{3i}^2 + [y + \tfrac{1}{2},\ x + \tfrac{1}{2},\ z + \tfrac{1}{2}]\, C_{3i}^2$.

§ 21. Die Bewegungsgruppen des hexagonalen Systems

1. $C_{3\delta}$ siehe Seite 126.

2. $C_{3i\delta}$ siehe Seite 129.

3. C_{3h} siehe Seite 129.

4. $C_{3v\delta} = C_{3\delta} + [\bar{y}, \bar{x}, z]\,C_{3\delta}$. Sei $A = [\bar{y},\, x-y,\, z]$ die Erzeugende von $C_{3\delta}$, $B = [\bar{y}, \bar{x}, z]$. $C_{3v\delta}$ entsteht aus der binären Klasse C_{3s} durch Hinzunahme der Identität. Zu C_{3s} gibt es nur die Null-Lösung (siehe S. 121). Wir haben daher nur noch die Verhältnisse auf der z-Achse zu untersuchen. Die Komponenten $a^{(1)}$, $a^{(2)}$, $b^{(1)}$ und $b^{(2)}$ können gleich Null genommen werden.

$$A B = B A^2$$

gibt die Vertauschungsrelation

$$A b + a \equiv B a_2 + b \quad (\text{mod } 1),$$

deren dritte Zeile lautet (siehe (I), Seite 114)

$$b^{(3)} + a^{(3)} \equiv 2\,a^{(3)} + b^{(3)} \quad (\text{mod } 1),$$

weshalb $\qquad\qquad\qquad\qquad a^{(3)} = 0.$

Aus $B^2 = E$ folgt ferner $2\,b^{(3)} \equiv 0$ (mod 1). Die dritten Zeilen von $(E - A)\,s$ und von $(E - B)\,s$ sind Null, und daher treten zwei Bewegungsgruppen auf:

$$C_{3v}^1 = C_3^1 + [\bar{y}, \bar{x}, z]\,C_3^1, \qquad C_{3v}^3 = C_3^1 + [\bar{y}, \bar{x}, z+\tfrac{1}{2}]\,C_3^1.$$

5. $C_{3v\varepsilon} = C_{3\delta} + [y, x, z]\,C_{3\delta}$. Wie bei $C_{3v\delta}$ zeigt man leicht, daß nur die beiden Lösungen auftreten

$$C_{3v}^2 = C_3^1 + [y, x, z]\,C_3^1, \qquad C_{3v}^4 = C_3^1 + [y, x, z+\tfrac{1}{2}]\,C_3^1.$$

6. $D_{3\delta} = C_{3\delta} + [y, x, \bar{z}]\,C_{3\delta}$. Sei $A = [\bar{y},\, x-y,\, z]$, $B = [y, x, \bar{z}]$. In der $x\,y$-Ebene haben wir die binäre Klasse C_{3v} zu der es nur die Null-Lösung gibt (siehe Seite 120). Um das Verhalten auf der z-Achse zu übersehen, leiten wir aus $A B = B A^2$ die Vertauschungsrelation her

$$A b + a \equiv B a_2 + b \quad (\text{mod } 1),$$

deren dritte Zeile lautet

$$3\,a^{(3)} \equiv 0 \quad (\text{mod } 1).$$

Da überdies $b^{(3)} = 2\,s_3$ stets lösbar ist, erhalten wir drei Bewegungsgruppen:

$$D_3^2 = C_3^1 + [y, x, \bar{z}]\,C_3^1, \quad D_3^4 = C_3^2 + [y, x, \bar{z}]\,C_3^2, \quad D_3^6 = C_3^3 + [y, x, \bar{z}]\,C_3^3.$$

Unterscheiden wir die beiden Windungssinne der Dreierachse nicht, so wird $D_3^4 = D_3^6$ (siehe $C_{3\delta}$).

7. $D_{3\varepsilon} = C_{3\delta} + [\bar{y}, \bar{x}, \bar{z}]\, C_{3\delta}$. Als Bewegungsgruppen treten wie bei $D_{3\delta}$ auf:

$$D_3^1 = C_3^1 + [\bar{y}, \bar{x}, \bar{z}]\, C_3^1, \qquad D_3^3 = C_3^2 + [\bar{y}, \bar{x}, \bar{z}]\, C_3^2, \qquad D_3^5 = C_3^3 + [\bar{y}, \bar{x}, \bar{z}]\, C_3^3.$$

Unterscheiden wir die beiden Windungssinne der Dreierachse nicht, so wird $D_3^3 = D_3^5$ (siehe $C_{3\delta}$).

8. $D_{3d\delta} = C_{3i\delta} + [\bar{y}, \bar{x}, z]\, C_{3i\delta}$. Sei $A = [y, y-x, \bar{z}]$ die Erzeugende von $C_{3i\delta}$, $B = [\bar{y}, \bar{x}, z]$. In der xy-Ebene haben wir die binäre Klasse C_{6v} vor uns, zu der es nur die Null-Lösung gibt (siehe Seite 121).

Wir brauchen von $a = (E - A)\, s$ und $b = (E - B)\, s$ nur die dritte Zeile zu untersuchen: Aus $B^2 = E$ folgt $2\, b^{(3)} \equiv 0 \pmod 1$. $a^{(3)} = 2\, s_3$ ist stets lösbar, während $b^{(3)} = 0$ für $b^{(3)} = \frac{1}{2}$ keine Lösung in s hat. Daher treten auf

$$D_{3d}^3 = C_{3i}^1 + [\bar{y}, \bar{x}, z]\, C_{3i}^1, \qquad D_{3d}^4 = C_{3i}^1 + [\bar{y}, \bar{x}, z + \tfrac{1}{2}]\, C_{3i}^1.$$

9. $D_{3d\varepsilon} = C_{3i\delta} + [y, x, z]\, C_{3i\delta}$. Analog wie bei $D_{3d\delta}$ findet man:

$$D_{3d}^1 = C_{3i}^1 + [y, x, z]\, C_{3i}^1, \qquad D_{3d}^2 = C_{3i}^1 + [y, x, z + \tfrac{1}{2}]\, C_{3i}^1.$$

In den folgenden vier Fällen verwenden wir für die Klassen nicht die auf Seite 93 angegebene Zerlegung, sondern eine für unsere Zwecke besser geeignete. Sie läßt sich aus jener leicht ablesen (vergl. auch die Tabelle auf Seite 71).

10. $D_{3h\delta} = C_{3v\varepsilon} + [x, y, \bar{z}]\, C_{3v\varepsilon}$. Sei $B = [x, y, \bar{z}]$. Für $C_{3v\varepsilon}$ haben wir auf Seite 132 zwei Lösungen gefunden, wobei über s_3 noch nicht verfügt ist. Setzen wir nun $b^{(3)} = 2\, s_3$, so sehen wir, daß nur die beiden folgenden Lösungen auftreten:

$$D_{3h}^3 = C_{3v}^2 + [x, y, \bar{z}]\, C_{3v}^2.$$

$$D_{3h}^4 = C_{3v}^4 + [x, y, \bar{z}]\, C_{3v}^4 = C_3^1 + [y, x, z + \tfrac{1}{2}]\, C_3^1 + [x, y, \bar{z}]\, C_3^1 + [y, x, \bar{z} + \tfrac{1}{2}]\, C_3^1.$$

Um zu zeigen, daß diese Darstellung mit der kristallographischen (siehe WYCKOFF, Seite 160)

$$D_3^2 + [x, y, \bar{z} + \tfrac{1}{2}]\, D_3^2 = C_3^1 + [y, x, \bar{z}]\, C_3^1 + [x, y, \bar{z} + \tfrac{1}{2}]\, C_3^1 + [y, x, z + \tfrac{1}{2}]\, C_3^1$$

äquivalent ist, bilden wir die Faktorgruppe $D_{3h\delta}/C_3$ und sehen aus untenstehender Tabelle, daß die beiden Lösungen mit $s_1 = s_2 = 0$, $s_3 = \frac{1}{4}$ ineinander übergehen. (Eine analoge Bemerkung gilt oben bei 8. und 9.)

$[y, x, \bar{z}]$			$[x, y, \bar{z}]$			$[y, x, z]$			
0	0	0	0	0	0	0	0	0	D_{3h}^3
0	0	$\frac{1}{2}$	0	0	0	0	0	$\frac{1}{2}$	unsere Darstellung von D_{3h}^4
0	0	0	0	0	$\frac{1}{2}$	0	0	$\frac{1}{2}$	kristallographische Darstellung von D_{3h}^4
		$2\, s_3$			$2\, s_3$			0	

11. $D_{3h\varepsilon} = C_{3v\delta} + [x, y, \bar{z}]\, C_{3v\delta}$. Wie bei $D_{3h\delta}$ sieht man, daß nur folgende beide Bewegungsgruppen auftreten:

$$D_{3h}^1 = C_{3v}^1 + [x, y, \bar{z}]\, C_{3v}^1, \qquad D_{3h}^2 = C_{3v}^3 + [x, y, \bar{z}]\, C_{3v}^3.$$

12. C_6 siehe Seite 126.

13. $C_{6v} = C_6 + [y, x, z]\, C_6$. Sei $A = [y, y-x, z]$ die Erzeugende von C_6 und $B = [y, x, z]$. Es ist $b^{(1)} \equiv b^{(2)}$, $2b^{(3)} \equiv 0$ (mod 1) (vergleiche die binäre Klasse C_{6v} auf Seite 121). Aus $AB = BA^5$ folgt die Vertauschungsrelation

$$A b + a \equiv B a_5 + b \quad \text{(mod 1)}$$

woraus nach leichter Rechnung

$$b^{(1)} \equiv a^{(1)} \quad \text{(mod 1)} \tag{1}$$

$$4a^{(3)} \equiv 0 \quad \text{(mod 1)}. \tag{2}$$

Wegen Nr. 5, Seite 126, kann $a^{(1)} = a^{(2)} = 0$ angenommen werden. Wegen (2) kommen von den sechs nach Nr. 5 möglichen Werten von $a^{(3)}$ nur die beiden $a^{(3)} = 0$ und $a^{(3)} = \frac{1}{2}$ in Betracht. $b^{(1)}$ und $b^{(2)}$ sind gleich $a^{(1)}$, und für $b^{(3)}$ gibt es wiederum zwei Werte 0 und $\frac{1}{2}$. Somit treten folgende vier Lösungen auf:

$$C_{6v}^1 = C_6^1 + [y, x, z]\, C_6^1, \qquad C_{6v}^3 = C_6^6 + [y, x, z]\, C_6^6,$$
$$C_{6v}^2 = C_6^1 + [y, x, z+\tfrac{1}{2}]\, C_6^1, \qquad C_{6v}^4 = C_6^6 + [y, x, z+\tfrac{1}{2}]\, C_6^6.$$

14. $C_{6h} = C_{3h} + [\bar{x}, \bar{y}, z]\, C_{3h}$. Sei $A = [\bar{y}, x-y, \bar{z}]$ die Erzeugende von C_{3h} und $B = [\bar{x}, \bar{y}, z]$. Aus $AB = BA$ erhalten wir die Vertauschungsrelation

$$A b + a \equiv B a + b \quad \text{(mod 1)},$$

in welcher wir nach Satz 37 $a = 0$ nehmen dürfen. Somit erhalten wir

$$b^{(1)} \equiv -b^{(2)} \ \text{(mod 1)}, \quad b^{(1)} \equiv 2b^{(2)} \ \text{(mod 1)}, \quad 2b^{(3)} \equiv 0 \ \text{(mod 1)}. \tag{3}$$

$$b \equiv (E-B)\, s \equiv \begin{pmatrix} 2s_1 \\ 2s_2 \\ 0 \end{pmatrix} \ \text{(mod 1)} \quad \text{und} \quad 0 \equiv (E-A)\, s \equiv \begin{pmatrix} s_1+s_2 \\ -s_1+2s_2 \\ 2s_3 \end{pmatrix} \ \text{(mod 1)} \ \text{sind}$$

mittels (3) für $b^{(3)} = 0$ mit $s_1 = \dfrac{b^{(1)}}{2}$, $s_2 = \dfrac{b^{(2)}}{2}$, $s_3 = 0$ erfüllt. Es gibt daher zwei Bewegungsgruppen:

$$C_{6h}^1 = C_{3h}^1 + [\bar{x}, \bar{y}, z]\, C_{3h}^1, \qquad C_{6h}^2 = C_{3h}^1 + [\bar{x}, \bar{y}, z+\tfrac{1}{2}]\, C_{3h}^1.$$

15. $D_6 = C_6 + [y, x, \bar{z}]\, C_6$. In der xy-Ebene haben wir die binäre Klasse C_{6v}, zu der es nur die Null-Lösung gibt. Für die dritte Komponente liefert die Vertauschungsrelation keine Bedingung, während $b^{(3)} = 2s_3$ stets lösbar ist. Daher treten die folgenden sechs Bewegungsgruppen auf:

$$D_6^1 = C_6^1 + [y, x, \bar{z}]\, C_6^1, \qquad\qquad D_6^4 = C_6^4 + [y, x, \bar{z}]\, C_6^4,$$
$$D_6^2 = C_6^2 + [y, x, \bar{z}]\, C_6^2, \qquad\qquad D_6^5 = C_6^5 + [y, x, \bar{z}]\, C_6^5,$$
$$D_6^3 = C_6^3 + [y, x, \bar{z}]\, C_6^3, \qquad\qquad D_6^6 = C_6^6 + [y, x, \bar{z}]\, C_6^6.$$

Unterscheiden wir verschiedenen Windungssinn der Sechserachse nicht, so werden $D_6^2 = D_6^3$, $D_6^4 = D_6^5$ (siehe C_6).

16. $D_{6h} = C_{6h} + [y, x, z]\, C_{6h} = C_{3i\delta} + [\bar{x}, \bar{y}, z]\, C_{3i\delta} + [y, x, z]\, C_{3i\delta} + [\bar{y}, \bar{x}, z]\, C_{3i\delta}$.
Sei $A = [y, y-x, \bar{z}]$ die Erzeugende von $C_{3i\delta}$ und $B = [\bar{x}\,\bar{y}, z]$, $C = [y, x, z]$, $BC = D = [\bar{y}, \bar{x}, z]$. Wir verallgemeinern unser Verfahren von Satz 36 und untersuchen die drei entsprechenden Vertauschungsrelationen: Aus $AB = BA$ folgt

$$Ab + a \equiv Ba + b \quad (\text{mod } 1).$$

Indem man nach Satz 37 $a = 0$ setzt, wird hieraus

$$b^{(1)} - b^{(2)} \equiv 0 \quad (\text{mod } 1), \qquad b^{(1)} \equiv 0 \quad (\text{mod } 1),$$

und somit
$$b^{(1)} = b^{(2)} = 0. \tag{4}$$

Aus $AC = CA^5$ folgt entsprechend

$$c^{(1)} = c^{(2)} = 0. \tag{5}$$

Aus $B^2 = C^2 = E$ folgt

$$2b^{(3)} \equiv 0 \quad (\text{mod } 1), \qquad 2c^{(3)} \equiv 0 \quad (\text{mod } 1). \tag{6}$$

Endlich folgt aus $D = BC$, daß

$$d = Bc + b$$

ist, somit
$$d^{(1)} = 0, \qquad d^{(2)} = 0, \qquad d^{(3)} = c^{(3)} + b^{(3)}. \tag{7}$$

Schließlich hat man nach Satz 33 die Äquivalenzbedingungen

$$a \equiv (E - A)\, s \quad (\text{mod } 1), \qquad b \equiv (E - B)\, s \quad (\text{mod } 1), \qquad c \equiv (E - C)\, s \quad (\text{mod } 1).$$

Damit zwei Lösungen äquivalent sind, muß ihre Differenz diese drei Bedingungen erfüllen. Man findet somit nach (4) bis (7) die folgenden vier inäquivalenten Lösungen:

$$D_{6h}^1 = C_{3i}^1 + [\bar{x}, \bar{y}, z]\, C_{3i}^1 + [y, x, z]\, C_{3i}^1 + [\bar{y}, \bar{x}, z]\, C_{3i}^1,$$
$$D_{6h}^2 = C_{3i}^1 + [\bar{x}, \bar{y}, z]\, C_{3i}^1 + [y, x, z+\tfrac{1}{2}]\, C_{3i}^1 + [\bar{y}, \bar{x}, z+\tfrac{1}{2}]\, C_{3i}^1,$$
$$D_{6h}^3 = C_{3i}^1 + [\bar{x}, \bar{y}, z+\tfrac{1}{2}]\, C_{3i}^1 + [y, x, z]\, C_{3i}^1 + [\bar{y}, \bar{x}, z+\tfrac{1}{2}]\, C_{3i}^1,$$
$$D_{6h}^4 = C_{3i}^1 + [\bar{x}, \bar{y}, z+\tfrac{1}{2}]\, C_{3i}^1 + [y, x, z+\tfrac{1}{2}]\, C_{3i}^1 + [\bar{y}, \bar{x}, z]\, C_{3i}^1.$$

Anmerkung: Bilden wir die Faktorgruppe $D_{6h}/C_{3i\delta} = C_{2v\delta}$, so müssen wegen $a = 0$ die Lösungen von $C_{2v\delta}$ auftreten (siehe Seite 140). Da in D_{6h} die Vertauschung $x \to -x$ nicht gestattet ist, so wird hier die dortige 2. und 3. Lösung nicht äquivalent, und es treten somit alle vier Lösungen der Faktorgruppe auf.

§ 22. Die Bewegungsgruppen des monoklinen Systems

1. $C_{s\alpha}$ siehe Seite 128.
2. $C_{s\beta}$ siehe Seite 127.
3. $C_{2\alpha}$ siehe Seite 126.
4. $C_{2\beta}$ siehe Seite 129.
5. $C_{2h\alpha} = C_{2\alpha} + [x, y, \bar{z}]\, C_{2\alpha}$.

Sei $A = [\bar{x}, \bar{y}, z]$ die Erzeugende von $C_{2\alpha}$ und $B = [x, y, \bar{z}]$.

$$a \equiv (E - A)\, s \equiv \begin{pmatrix} 2\,s_1 \\ 2\,s_2 \\ 0 \end{pmatrix} \pmod 1 \quad \text{und} \quad b \equiv (E - B)\, s \equiv \begin{pmatrix} 0 \\ 0 \\ 2\,s_3 \end{pmatrix} \pmod 1 \quad \text{ist für}$$

$a^{(3)} = b^{(1)} = b^{(2)} = 0$ in s lösbar. Da aus $A^2 = B^2 = E$ folgt $2a^{(3)} \equiv 2b^{(1)} \equiv$ $\equiv 2b^{(2)} \equiv 0 \pmod 1$, erhalten wir zunächst $2^3 = 8$ Lösungen. Da die Gruppe bei Vertauschung von x und y elementweise in sich übergeht, sind die Lösungen $b^{(1)} = 0$, $b^{(2)} = \frac{1}{2}$ und $b^{(1)} = \frac{1}{2}$, $b^{(2)} = 0$ äquivalent. Da man ferner die Winkelhalbierende als neue Achse einführen kann, gibt auch $b^{(1)} = b^{(2)} = \frac{1}{2}$ keine neue Lösung (siehe $C_{s\alpha}$, Seite 128). Wir erhalten daher die vier in der untenstehenden Tabelle angegebenen Lösungen.

	$[\bar{x}, \bar{y}, z]$			$[x, y, \bar{z}]$			$[\bar{x}, \bar{y}, \bar{z}]$			
1.	0	0	0	0	0	0	0	0	0	C_{2h}^1
2.	0	0	$\frac{1}{2}$	0	0	0	0	0	$\frac{1}{2}$	C_{2h}^2
3.	0	0	0	$\frac{1}{2}$	0	0	$\frac{1}{2}$	0	0	C_{2h}^4
4.	0	0	$\frac{1}{2}$	$\frac{1}{2}$	0	0	$\frac{1}{2}$	0	$\frac{1}{2}$	C_{2h}^5
	$2\,s_1$	$2\,s_2$	0	0	0	$2\,s_3$	$2\,s_1$	$2\,s_2$	$2\,s_3$	

6. $C_{2h\beta} = C_{2\beta} + [x, z, y]\, C_{2\beta}$.

Sei $A = [\bar{x}, \bar{z}, \bar{y}]$ die Erzeugende von $C_{2\beta}$ und $B = [x, z, y]$. Es ist

$$a^{(2)} \equiv a^{(3)} \pmod 1, \qquad b^{(2)} \equiv -b^{(3)} \pmod 1, \qquad 2\,b^{(1)} \equiv 0 \pmod 1. \tag{1}$$

Die Bedingungen

$$a \equiv (E - A)\, s \equiv \begin{pmatrix} 2\,s_1 \\ s_2 + s_3 \\ s_2 + s_3 \end{pmatrix} \pmod 1 \quad \text{und} \quad b \equiv (E - B)\, s \equiv \begin{pmatrix} 0 \\ s_2 - s_3 \\ -s_2 + s_3 \end{pmatrix} \pmod 1$$

sind wegen (1) im Falle $b^{(1)} = 0$ lösbar. Mit $b^{(1)} = \frac{1}{2}$ erhalten wir die zweite Lösung.

	$[\bar{x}, \bar{z}, \bar{y}]$			$[x, z, y]$			$[\bar{x}, \bar{y}, \bar{z}]$		
1.	0	0	0	0	0	0	0	0	0	C_{2h}^3
2.	0	0	0	$\frac{1}{2}$	0	0	$\frac{1}{2}$	0	0	C_{2h}^6

§ 23. Die Bewegungsgruppen des rhombischen Systems

1. $C_{2v\alpha} = C_{s\alpha} + [x, \bar{y}, z]\, C_{s\alpha}$, wobei $C_{s\alpha} = \{[x, y, z],\ [\bar{x}, y, z]\}$.

Seien $A = [\bar{x}, y, z]$ und $B = [x, \bar{y}, z]$.

Aus $A^2 = B^2 = E$ folgt $2\, a^{(2)} \equiv 2\, a^{(3)} \equiv 2\, b^{(1)} \equiv 2\, b^{(3)} \equiv 0 \pmod 1$.

1. Methode: Da
$$a \equiv (E - A)\, s \equiv \begin{pmatrix} 2\, s_1 \\ 0 \\ 0 \end{pmatrix} \pmod 1$$

durch $a^{(2)} = \frac{1}{2}$ und durch $a^{(3)} = \frac{1}{2}$ nicht erfüllt ist, da ebenso

$$b \equiv (E - B)\, s \equiv \begin{pmatrix} 0 \\ 2\, s_2 \\ 0 \end{pmatrix} \pmod 1$$

durch $b^{(1)} = \frac{1}{2}$ und durch $b^{(3)} = \frac{1}{2}$ nicht erfüllt ist, so haben wir $2^4 = 16$ Lösungen von $C_{2v\alpha}$, die durch keine Verschiebung s ineinander übergehen. Wir haben sie in unserer Tabelle mit 1 bis 16 numeriert. Unter den entsprechenden gestrichenen Zahlen 5′, 6′, 8′, 9′, 11′, 13′, 15′ sind jeweils die in der Kristallographie üblichen äquivalenten Lösungen angegeben.

Da die ternäre Klasse $C_{2v\alpha}$, analog wie die binäre Klasse C_{2v}, den Automorphismus $M = \begin{pmatrix} 0 & 1 & 0 \\ 1 & 0 & 0 \\ 0 & 0 & 1 \end{pmatrix} = M^{-1}$ zuläßt (siehe Seite 123), werden die folgenden Lösungen äquivalent: 2 und 3, 6 und 7, 9 und 10, 11 und 12, 13 und 14, 15 und 16 (vergleiche Satz 30), so daß wir zur Klasse $C_{2v\alpha}$ insgesamt zehn Bewegungsgruppen erhalten (siehe Tabelle auf Seite 138).

2. Methode: $C_{2v\alpha}$ entsteht aus der binären Klasse C_{2v} durch Hinzunahme der Identität. Zur binären Klasse C_{2v} haben wir die drei Lösungen C_{2v}^{I}, C_{2v}^{II}, C_{2v}^{III} (siehe Seite 122), die ternär C_{2v}^1, C_{2v}^8 und C_{2v}^4 genannt werden. In diesen kann in Richtung der z-Achse um $\frac{1}{2}$ verschoben werden:

a) in der durch $[x, \bar{y}, z]$ erzeugten Untergruppe,

b) in der durch $[\bar{x}, y, z]$ erzeugten Untergruppe,

c) in diesen beiden Untergruppen zugleich.

Dies ergibt zunächst je drei zusätzliche Bewegungsgruppen, von denen 2 und 3 einerseits, 6 und 7 andererseits mittels des Automorphismus M äquivalent werden.

Tabelle der Bewegungsgruppen zur Klasse $C_{2v\alpha}$

	$[\bar{x},\bar{y},z]$			$[x,\bar{y},z]$			$[\bar{x},y,z]$				
1.	0	0	0	0	0	0	0	0	0	C_{2v}^1	
2.	0	0	$\frac{1}{2}$	0	0	0	0	0	$\frac{1}{2}$		entstanden aus binär C_{2v}^{I}
3.	0	0	$\frac{1}{2}$	0	0	$\frac{1}{2}$	0	0	0	C_{2v}^2	
4.	0	0	0	0	0	$\frac{1}{2}$	0	0	$\frac{1}{2}$	C_{2v}^3	
5.	$\frac{1}{2}$	$\frac{1}{2}$	0	$\frac{1}{2}$	0	0	0	$\frac{1}{2}$	0	C_{2v}^8	
5′.	0	0	0	$\frac{1}{2}$	$\frac{1}{2}$	0	$\frac{1}{2}$	$\frac{1}{2}$	0		
6.	$\frac{1}{2}$	$\frac{1}{2}$	$\frac{1}{2}$	$\frac{1}{2}$	0	0	0	$\frac{1}{2}$	$\frac{1}{2}$	C_{2v}^9	entstanden aus binär C_{2v}^{II}
6′.	0	0	$\frac{1}{2}$	$\frac{1}{2}$	$\frac{1}{2}$	0	$\frac{1}{2}$	$\frac{1}{2}$	$\frac{1}{2}$		
7.	$\frac{1}{2}$	$\frac{1}{2}$	$\frac{1}{2}$	$\frac{1}{2}$	0	$\frac{1}{2}$	0	$\frac{1}{2}$	0		
8.	$\frac{1}{2}$	$\frac{1}{2}$	0	$\frac{1}{2}$	0	$\frac{1}{2}$	0	$\frac{1}{2}$	$\frac{1}{2}$	C_{2v}^{10}	
8′.	0	0	0	$\frac{1}{2}$	$\frac{1}{2}$	$\frac{1}{2}$	$\frac{1}{2}$	$\frac{1}{2}$	$\frac{1}{2}$		
9.	$\frac{1}{2}$	0	0	$\frac{1}{2}$	0	0	0	0	0	C_{2v}^4	
9′.	0	0	0	$\frac{1}{2}$	0	0	$\frac{1}{2}$	0	0		
10.	0	$\frac{1}{2}$	0	0	0	0	0	$\frac{1}{2}$	0		
11.	$\frac{1}{2}$	0	$\frac{1}{2}$	$\frac{1}{2}$	0	0	0	0	$\frac{1}{2}$	C_{2v}^5	entstanden aus binär C_{2v}^{III}
11′.	0	0	$\frac{1}{2}$	$\frac{1}{2}$	0	0	$\frac{1}{2}$	0	$\frac{1}{2}$		
12.	0	$\frac{1}{2}$	$\frac{1}{2}$	0	0	$\frac{1}{2}$	0	$\frac{1}{2}$	0		
13.	$\frac{1}{2}$	0	0	$\frac{1}{2}$	0	$\frac{1}{2}$	0	0	$\frac{1}{2}$	C_{2v}^6	
13′.	0	0	0	$\frac{1}{2}$	0	$\frac{1}{2}$	$\frac{1}{2}$	0	$\frac{1}{2}$		
14.	0	$\frac{1}{2}$	0	0	0	$\frac{1}{2}$	0	$\frac{1}{2}$	$\frac{1}{2}$		
15.	$\frac{1}{2}$	0	$\frac{1}{2}$	$\frac{1}{2}$	0	$\frac{1}{2}$	0	0	0	C_{2v}^7	
15′.	0	0	$\frac{1}{2}$	$\frac{1}{2}$	0	$\frac{1}{2}$	$\frac{1}{2}$	0	0		
16.	0	$\frac{1}{2}$	$\frac{1}{2}$	0	0	0	0	$\frac{1}{2}$	$\frac{1}{2}$		
	$2s_1$	$2s_2$	0	0	$2s_2$	0	$2s_1$	0	0		

2. $C_{2v\beta} = \{[x, y, z], [y, x, \bar{x}-y-z], [\bar{z}, x+y+z, \bar{x}], [x+y+z, \bar{z}, \bar{y}]\}$.

Setzen wir entsprechend wie bei $C_{2v\alpha}$: $A = [x+y+z, \bar{z}, \bar{y}]$, $B = [\bar{z}, x+y+z, \bar{x}]$. Aus $(A, a)^2 = (E, 0)$ folgt

$$2a^{(1)} + a^{(2)} + a^{(3)} \equiv 0 \quad (\text{mod } 1), \qquad -a^{(2)} + a^{(3)} \equiv 0 \quad (\text{mod } 1)$$

und daher $\qquad\qquad a^{(1)} + a^{(3)} = h_1, \quad h_1 = \begin{Bmatrix} 0 \\ \tfrac{1}{2} \end{Bmatrix}$.

Ebenso folgt aus $B^2 = E$

$$b^{(1)} \equiv b^{(3)} \quad (\text{mod } 1) \qquad \text{und} \qquad 2b^{(2)} + 2b^{(3)} \equiv 0 \quad (\text{mod } 1)$$

und somit $\qquad\qquad b^{(2)} + b^{(3)} = h_2, \quad h_2 = \begin{Bmatrix} 0 \\ \tfrac{1}{2} \end{Bmatrix}$.

Aus $AB = BA$ folgt die Vertauschungsrelation

$$a^{(1)} + a^{(3)} \equiv b^{(2)} + b^{(3)} \quad (\text{mod } 1)$$

und daher $\qquad\qquad h_1 = h_2 = h = \begin{Bmatrix} 0 \\ \tfrac{1}{2} \end{Bmatrix}$.

Wegen der obigen Gleichungen ist mit $h = 0$ lösbar:

$$a \equiv (E - A)\,s \equiv \begin{pmatrix} -s_2 - s_3 \\ s_2 + s_3 \\ s_2 + s_3 \end{pmatrix} (\text{mod } 1) \quad \text{und} \quad b \equiv (E - B)\,s \equiv \begin{pmatrix} s_1 + s_3 \\ -s_1 - s_3 \\ s_1 + s_3 \end{pmatrix} (\text{mod } 1).$$

Für $h = \tfrac{1}{2}$ erhalten wir die zweite Lösung.

Unter 3 haben wir die übliche kristallographische Form von C_{2v}^{19} angegeben, sie geht für $s_1 = s_2 = 0$, $s_3 = -\tfrac{1}{4}$ in die zweite Lösung über (siehe $D_{2h\beta}$).

	$[y, x, \bar{x}-y-z]$			$[\bar{z}, x+y+z, \bar{x}]$			$[x+y+z, \bar{z}, \bar{y}]$			
1.	0	0	0	0	0	0	0	0	0	C_{2v}^{18}
2.	0	0	$\tfrac{1}{2}$	0	$\tfrac{1}{2}$	0	$\tfrac{1}{2}$	0	0	unsere Lösung von C_{2v}^{19}
3.	0	0	0	$\tfrac{1}{4}$	$\tfrac{1}{4}$	$\tfrac{1}{4}$	$\tfrac{1}{4}$	$\tfrac{1}{4}$	$\tfrac{1}{4}$	kristallographische Lösung von C_{2v}^{19}
	$s_1 - s_2$	$-s_1 + s_2$	$s_1 + s_2 + 2s_3$	$s_1 + s_3$	$-(s_1 + s_3)$	$s_1 + s_3$	$-(s_2 + s_3)$	$s_2 + s_3$	$s_2 + s_3$	

140   III. Kapitel: Die Bewegungsgruppen

3. $C_{2v\gamma} = \{[x, y, z], [y-z, x-z, \bar{z}], [y-z, y, y-x], [x, x-z, x-y]\}$.

Untersuchen wir zuerst die durch $A = [x, x-z, x-y]$ erzeugte Untergruppe!
Aus $(A, a)^2 = (E, 0)$ folgt

$$2\,a^{(1)} \equiv 0 \quad (\mathrm{mod}\ 1), \qquad a^{(1)} - a^{(2)} + a^{(3)} \equiv 0 \quad (\mathrm{mod}\ 1).$$

Ebenso folgt aus $B^2 = E$ mit $B = [y-z, y, y-x]$

$$2\,b^{(2)} \equiv 0 \quad (\mathrm{mod}\ 1), \qquad -b^{(1)} + b^{(2)} + b^{(3)} \equiv 0 \quad (\mathrm{mod}\ 1).$$

Die Vertauschungsrelation gibt keine neue Bedingung.

Mit $a^{(1)} = 0$ und $b^{(2)} = 0$ ist wegen obigen Beziehungen

$$a \equiv (E-A)\,s \equiv \begin{pmatrix} 0 \\ -s_1 + s_2 + s_3 \\ -s_1 + s_2 + s_3 \end{pmatrix} (\mathrm{mod}\ 1) \quad \text{und} \quad b \equiv (E-B)\,s \equiv \begin{pmatrix} s_1 - s_2 + s_3 \\ 0 \\ s_1 - s_2 + s_3 \end{pmatrix} (\mathrm{mod}\ 1)$$

lösbar. Daher treten zunächst vier Lösungen auf:

	$[y-z,\ x-z,\ \bar{z}]$			$[y-z,\ y,\ y-x]$			$[x,\ x-z,\ x-y]$			
1.	0	0	0	0	0	0	0	0	0	C_{2v}^{20}
2.	$\frac{1}{2}$	$\frac{1}{2}$	0	0	0	0	$\frac{1}{2}$	$\frac{1}{2}$	0	$\left.\rule{0pt}{3em}\right\}C_{2v}^{21}$
3.	0	0	0	$\frac{1}{2}$	$\frac{1}{2}$	0	$\frac{1}{2}$	$\frac{1}{2}$	0	
4.	0	0	0	0	$\frac{1}{2}$	$\frac{1}{2}$	0	$\frac{1}{2}$	$\frac{1}{2}$	C_{2v}^{22}
	$s_1-s_2+s_3$	$-s_1+s_2+s_3$	$2s_2$	$s_1-s_2+s_3$	0	$s_1-s_2+s_3$	0	$-s_1+s_2+s_3$	$-s_1+s_2+s_3$	

Vertauscht man x mit y, transformiert also mit der Matrix $M = \begin{pmatrix} 0 & 1 & 0 \\ 1 & 0 & 0 \\ 0 & 0 & 1 \end{pmatrix}$,
so werden A und B miteinander vertauscht, während $A\,B$ in sich übergeht.
Hierdurch wird die zweite mit der dritten Lösung nach Satz 29, Gleichung (1),
äquivalent, wenn man $s_1 = -\frac{1}{8}$, $s_2 = \frac{1}{8}$, $s_3 = \frac{1}{4}$ setzt.

4. $C_{2v\delta} = \{[x, y, z], [\bar{x}, \bar{y}, z], [y, x, z], [\bar{y}, \bar{x}, z]\}$ entsteht aus der binären
Klasse C_{2k} durch Hinzunahme der Identität. Daher gibt es zunächst die vier
in der nachstehenden Tabelle angegebenen Lösungen. Vertauscht man x mit
$-x$, transformiert also mit $\begin{pmatrix} -1 & 0 & 0 \\ 0 & 1 & 0 \\ 0 & 0 & 1 \end{pmatrix}$, so geht $[\bar{x}, \bar{y}, z]$ in sich über, während die beiden anderen Elemente sich miteinander vertauschen, daher ist
die 2. mit der 3. Lösung äquivalent. In der Kristallographie wird für C_{2v}^{12}
die zweite Form angegeben.

	$[\bar{x}, \bar{y}, z]$			$[y, x, z]$			$[\bar{y}, \bar{x}, z]$			
1.	0	0	0	0	0	0	0	0	0	C_{2v}^{11}
2.	0	0	$\frac{1}{2}$	0	0	0	0	0	$\frac{1}{2}$	$\left.\rule{0pt}{16pt}\right\}\,C_{2v}^{12}$
3.	0	0	$\frac{1}{2}$	0	0	$\frac{1}{2}$	0	0	0	
4.	0	0	0	0	0	$\frac{1}{2}$	0	0	$\frac{1}{2}$	C_{2v}^{13}
	$2s_1$	$2s_2$	0	$s_1 - s_2$	$-s_1 + s_2$	0	$s_1 + s_2$	$s_1 + s_2$	0	

5. $C_{2v\varepsilon} = C_{2\beta} + [x, \bar{z}, \bar{y}]\, C_{2\beta}.$

Sei $A = [\bar{x}, \bar{z}, \bar{y}]$ die Erzeugende von $C_{2\beta}$ (siehe Seite 129) und $B = [x, \bar{z}, \bar{y}]$. Dann ist $a^{(2)} \equiv a^{(3)}$, $b^{(2)} \equiv b^{(3)}$, $2b^{(1)} \equiv 0$ (mod 1). Aus $AB = BA$ folgt die Vertauschungsrelation $Ab + a \equiv Ba + b$ (mod 1), woraus

$$a^{(2)} + a^{(3)} \equiv b^{(2)} + b^{(3)} \qquad (\text{mod } 1). \tag{1}$$

Die Bedingungen

$$a \equiv (E - A)\,s \equiv \begin{pmatrix} 2s_1 \\ s_3 + s_2 \\ s_3 + s_2 \end{pmatrix} \ (\text{mod } 1) \quad \text{und} \quad b \equiv (E - B)\,s \equiv \begin{pmatrix} 0 \\ s_3 + s_2 \\ s_3 + s_2 \end{pmatrix} \ (\text{mod } 1)$$

haben eine gemeinsame Lösung für $b^{(1)} = 0$, $a^{(2)} = b^{(2)}$, $a^{(3)} = b^{(3)}$. Somit gibt es unter Berücksichtigung von (1) die vier Bewegungsgruppen unserer Tabelle:

	$[\bar{x}, \bar{z}, \bar{y}]$			$[x, \bar{z}, \bar{y}]$			$[\bar{x}, y, z]$			
1.	0	0	0	0	0	0	0	0	0	C_{2v}^{14}
2.	0	0	0	0	$\frac{1}{2}$	$\frac{1}{2}$	0	$\frac{1}{2}$	$\frac{1}{2}$	C_{2v}^{15}
3.	0	0	0	$\frac{1}{2}$	0	0	$\frac{1}{2}$	0	0	C_{2v}^{16}
4.	0	0	0	$\frac{1}{2}$	$\frac{1}{2}$	$\frac{1}{2}$	$\frac{1}{2}$	$\frac{1}{2}$	$\frac{1}{2}$	C_{2v}^{17}

6. $D_{2\alpha}$. Die Vierergruppe besitzt die Untergruppe $C_{2\alpha}$ in den drei Darstellungen, die durch $[x, \bar{y}, \bar{z}]$, $[\bar{x}, y, \bar{z}]$ und $[\bar{x}, \bar{y}, z]$ erzeugt werden. Diese gehen durch eine zyklische Vertauschung der drei Koordinaten ineinander über. Es ist daher gleichgültig, ob man eine bestimmte Verschiebung in der einen oder in der anderen Untergruppe vornimmt. Somit treten folgende vier Bewegungsgruppen auf:

D_2^1: Null-Lösung.

D_2^2: In einer der drei Untergruppen tritt die Verschiebung um $\frac{1}{2}$ auf.

D_2^3: In zweien der drei Untergruppen tritt die Verschiebung um $\frac{1}{2}$ auf.

D_2^4: In allen drei Untergruppen tritt die Verschiebung um $\frac{1}{2}$ auf.

	$[x,\ \bar{y},\ \bar{z}]$			$[\bar{x},\ y,\ \bar{z}]$			$[\bar{x},\ \bar{y},\ z]$			
1.	0	0	0	0	0	0	0	0	0	D_2^1
2.	0	0	0	0	0	$\frac{1}{2}$	0	0	$\frac{1}{2}$	D_2^2
3.	$\frac{1}{2}$	$\frac{1}{2}$	0	$\frac{1}{2}$	$\frac{1}{2}$	0	0	0	0	D_2^3
4.	$\frac{1}{2}$	$\frac{1}{2}$	0	0	$\frac{1}{2}$	$\frac{1}{2}$	$\frac{1}{2}$	0	$\frac{1}{2}$	D_2^4
	0	$2\,s_2$	$2\,s_3$	$2\,s_1$	0	$2\,s_3$	$2\,s_1$	$2\,s_2$	0	

Etwas ausführlicher gestaltet sich die Herleitung folgendermaßen:

Seien $A = [\bar{x},\ \bar{y},\ z]$, $B = [\bar{x},\ y,\ \bar{z}]$, dann gilt

$$2\,a^{(3)} \equiv 2\,b^{(2)} \equiv 0 \quad (\mathrm{mod}\ 1).$$

Aus $AB = BA$ folgt mittels der Vertauschungsrelation

$$2\,b^{(1)} \equiv 2\,a^{(1)} \quad (\mathrm{mod}\ 1)$$

somit $\qquad\qquad b^{(1)} = a^{(1)} + h, \qquad h = \begin{cases} 0 \\ \frac{1}{2} \end{cases}.$

Setzen wir $a^{(3)} = b^{(2)} = h = 0$, so sind

$$a \equiv (E - A)\,s \equiv \begin{pmatrix} 2\,s_1 \\ 2\,s_2 \\ 0 \end{pmatrix} \ (\mathrm{mod}\ 1) \qquad \text{und} \qquad b \equiv (E - B)\,s \equiv \begin{pmatrix} 2\,s_1 \\ 0 \\ 2\,s_3 \end{pmatrix} \ (\mathrm{mod}\ 1)$$

lösbar. Somit gibt es $2^3 = 8$ Lösungen. Von diesen sind aber, wie man auf Grund der anfangs durchgeführten Überlegungen unmittelbar erkennt, je zwei äquivalent.

7. $D_{2\beta} = \{[x,\ y,\ z],\ [\bar{x}-y-z,\ z,\ y],\ \lfloor z,\ \bar{x}-y-z,\ x],\ [y,\ x,\ \bar{x}-y-z]\}$.

Untersuchen wir die durch $A = [y,\ x,\ \bar{x}-y-z]$ erzeugte Untergruppe! Aus $(A, a)^2 = (E, 0)$ folgt

$$a^{(1)} + a^{(2)} \equiv 0 \quad (\mathrm{mod}\ 1). \tag{1}$$

Ebenso folgt aus $(B, b)^2 = (E, 0)$, $B = [z,\ \bar{x}-y-z,\ x]$

$$b^{(1)} + b^{(3)} \equiv 0 \quad (\mathrm{mod}\ 1). \tag{2}$$

$AB = BA$ liefert die Vertauschungsrelation

$$A\,b + a \equiv B\,a + b \quad (\mathrm{mod}\ 1),$$

deren erste Zeile lautet

$$a^{(1)} - a^{(3)} \equiv b^{(1)} - b^{(2)} \quad (\text{mod } 1). \tag{3}$$

Wir behaupten, daß

$$a \equiv (E - A)\, s \equiv \begin{pmatrix} s_1 - s_2 \\ -s_1 + s_2 \\ s_1 + s_2 + 2\,s_3 \end{pmatrix} \quad (\text{mod } 1) \tag{4}$$

und

$$b \equiv (E - B)\, s \equiv \begin{pmatrix} s_1 - s_3 \\ s_1 + 2\,s_2 + s_3 \\ -s_1 + s_3 \end{pmatrix} \quad (\text{mod } 1) \tag{5}$$

stets eine gemeinsame Lösung in s besitzen, daß es folglich zu $D_{2\beta}$ nur die Null-Lösung gibt.

Setzen wir zum Beweis aus (4) und (5)

$$\begin{aligned} a^{(1)} &= s_1 - s_2 \\ b^{(1)} &= s_1 \qquad - s_3 \\ a^{(3)} &= s_1 + s_2 + 2\,s_3, \end{aligned} \tag{6}$$

so ist hierdurch s bestimmt, denn die Determinante der rechten Seite ist von Null verschieden. Nehmen wir aus (1), (2) und (3)

$$\begin{aligned} a^{(2)} &= -\, a^{(1)} \\ b^{(3)} &= -\, b^{(1)} \\ b^{(2)} &= b^{(1)} - a^{(1)} + a^{(3)} \end{aligned}$$

und setzen hierin die Werte von (6) ein, so sehen wir leicht, daß damit auch die übrigen Gleichungen (4) und (5) erfüllt sind. Somit gibt es zu $D_{2\beta}$ nur die Null-Lösung, die D_2^7 heißt.

8. $D_{2\gamma} = \{[x, y, z],\ [\bar{x}, z-x, y-x],\ [z-y, \bar{y}, x-y],\ [y-z, x-z, \bar{z}]\}$.

Setzt man $A = [\bar{x}, z-x, y-x]$ und $B = [z-y, \bar{y}, x-y]$, so folgt aus $A^2 = B^2 = E$

$$-a^{(1)} + a^{(2)} + a^{(3)} \equiv 0 \ (\text{mod } 1), \qquad b^{(1)} - b^{(2)} + b^{(3)} \equiv 0 \ (\text{mod } 1). \tag{1}$$

Aus $AB = BA$ folgt ferner

$$2\,b^{(1)} \equiv a^{(1)} + a^{(2)} - a^{(3)} \quad (\text{mod } 1). \tag{2}$$

Nach Satz 37 kann $a = 0$ genommen werden. Die Bedingungen $a \equiv (E - A)\, s$ (mod 1) und $b \equiv (E - B)\, s$ (mod 1) ergeben

$$0 \equiv \begin{pmatrix} 2\,s_1 \\ s_1 + s_2 - s_3 \\ s_1 - s_2 + s_3 \end{pmatrix} \ (\text{mod } 1), \qquad b \equiv \begin{pmatrix} s_1 + s_2 - s_3 \\ 2\,s_2 \\ -s_1 + s_2 + s_3 \end{pmatrix} \ (\text{mod } 1).$$

144   III. Kapitel: Die Bewegungsgruppen

Im Fall $b^{(1)} = 0$ haben diese Gleichungen die Lösung $s_1 = 0$, $s_2 = s_3 = \frac{1}{2}\, b^{(2)}$. Der Fall $b^{(1)} = \frac{1}{2}$ ergibt die zweite Lösung unserer Tabelle. (Je zwei Lösungen mit $b^{(1)} = \frac{1}{2}$ sind äquivalent, weil für ihre Differenz $b^{(1)} = 0$ gilt.) Unter 2′ haben wir die in der Kristallographie übliche Form von D_2^9 angegeben, sie geht in 2 über mit $s_1 = s_2 = \frac{1}{4}$, $s_3 = 0$.

	$[\bar{x},\, z-x,\, y-x]$			$[z-y,\, \bar{y},\, x-y]$			$[y-z,\, x-z,\, \bar{z}]$			
1.	0	0	0	0	0	0	0	0	0	D_2^8
2.	0	0	0	$\frac{1}{2}$	0	$\frac{1}{2}$	$\frac{1}{2}$	0	$\frac{1}{2}$	$\Big\}\,D_2^9$
2′.	$\frac{1}{2}$	$\frac{1}{2}$	0	0	$\frac{1}{2}$	$\frac{1}{2}$	$\frac{1}{2}$	0	$\frac{1}{2}$	
	$2s_1$	$s_1+s_2-s_3$	$s_1-s_2+s_3$	$s_1+s_2-s_3$	$2s_2$	$-s_1+s_2+s_3$	$s_1-s_2+s_3$	$-s_1+s_2+s_3$	$2s_3$	

9. $D_{2\delta} = \{[x, y, z],\ [y, x, \bar{z}],\ [\bar{y}, \bar{x}, \bar{z}],\ [\bar{x}, \bar{y}, z]\}$.

Setzt man $A = [y, x, \bar{z}]$, $B = [\bar{x}, \bar{y}, z]$, so darf wegen Satz 37 $a = 0$ genommen werden. Aus $B^2 = E$ und aus $AB = BA$ folgen

$$2\, b^{(3)} \equiv 0 \quad (\mathrm{mod}\ 1) \qquad \text{und} \qquad b^{(1)} \equiv b^{(2)} \quad (\mathrm{mod}\ 1).$$

$$0 \equiv (E-A)\, s \equiv \begin{pmatrix} s_1-s_2 \\ -s_1+s_2 \\ 2s_3 \end{pmatrix} \ (\mathrm{mod}\ 1) \qquad \text{und} \qquad b \equiv (E-B)\, s \equiv \begin{pmatrix} 2s_1 \\ 2s_2 \\ 0 \end{pmatrix} \ (\mathrm{mod}\ 1)$$

haben daher im Falle $b^{(3)} = 0$ die Lösung $s_1 = s_2 = \dfrac{b^{(1)}}{2}$, $s_3 = b^{(3)}$, im Falle $b^{(3)} = \frac{1}{2}$ aber keine Lösung. Daher treten die beiden Bewegungsgruppen unserer Tabelle auf:

	$[y,\, x,\, \bar{z}]$			$[\bar{y},\, \bar{x},\, \bar{z}]$			$[\bar{x},\, \bar{y},\, z]$			
1.	0	0	0	0	0	0	0	0	0	D_2^6
2.	0	0	0	0	0	$\frac{1}{2}$	0	0	$\frac{1}{2}$	D_2^5
	s_1-s_2	$-s_1+s_2$	$2s_3$	s_1+s_2	s_1+s_2	$2s_3$	$2s_1$	$2s_2$	0	

10. $D_{2h\alpha} = D_{2\alpha} + [\bar{x}, \bar{y}, \bar{z}]\, D_{2\alpha}$.

Wir leiten die zugehörigen Bewegungsgruppen aus denjenigen der Untergruppe $D_{2\alpha}$ her. Durch $D_{2\alpha}$ sind die Werte von $2s_1$, $2s_2$, $2s_3$ festgelegt. Aus den Vertauschungsrelationen folgt ferner leicht, daß die Verschiebungen von $[\bar{x}, \bar{y}, \bar{z}]$ nur die Werte 0 und $\frac{1}{2}$ annehmen können.

a) Sei D_2^1 Untergruppe. In D_2^1 können x, y und z zyklisch vertauscht werden, daher erhalten wir alle vier Lösungen, indem wir in keiner, einer, zwei oder allen drei Richtungen von $[\bar{x}, \bar{y}, \bar{z}]$ um $\frac{1}{2}$ verschieben:

$$D_{2h}^1 = D_2^1 + [\bar{x}, \bar{y}, \bar{z}] \, D_2^1,$$
$$D_{2h}^2 = D_2^1 + [\bar{x}+\tfrac{1}{2}, \bar{y}+\tfrac{1}{2}, \bar{z}+\tfrac{1}{2}] \, D_2^1,$$
$$D_{2h}^3 = D_2^1 + [\bar{x}, \bar{y}, \bar{z}+\tfrac{1}{2}] \, D_2^1,$$
$$D_{2h}^4 = D_2^1 + [\bar{x}+\tfrac{1}{2}, \bar{y}+\tfrac{1}{2}, \bar{z}] \, D_2^1.$$

b) D_2^2 geht bei Vertauschung von y und z in sich über, daher brauchen wir in der z-Richtung nicht zu verschieben und erhalten:

$$D_{2h}^5 = D_2^2 + [\bar{x}, \bar{y}, \bar{z}] \, D_2^2,$$
$$D_{2h}^6 = D_2^2 + [\bar{x}+\tfrac{1}{2}, \bar{y}+\tfrac{1}{2}, \bar{z}] \, D_2^2 \qquad \text{(WYCKOFF, Seite 61)},$$
$$\phantom{D_{2h}^6} = D_2^2 + [\bar{x}+\tfrac{1}{2}, \bar{y}+\tfrac{1}{2}, \bar{z}+\tfrac{1}{2}] \, D_2^2 \qquad \text{(WYCKOFF, Seite 35)}.$$
$$D_{2h}^7 = D_2^2 + [\bar{x}+\tfrac{1}{2}, \bar{y}, \bar{z}] \, D_2^2,$$
$$D_{2h}^8 = D_2^2 + [\bar{x}, \bar{y}+\tfrac{1}{2}, \bar{z}] \, D_2^2.$$

c) D_2^3 geht bei Vertauschung von x und y in sich über und wir erhalten daher:

$$D_{2h}^9 = D_2^3 + [\bar{x}, \bar{y}, \bar{z}] \, D_2^3,$$
$$D_{2h}^{10} = D_2^3 + [\bar{x}+\tfrac{1}{2}, \bar{y}+\tfrac{1}{2}, \bar{z}+\tfrac{1}{2}] \, D_2^3,$$
$$D_{2h}^{11} = D_2^3 + [\bar{x}, \bar{y}+\tfrac{1}{2}, \bar{z}] \, D_2^3 = D_2^3 + [\bar{x}+\tfrac{1}{2}, \bar{y}, \bar{z}] \, D_2^3,$$
$$D_{2h}^{12} = D_2^3 + [\bar{x}, \bar{y}, \bar{z}+\tfrac{1}{2}] \, D_2^3,$$
$$D_{2h}^{13} = D_2^3 + [\bar{x}+\tfrac{1}{2}, \bar{y}+\tfrac{1}{2}, \bar{z}] \, D_2^3,$$
$$D_{2h}^{14} = D_2^3 + [\bar{x}+\tfrac{1}{2}, \bar{y}, \bar{z}+\tfrac{1}{2}] \, D_2^3 \qquad \text{(WYCKOFF, Seite 64)},$$
$$\phantom{D_{2h}^{14}} = D_2^3 + [\bar{x}, \bar{y}+\tfrac{1}{2}, \bar{z}+\tfrac{1}{2}] \, D_2^3 \qquad \text{(WYCKOFF, Seite 35)}.$$

d) D_2^4: verschiebt man in $[\bar{x}, \bar{y}, \bar{z}]$ in keiner oder in allen drei Richtungen, so erhält man zwei äquivalente Lösungen mit $2\,s_1 = 2\,s_2 = 2\,s_3 = \frac{1}{2}$, indem man gleichzeitig x, y und z zyklisch vertauscht:

$$D_{2h}^{15} = D_2^4 + [\bar{x}, \bar{y}, \bar{z}] \, D_2^4 = D_2^4 + [\bar{x}+\tfrac{1}{2}, \bar{y}+\tfrac{1}{2}, \bar{z}+\tfrac{1}{2}] \, D_2^4.$$

Jetzt kann man noch in einer und in zwei Richtungen verschieben. Diese Lösungen sind äquivalent, weil D_2^4 auch bei Vertauschung zweier Variablen in eine äquivalente Lösung übergeht; wir geben die kristallographische Form an:

$$D_{2h}^{16} = D_2^4 + [\bar{x}+\tfrac{1}{2}, \bar{y}+\tfrac{1}{2}, \bar{z}] \, D_2^4.$$

11. $D_{2h\beta} = C_{2v\beta} + [\bar{x}, \bar{y}, \bar{z}] \, C_{2v\beta}$.

Setzen wir $I = [\bar{x}, \bar{y}, \bar{z}]$, so folgt aus Satz 37, daß wir $i = 0$ nehmen dürfen. Es treten daher nur die beiden inäquivalenten Lösungen von $C_{2v\beta}$ auf (siehe Seite 139):

	$[y,\,x,\,\bar{x}{-}y{-}z]$	$[\bar{z},\,x{+}y{+}z,\,\bar{x}]$	$[x{+}y{+}z,\,\bar{z},\,\bar{y}]$	$[\bar{x},\,\bar{y},\,\bar{z}]$	$[\bar{y},\,\bar{x},\,x{+}y{+}z]$	$[z,\,\bar{x}{-}y{-}z,\,x]$	$[\bar{x}{-}y{-}z,\,z,\,y]$	
1.	0 0 0	0 0 0	0 0 0	0 0 0	0 0 0	0 0 0	0 0 0	D_{2h}^{23}
2.	0 0 $\tfrac{1}{2}$	0 $\tfrac{1}{2}$ 0	$\tfrac{1}{2}$ 0 0	0 0 0	0 0 $\tfrac{1}{2}$	0 $\tfrac{1}{2}$ 0	$\tfrac{1}{2}$ 0 0	$\left.\vphantom{\begin{matrix}a\\a\end{matrix}}\right\}D_{2h}^{24}$
3.	0 0 0	$\tfrac{1}{4}$ $\tfrac{1}{4}$ $\tfrac{1}{4}$	$\tfrac{1}{4}$ $\tfrac{1}{4}$ $\tfrac{1}{4}$	$\tfrac{1}{4}$ $\tfrac{1}{4}$ $\tfrac{1}{4}$	$\tfrac{1}{4}$ $\tfrac{1}{4}$ $\tfrac{1}{4}$	0 0 0	0 0 0	
	$s_1{-}s_2$, $-s_1{+}s_2$, $s_1{+}s_2{+}2s_3$	$s_1{+}s_3$, $-s_1{-}s_3$, $s_1{+}s_3$	$-s_2{-}s_3$, $s_2{+}s_3$, $s_2{+}s_3$	$2s_1$, $2s_2$, $2s_3$	$s_1{+}s_2$, $s_1{+}s_2$, $-s_1{-}s_2$	$s_1{-}s_3$, $s_1{+}2s_2{+}s_3$, $-s_1{+}s_3$	$2s_1{+}s_2{+}s_3$, $s_2{-}s_3$, $-s_2{+}s_3$	

Unter 3 haben wir die kristallographische Form von D_{2h}^{24} angegeben; sie ist mit 2 äquivalent mittels $s_1 = s_2 = s_3 = -\tfrac{1}{8}$.

12. $D_{2h\gamma} = D_{2\gamma} + [\bar{x},\,\bar{y},\,\bar{z}]\,D_{2\gamma}$.

Sei $A = [\bar{x},\,z-x,\,y-x]$ und $I = [\bar{x},\,\bar{y},\,\bar{z}]$. Nach Satz 37 darf wiederum $i = 0$ gesetzt werden. Aus $A^2 = E$ und $AI = IA$ folgen

$$-a^{(1)} + a^{(2)} + a^{(3)} \equiv 0 \pmod 1 \qquad \text{und} \qquad 2a^{(1)} \equiv 2a^{(2)} \equiv 2a^{(3)} \equiv 0 \pmod 1.$$

Daher gibt es die untenstehenden Lösungen 1, 2, 3, 4. Unter 2′ und 4′ haben wir ihre in der Kristallographie übliche Form angegeben.

	$[\bar{x},\,z{-}x,\,y{-}x]$	$[z{-}y,\,\bar{y},\,x{-}y]$	$[y{-}z,\,x{-}z,\,\bar{z}]$	$[\bar{x},\,\bar{y},\,\bar{z}]$	$[x,\,x{-}z,\,x{-}y]$	$[y{-}z,\,y,\,y{-}x]$	$[z{-}y,\,z{-}x,\,z]$	
1.	0 0 0	0 0 0	0 0 0	0 0 0	0 0 0	0 0 0	0 0 0	D_{2h}^{25}
2.	$\tfrac{1}{2}$ 0 $\tfrac{1}{2}$	0 $\tfrac{1}{2}$ $\tfrac{1}{2}$	$\tfrac{1}{2}$ $\tfrac{1}{2}$ 0	0 0 0	$\tfrac{1}{2}$ 0 $\tfrac{1}{2}$	0 $\tfrac{1}{2}$ $\tfrac{1}{2}$	$\tfrac{1}{2}$ $\tfrac{1}{2}$ 0	$\left.\vphantom{\begin{matrix}a\\a\end{matrix}}\right\}D_{2h}^{26}$
2′.	0 0 0	0 0 0	0 0 0	$\tfrac{1}{2}$ $\tfrac{1}{2}$ 0	$\tfrac{1}{2}$ $\tfrac{1}{2}$ 0	$\tfrac{1}{2}$ $\tfrac{1}{2}$ 0	$\tfrac{1}{2}$ $\tfrac{1}{2}$ 0	
3.	$\tfrac{1}{2}$ $\tfrac{1}{2}$ 0	0 $\tfrac{1}{2}$ $\tfrac{1}{2}$	$\tfrac{1}{2}$ 0 $\tfrac{1}{2}$	0 0 0	$\tfrac{1}{2}$ $\tfrac{1}{2}$ 0	0 $\tfrac{1}{2}$ $\tfrac{1}{2}$	$\tfrac{1}{2}$ 0 $\tfrac{1}{2}$	D_{2h}^{27}
4.	0 $\tfrac{1}{2}$ $\tfrac{1}{2}$	0 0 0	0 $\tfrac{1}{2}$ $\tfrac{1}{2}$	0 0 0	0 $\tfrac{1}{2}$ $\tfrac{1}{2}$	0 0 0	0 $\tfrac{1}{2}$ $\tfrac{1}{2}$	$\left.\vphantom{\begin{matrix}a\\a\end{matrix}}\right\}D_{2h}^{28}$
4′.	$\tfrac{1}{2}$ $\tfrac{1}{2}$ 0	0 $\tfrac{1}{2}$ $\tfrac{1}{2}$	$\tfrac{1}{2}$ 0 $\tfrac{1}{2}$	$\tfrac{1}{2}$ $\tfrac{1}{2}$ 0	0 0 0	$\tfrac{1}{2}$ 0 $\tfrac{1}{2}$	0 $\tfrac{1}{2}$ $\tfrac{1}{2}$	
	$2s_1$, $s_1{+}s_2{-}s_3$, $s_1{-}s_2{+}s_3$	$s_1{+}s_2{-}s_3$, $2s_2$, $-s_1{+}s_2{+}s_3$	$s_1{-}s_2{+}s_3$, $-s_1{+}s_2{+}s_3$, $2s_3$	$2s_1$, $2s_2$, $2s_3$	0, $-s_1{+}s_2{+}s_3$, $-s_1{+}s_2{-}s_3$	$s_1{-}s_2{+}s_3$, 0, $s_1{-}s_2{+}s_3$	$s_1{+}s_2{-}s_3$, $s_1{+}s_2{-}s_3$, 0	

13. $D_{2h\delta} = D_{2\delta} + [\bar{x},\,\bar{y},\,\bar{z}]\,D_{2\delta}$.

Sei $A = [y,\,x,\,\bar{z}]$ und $I = [\bar{x},\,\bar{y},\,\bar{z}]$. Aus $AI = IA$ folgt mit $a = 0$

$$i^{(1)} \equiv i^{(2)} \pmod 1;$$

aus $I^2 = E$ folgt $\qquad 2i \equiv 0 \pmod 1$.

Die übrigen Relationen ergeben nichts Neues. s ist durch $D_{2\delta}$ bestimmt. Daher gibt die durch I erzeugte Untergruppe vier Lösungen, die wir mit den beiden von $D_{2\delta}$ multiplizieren:

	$[y, x, \bar{z}]$	$[\bar{y}, \bar{x}, \bar{z}]$	$[\bar{x}, \bar{y}, z]$	$[\bar{x}, \bar{y}, \bar{z}]$	$[\bar{y}, \bar{x}, z]$	$[y, x, z]$	$[x, y, \bar{z}]$	
1.	0 0 0	0 0 0	0 0 0	0 0 0	0 0 0	0 0 0	0 0 0	D_{2h}^{19}
2.	0 0 0	0 0 0	0 0 0	0 0 $\frac{1}{2}$	0 0 $\frac{1}{2}$	0 0 $\frac{1}{2}$	0 0 $\frac{1}{2}$	D_{2h}^{20}
3.	0 0 0	0 0 0	0 0 0	$\frac{1}{2}$ $\frac{1}{2}$ 0	$\frac{1}{2}$ $\frac{1}{2}$ 0	$\frac{1}{2}$ $\frac{1}{2}$ 0	$\frac{1}{2}$ $\frac{1}{2}$ 0	D_{2h}^{21}
4.	0 0 0	0 0 0	0 0 0	$\frac{1}{2}$ $\frac{1}{2}$ $\frac{1}{2}$	$\frac{1}{2}$ $\frac{1}{2}$ $\frac{1}{2}$	$\frac{1}{2}$ $\frac{1}{2}$ $\frac{1}{2}$	$\frac{1}{2}$ $\frac{1}{2}$ $\frac{1}{2}$	D_{2h}^{22}
5.	0 0 0	0 0 $\frac{1}{2}$	0 0 $\frac{1}{2}$	0 0 0	0 0 0	0 0 $\frac{1}{2}$	0 0 $\frac{1}{2}$	$\left.\begin{array}{c}\\[4pt]\end{array}\right\} D_{2h}^{17}$
6.	0 0 0	0 0 $\frac{1}{2}$	0 0 $\frac{1}{2}$	0 0 $\frac{1}{2}$	0 0 $\frac{1}{2}$	0 0 0	0 0 0	
7.	0 0 0	0 0 $\frac{1}{2}$	0 0 $\frac{1}{2}$	$\frac{1}{2}$ $\frac{1}{2}$ 0	$\frac{1}{2}$ $\frac{1}{2}$ 0	$\frac{1}{2}$ $\frac{1}{2}$ $\frac{1}{2}$	$\frac{1}{2}$ $\frac{1}{2}$ $\frac{1}{2}$	$\left.\begin{array}{c}\\[4pt]\end{array}\right\} D_{2h}^{18}$
8.	0 0 0	0 0 $\frac{1}{2}$	0 0 $\frac{1}{2}$	$\frac{1}{2}$ $\frac{1}{2}$ $\frac{1}{2}$	$\frac{1}{2}$ $\frac{1}{2}$ $\frac{1}{2}$	$\frac{1}{2}$ $\frac{1}{2}$ 0	$\frac{1}{2}$ $\frac{1}{2}$ 0	
	s_1-s_2, $-s_1+s_2$, $2s_3$	s_1+s_2, s_1+s_2, $2s_3$	$2s_1$, $2s_2$, 0	$2s_1$, $2s_2$, $2s_3$	s_1+s_2, s_1+s_2, 0	s_1-s_2, $-s_1+s_2$, 0	0, 0, $2s_3$	

Lassen wir y in $-y$ übergehen, transformieren also mit $\begin{pmatrix} 1 & 0 & 0 \\ 0 & -1 & 0 \\ 0 & 0 & 1 \end{pmatrix}$, so vertauschen sich $[y, x, \bar{z}]$ und $[\bar{y}, \bar{x}, \bar{z}]$ miteinander, während $[\bar{x}, \bar{y}, z]$ in sich übergeht, und entsprechend die übrigen Elemente. Daher werden 5 und 6 einerseits und 7 und 8 andererseits äquivalent, wobei jeweils $s_1 + s_2 = 0$, $s_1 - s_2 = 0$, $2 s_3 = 0$.

§ 24. Die Bewegungsgruppen des tetragonalen Systems

1. $C_{4\alpha}$ siehe Seite 126.

2. $C_{4\beta}$ wird durch $A = [y, y-z, y-x]$ erzeugt, es ist $A^2 = [y-z, x-z, \bar{z}]$, $A^3 = [x-z, x, x-y]$. Aus $(A, a)^4 = (E, 0)$ folgt nach Gleichung (I) von § 18, daß

$$(E + A + A^2 + A^3)\, a \equiv \begin{pmatrix} 2 & 2 & -2 \\ 2 & 2 & -2 \\ 0 & 0 & 0 \end{pmatrix} a \equiv 0 \quad (\mathrm{mod}\ 1)$$

ist. Somit ist $\qquad 2\, a^{(3)} \equiv 2\, (a^{(1)} + a^{(2)}) \quad (\mathrm{mod}\ 1)$.

Hieraus folgt, daß entweder

$$a^{(3)} = a^{(1)} + a^{(2)}, \tag{1}$$

oder

$$a^{(3)} = a^{(1)} + a^{(2)} + \tfrac{1}{2}. \tag{2}$$

Die Lösung ist der Null-Lösung äquivalent, wenn

$$a \equiv (E - A)\, s \equiv \begin{pmatrix} 1 & -1 & 0 \\ 0 & 0 & 1 \\ 1 & -1 & 1 \end{pmatrix} s \equiv \begin{pmatrix} s_1 - s_2 \\ s_3 \\ s_1 - s_2 + s_3 \end{pmatrix} \quad (\text{mod } 1) \tag{3}$$

in s lösbar ist. Es ist klar, daß (3) lösbar ist im Falle (1), dagegen nicht im Falle (2). Daher gibt es zu $C_{4\beta}$ zwei inäquivalente Bewegungsgruppen, die wir in folgender Tabelle in der kristallographischen Darstellung angeben:

	$[y,\ y-z,\ y-x]$			$[y-z,\ x-z,\ \bar{z}]$			$[x-z,\ x,\ x-y]$			
1.	0	0	0	0	0	0	0	0	0	C_4^5
2.	$\tfrac{3}{4}$	$\tfrac{1}{4}$	$\tfrac{1}{2}$	0	0	0	$\tfrac{3}{4}$	$\tfrac{1}{4}$	$\tfrac{1}{2}$	C_4^6
	$s_1 - s_2$	s_3	$s_1 - s_2 + s_3$	$s_1 - s_2 + s_3$	$-s_1 + s_2 + s_3$	$2 s_3$	s_3	$-s_1 + s_2$	$-s_1 + s_2 + s_3$	

3. $S_{4\alpha}$ siehe Seite 129.

4. $S_{4\beta}$ siehe Seite 129.

5. $C_{4v\alpha}$ ist die durch die Identität erweiterte binäre Klasse C_{4v} (siehe S. 123). Daher treten in der $x\,y$-Ebene zwei Lösungen auf. $A = [\bar{y},\, x,\, z]$ und $B = [y,\, x,\, z]$ ergeben mit $A B = B A^3$ die Vertauschungsrelation

$$A\, b + a \equiv B\, a_3 + b \quad (\text{mod } 1).$$

Diese ergibt für die Verschiebung in der z-Richtung

$$2\, a^{(3)} \equiv 0 \quad (\text{mod } 1).$$

Somit ist $\qquad a^{(3)} = 0 \qquad$ oder $\qquad a^{(3)} = \tfrac{1}{2}$.

Aus $B^2 = E$ folgt $\qquad b^{(3)} = 0 \qquad$ oder $\qquad b^{(3)} = \tfrac{1}{2}$.

Daher haben wir zu jeder binären Klasse vier Möglichkeiten der Verschiebung in der z-Richtung und daher vier Bewegungsgruppen. Wir haben die acht zu $C_{4v\alpha}$ gehörigen Bewegungsgruppen in der folgenden Tabelle aufgeschrieben; 6' ist die kristallographische Form von C_{4v}^4 und geht in 6 durch $s_1 = \tfrac{1}{2}$, $s_2 = s_3 = 0$ über.

	$[\bar y, x, z]$	$[\bar x, \bar y, z]$	$[y, \bar x, z]$	$[y, x, z]$	$[x, \bar y, z]$	$[\bar y, \bar x, z]$	$[\bar x, y, z]$		
1.	0 0 0	0 0 0	0 0 0	0 0 0	0 0 0	0 0 0	0 0 0	C_{4v}^1	
2.	0 0 $\frac12$	0 0 0	0 0 $\frac12$	0 0 0	0 0 $\frac12$	0 0 0	0 0 $\frac12$	C_{4v}^3	entstanden aus binär C_{4v}^{I}
3.	0 0 0	0 0 0	0 0 0	0 0 $\frac12$	0 0 $\frac12$	0 0 $\frac12$	0 0 $\frac12$	C_{4v}^5	
4.	0 0 $\frac12$	0 0 0	0 0 $\frac12$	0 0 $\frac12$	0 0 0	0 0 $\frac12$	0 0 0	C_{4v}^7	
5.	0 0 0	0 0 0	0 0 0	$\frac12$ $\frac12$ 0	$\frac12$ $\frac12$ 0	$\frac12$ $\frac12$ 0	$\frac12$ $\frac12$ 0	C_{4v}^2	
6.	0 0 $\frac12$	0 0 0	0 0 $\frac12$	$\frac12$ $\frac12$ 0	$\frac12$ $\frac12$ $\frac12$	$\frac12$ $\frac12$ 0	$\frac12$ $\frac12$ $\frac12$	C_{4v}^4	entstanden aus binär C_{4v}^{II}
6′.	$\frac12$ $\frac12$ $\frac12$	0 0 0	$\frac12$ $\frac12$ $\frac12$	0 0 0	$\frac12$ $\frac12$ $\frac12$	0 0 0	$\frac12$ $\frac12$ $\frac12$		
7.	0 0 0	0 0 0	0 0 0	$\frac12$ $\frac12$ $\frac12$	$\frac12$ $\frac12$ $\frac12$	$\frac12$ $\frac12$ $\frac12$	$\frac12$ $\frac12$ $\frac12$	C_{4v}^6	
8.	0 0 $\frac12$	0 0 0	0 0 $\frac12$	$\frac12$ $\frac12$ $\frac12$	$\frac12$ $\frac12$ 0	$\frac12$ $\frac12$ $\frac12$	$\frac12$ $\frac12$ 0	C_{4v}^8	
	s_1+s_2, $-s_1+s_2$, 0	$2s_1$, $2s_2$, 0	s_1-s_2, s_1+s_2, 0	s_1-s_2, $-s_1+s_2$, 0	0, $2s_2$, 0	s_1+s_2, s_1+s_2, 0	$2s_1$, 0, 0		

6. $C_{4v\beta} = C_{4\beta} + [y, x, z]\,C_{4\beta}$. Sei $A = [y, y-z, y-x]$ und $M = [y, x, z]$.

Es gilt $AM = MA^3$. Setzen wir $MA = B = [y-z, y, y-x]$, so wird $AB = BA^3$, und hieraus erhalten wir die Vertauschungsrelation

$$A b + a \equiv B a_3 + b \pmod 1.$$

Mit
$$a_3 = (E + A + A^2)\,a = \begin{pmatrix} 1 & 2 & -1 \\ 1 & 2 & -2 \\ -1 & 1 & 0 \end{pmatrix} a$$

wird hieraus
$$b^{(2)} - b^{(1)} \equiv a^{(1)} + a^{(2)} - 2a^{(3)} \pmod 1,$$
$$- b^{(3)} \equiv a^{(1)} + a^{(2)} - 2a^{(3)} \pmod 1.$$

Da die rechten Seiten nach der Tabelle bei $C_{4\beta}$ stets Null sind, so kommt

$$b^{(2)} - b^{(1)} \equiv 0 \pmod 1,$$

somit entweder
$$b^{(1)} = b^{(2)} = 0, \quad b^{(3)} = 0,$$

oder
$$b^{(1)} = b^{(2)} = \tfrac12, \quad b^{(3)} = 0,$$

denn aus $B^2 = E$ folgt $2 b^{(2)} \equiv 0 \pmod 1$.

Zu $C_{4\beta}$ gibt es zwei Bewegungsgruppen, und daher erhalten wir zu $C_{4v\beta}$ die folgenden vier Lösungen.

	$[y, y-z,$ $y-x]$	$[y-z,$ $x-z, \bar z]$	$[x-z, x,$ $x-y]$	$[y, x, z]$	$[y-z, y,$ $y-x]$	$[x-z,$ $y-z, \bar z]$	$[x, x-z,$ $x-y]$		
1.	0 0 0	0 0 0	0 0 0	0 0 0	0 0 0	0 0 0	0 0 0	C_{4v}^{9}	entstanden aus C_4^5
2.	0 0 0	0 0 0	0 0 0	$\tfrac12\,\tfrac12\,0$	$\tfrac12\,\tfrac12\,0$	$\tfrac12\,\tfrac12\,0$	$\tfrac12\,\tfrac12\,0$	C_{4v}^{10}	
3.	$\tfrac34\,\tfrac14\,\tfrac12$	0 0 0	$\tfrac34\,\tfrac14\,\tfrac12$	$\tfrac34\,\tfrac14\,\tfrac12$	0 0 0	$\tfrac34\,\tfrac14\,\tfrac12$	0 0 0	C_{4v}^{11}	entstanden aus C_4^6
4.	$\tfrac34\,\tfrac14\,\tfrac12$	0 0 0	$\tfrac34\,\tfrac14\,\tfrac12$	$\tfrac14\,\tfrac34\,\tfrac12$	$\tfrac12\,\tfrac12\,0$	$\tfrac14\,\tfrac34\,\tfrac12$	$\tfrac12\,\tfrac12\,0$	C_{4v}^{12}	
	s_1-s_2 · s_3 · $-s_1-s_2+s_3$	$s_1-s_2+s_3$ · $-s_1+s_2+s_3$ · $2s_3$	s_3 · $-s_1+s_2$ · $-s_1+s_2+s_3$	s_1-s_2 · $-s_1+s_2+s_3$ · 0	$s_1-s_2+s_3$ · 0 · $s_1-s_2+s_3$	s_3 · s_3 · $2s_3$	0 · $-s_1+s_2+s_3$ · $-s_1+s_2+s_3$		

7. $C_{4h\alpha} = S_{4\alpha} + [x, y, \bar z]\, S_{4\alpha}$.

Da $S_{4\alpha}$ eine zyklische, von $A = [\bar y, x, \bar z]$ erzeugte Gruppe ist (siehe Seite 71), und da $|E - A| \neq 0$ ist, dürfen wir nach Satz 37 $a = 0$ setzen. Sei $B = [x, y, \bar z]$. Aus $B^2 = E$ folgt

$$2\,b^{(1)} \equiv 2\,b^{(2)} \equiv 0 \quad (\text{mod } 1).$$

Aus $AB = BA$ folgt $A\,b \equiv b$ (mod 1), somit

$$b^{(1)} \equiv b^{(2)} \quad (\text{mod } 1), \qquad 2\,b^{(3)} \equiv 0 \quad (\text{mod } 1).$$

Somit erhalten wir vier Bewegungsgruppen, die wir in untenstehender Tabelle aufgestellt haben. Dabei geben wir jeweils zuerst unsere Darstellung an und darunter die kristallographische.

	$[y, \bar x, \bar z]$	$[\bar x, \bar y, z]$	$[\bar y, x, \bar z]$	$[x, y, \bar z]$	$[y, \bar x, z]$	$[\bar x, \bar y, \bar z]$	$[\bar y, x, z]$	
1.	0 0 0	0 0 0	0 0 0	0 0 0	0 0 0	0 0 0	0 0 0	C_{4h}^{1}
2.	0 0 0	0 0 0	0 0 0	$0\,0\,\tfrac12$	$0\,0\,\tfrac12$	$0\,0\,\tfrac12$	$0\,0\,\tfrac12$	C_{4h}^{2}
2'.	$0\,0\,\tfrac12$	0 0 0	$0\,0\,\tfrac12$	0 0 0	$0\,0\,\tfrac12$	0 0 0	$0\,0\,\tfrac12$	
3.	0 0 0	0 0 0	0 0 0	$\tfrac12\,\tfrac12\,0$	$\tfrac12\,\tfrac12\,0$	$\tfrac12\,\tfrac12\,0$	$\tfrac12\,\tfrac12\,0$	C_{4h}^{3}
3'.	$\tfrac12\,\tfrac12\,0$	0 0 0	$\tfrac12\,\tfrac12\,0$	$\tfrac12\,\tfrac12\,0$	0 0 0	$\tfrac12\,\tfrac12\,0$	0 0 0	
4.	0 0 0	0 0 0	0 0 0	$\tfrac12\,\tfrac12\,\tfrac12$	$\tfrac12\,\tfrac12\,\tfrac12$	$\tfrac12\,\tfrac12\,\tfrac12$	$\tfrac12\,\tfrac12\,\tfrac12$	C_{4h}^{4}
4'.	$\tfrac12\,\tfrac12\,\tfrac12$	0 0 0	$\tfrac12\,\tfrac12\,\tfrac12$	$\tfrac12\,\tfrac12\,0$	$0\,0\,\tfrac12$	$\tfrac12\,\tfrac12\,0$	$0\,0\,\tfrac12$	
	$-s_1+s_2$ · s_1+s_2 · $2s_3$	$2s_1$ · $2s_2$ · 0	s_1+s_2 · $-s_1+s_2$ · $2s_3$	0 · 0 · $2s_3$	$-s_1+s_2$ · s_1+s_2 · 0	$2s_1$ · $2s_2$ · $2s_3$	s_1+s_2 · $-s_1+s_2$ · 0	

8. $C_{4h\beta} = S_{4\beta} + [z - y, z - x, z]\, S_{4\beta}$.

Sei $A = [\bar y, z - y, x - y]$ die Erzeugende von $S_{4\beta}$ (siehe Seite 129). Nach Satz 37 dürfen wir $a = 0$ nehmen. Sei ferner $B = [z - y, z - x, z]$. Aus $B^2 = E$ folgt

$$2\,b^{(3)} \equiv 0 \quad (\text{mod } 1). \tag{1}$$

Aus $AB = BA$ folgt

$$-b^{(2)} \equiv b^{(1)} \quad (\mathrm{mod}\ 1)$$
$$-b^{(2)} + b^{(3)} \equiv b^{(2)} \quad (\mathrm{mod}\ 1) \tag{2}$$
$$b^{(1)} - b^{(2)} \equiv b^{(3)} \quad (\mathrm{mod}\ 1).$$

$$0 \equiv (E-A)\,s \equiv \begin{pmatrix} s_1+s_2 \\ 2s_2-s_3 \\ -s_1+s_2+s_3 \end{pmatrix} (\mathrm{mod}\ 1) \quad \text{und} \quad b \equiv (E-B)\,s \equiv \begin{pmatrix} s_1+s_2-s_3 \\ s_1+s_2-s_3 \\ 0 \end{pmatrix} (\mathrm{mod}\ 1)$$

haben wegen (2) für $b^{(3)} = 0$ die gemeinsame Lösung $s = b$. Daher gibt es wegen (1) zwei Lösungen. Unter 2' haben wir die kristallographische Form von 2 angegeben; sie sind äquivalent mit $s_1 = -\frac{1}{8}$, $s_2 = \frac{1}{8}$, $s_3 = \frac{3}{4}$.

	$[\bar{y}, z-y, x-y]$			$[y-z, x-z, \bar{z}]$			$[z-x, \bar{x}, y-x]$			$[z-y, z-x, z]$			$[x-z, x, x-y]$			$[\bar{x}, \bar{y}, \bar{z}]$			$[y, y-z, y-x]$			
1.	0	0	0	0	0	0	0	0	0	0	0	0	0	0	0	0	0	0	0	0	0	C_{4h}^5
2.	0	0	0	0	0	0	0	0	0	$\frac{3}{4}$	$\frac{1}{4}$	$\frac{1}{2}$	$\frac{3}{4}$	$\frac{1}{4}$	$\frac{1}{2}$	$\frac{3}{4}$	$\frac{1}{4}$	$\frac{1}{2}$	$\frac{3}{4}$	$\frac{1}{4}$	$\frac{1}{2}$	C_{4h}^6
2′.	0	$\frac{1}{2}$	0	$\frac{1}{2}$	0	$\frac{1}{2}$	0	0	$\frac{1}{2}$	$\frac{1}{2}$	0	$\frac{1}{2}$	0	0	$\frac{1}{2}$	0	0	0	0	$\frac{1}{2}$	0	
	s_1+s_2	$2s_2-s_3$	$-s_1+s_2+s_3$	$s_1-s_2+s_3$	$-s_1+s_2+s_3$	$2s_3$	$2s_1-s_3$	s_1+s_2	$s_1-s_2+s_3$	$s_1+s_2-s_3$	$s_1+s_2-s_3$	0	s_3	$-s_1+s_2$	$-s_1+s_2+s_3$	$2s_1$	$2s_2$	$2s_3$	s_1-s_2	s_3	$s_1-s_2+s_3$	

9. $D_{2d\alpha} = S_{4\alpha} + [y, x, z]\, S_{4\alpha}$.

Sei $A = [\bar{y}, x, \bar{z}]$ die Erzeugende von $S_{4\alpha}$ (siehe Seite 71). Wir setzen nach Satz 37 $a = 0$. Sei $B = [y, x, z]$. Aus $B^2 = E$ folgt

$$b^{(1)} + b^{(2)} \equiv 0 \quad (\mathrm{mod}\ 1), \qquad 2\,b^{(3)} \equiv 0 \quad (\mathrm{mod}\ 1). \tag{1}$$

Aus $AB = BA^3$ folgt

$$b^{(1)} - b^{(2)} \equiv 0 \quad (\mathrm{mod}\ 1),$$

daher ist in Verbindung mit (1)

$$2\,b^{(1)} \equiv 2\,b^{(2)} \equiv 0 \quad (\mathrm{mod}\ 1). \tag{2}$$

Somit kommen unsere vier Lösungen der Tabelle in Frage, die wegen

$$0 \equiv (E-A)\,s \equiv \begin{pmatrix} s_1+s_2 \\ -s_1+s_2 \\ 2s_3 \end{pmatrix} (\mathrm{mod}\ 1) \quad \text{und} \quad b \equiv (E-B)\,s \equiv \begin{pmatrix} s_1-s_2 \\ -s_1+s_2 \\ 0 \end{pmatrix} (\mathrm{mod}\ 1)$$

inäquivalent sind. Unter 2' haben wir die kristallographische Form von 2 angegeben; Äquivalenz mittels $2\,s_3 = \frac{1}{2}$, $s_1 = s_2 = 0$.

	$[y, \bar{x}, \bar{z}]$	$[\bar{x}, \bar{y}, z]$	$[\bar{y}, x, \bar{z}]$	$[y, x, z]$	$[\bar{x}, y, \bar{z}]$	$[\bar{y}, \bar{x}, z]$	$[x, \bar{y}, \bar{z}]$	
1.	0 0 0	0 0 0	0 0 0	0 0 0	0 0 0	0 0 0	0 0 0	D_{2d}^{1}
2.	0 0 0	0 0 0	0 0 0	0 0 $\frac{1}{2}$	0 0 $\frac{1}{2}$	0 0 $\frac{1}{2}$	0 0 $\frac{1}{2}$	$\left.\right\}\,D_{2d}^{2}$
2′.	0 0 $\frac{1}{2}$	0 0 0	0 0 $\frac{1}{2}$	0 0 $\frac{1}{2}$	0 0 0	0 0 $\frac{1}{2}$	0 0 0	
3.	0 0 0	0 0 0	0 0 0	$\frac{1}{2}$ $\frac{1}{2}$ 0	$\frac{1}{2}$ $\frac{1}{2}$ 0	$\frac{1}{2}$ $\frac{1}{2}$ 0	$\frac{1}{2}$ $\frac{1}{2}$ 0	D_{2d}^{3}
4.	0 0 0	0 0 0	0 0 0	$\frac{1}{2}$ $\frac{1}{2}$ $\frac{1}{2}$	$\frac{1}{2}$ $\frac{1}{2}$ $\frac{1}{2}$	$\frac{1}{2}$ $\frac{1}{2}$ $\frac{1}{2}$	$\frac{1}{2}$ $\frac{1}{2}$ $\frac{1}{2}$	D_{2d}^{4}
	$-s_1+s_2$ s_1+s_2 $2s_3$	$2s_1$ $2s_2$ 0	s_1+s_2 $-s_1+s_2$ $2s_3$	$-s_1+s_2$ $-s_1+s_2$ 0	$2s_1$ 0 $2s_3$	s_1+s_2 s_1+s_2 0	0 $2s_2$ $2s_3$	

10. $D_{2d\delta} = S^{-1} S_4 S + S^{-1} [y, x, z] S \cdot S^{-1} S_4 S$ (siehe Seite 93).

Sei $A = S^{-1} [\bar{y}, x, \bar{z}] S = [y, \bar{x}, \bar{z}]$ die Erzeugende von $S^{-1} S_4 S$ und sei $B = S^{-1} [y, x, z] S = [x, \bar{y}, z]$. Wegen Satz 37 nehmen wir $a = 0$. Aus $B^2 = E$ und aus $AB = BA^3$ folgt:

$$2 b^{(1)} \equiv 2 b^{(3)} \equiv 0 \quad (\mathrm{mod}\ 1), \qquad b^{(1)} \equiv b^{(2)} \quad (\mathrm{mod}\ 1).$$

Wir haben daher vier Lösungen:

	$[\bar{y}, x, \bar{z}]$	$[\bar{x}, \bar{y}, z]$	$[y, \bar{x}, \bar{z}]$	$[x, \bar{y}, z]$	$[\bar{y}, \bar{x}, \bar{z}]$	$[\bar{x}, y, z]$	$[y, x, \bar{z}]$	
1.	0 0 0	0 0 0	0 0 0	0 0 0	0 0 0	0 0 0	0 0 0	D_{2d}^{5}
2.	0 0 0	0 0 0	0 0 0	0 0 $\frac{1}{2}$	0 0 $\frac{1}{2}$	0 0 $\frac{1}{2}$	0 0 $\frac{1}{2}$	$\left.\right\}\,D_{2d}^{6}$
2′.	0 0 $\frac{1}{2}$	0 0 0	0 0 $\frac{1}{2}$	0 0 $\frac{1}{2}$	0 0 0	0 0 $\frac{1}{2}$	0 0 0	
3.	0 0 0	0 0 0	0 0 0	$\frac{1}{2}$ $\frac{1}{2}$ 0	$\frac{1}{2}$ $\frac{1}{2}$ 0	$\frac{1}{2}$ $\frac{1}{2}$ 0	$\frac{1}{2}$ $\frac{1}{2}$ 0	D_{2d}^{7}
4.	0 0 0	0 0 0	0 0 0	$\frac{1}{2}$ $\frac{1}{2}$ $\frac{1}{2}$	$\frac{1}{2}$ $\frac{1}{2}$ $\frac{1}{2}$	$\frac{1}{2}$ $\frac{1}{2}$ $\frac{1}{2}$	$\frac{1}{2}$ $\frac{1}{2}$ $\frac{1}{2}$	D_{2d}^{8}
	s_1+s_2 $-s_1+s_2$ $2s_3$	$2s_1$ $2s_2$ 0	s_1-s_2 s_1+s_2 $2s_3$	0 $2s_2$ 0	s_1+s_2 s_1+s_2 $2s_3$	$2s_1$ 0 0	s_1-s_2 $-s_1+s_2$ $2s_3$	

Die kristallographische Form 2′ von D_{2d}^{6} ist zu 2 äquivalent mit $s_1 = s_2 = 0$, $2s_3 = \frac{1}{2}$.

11. $D_{2d\beta} = U^{-1} S_4 U + U^{-1} [y, x, z] U \cdot U^{-1} S_4 U$.

Sei $A = U^{-1} [\bar{y}, x, \bar{z}] U = [z, \bar{x} - y - z, y]$, $B = U^{-1} [y, x, z] U = [y, x, z]$. Aus $(B, b)^2 = (E, 0)$ folgt zunächst

$$b^{(1)} \equiv b^{(2)} \quad (\mathrm{mod}\ 1), \qquad 2 b^{(3)} \equiv 0 \quad (\mathrm{mod}\ 1).$$

Aus $AB = BA^3$ folgt mit $a = 0$ (Satz 37)

$$b^{(2)} \equiv b^{(3)} \quad (\mathrm{mod}\ 1),$$

so daß $$b^{(1)} \equiv b^{(2)} \equiv b^{(3)} \pmod 1.$$

$$0 \equiv (E-A)\,s \equiv \begin{pmatrix} s_1 - s_3 \\ s_1 + 2s_2 + s_3 \\ -s_2 + s_3 \end{pmatrix} \pmod 1 \quad \text{und} \quad b \equiv (E-B)\,s \equiv \begin{pmatrix} s_1 - s_2 \\ -s_1 + s_2 \\ 0 \end{pmatrix} \pmod 1$$

haben für $b^{(1)} = b^{(2)} = b^{(3)} = \frac12$ keine Lösung, daher treten zwei Bewegungsgruppen auf:

	$[\bar x-y-z,\ z,\ x]$	$[y,\ x,\ \bar x-y-z]$	$[z,\ \bar x-y-z,\ y]$	$[y,\ x,\ z]$	$[z,\ \bar x-y-z,\ x]$	$[x,\ y,\ \bar x-y-z]$	$[\bar x-y-z,\ z,\ y]$	
1.	0 0 0	0 0 0	0 0 0	0 0 0	0 0 0	0 0 0	0 0 0	D_{2d}^{9}
2.	0 0 0	0 0 0	0 0 0	$\frac12\ \frac12\ \frac12$	$\frac12\ \frac12\ \frac12$	$\frac12\ \frac12\ \frac12$	$\frac12\ \frac12\ \frac12$	$\Big\}\,D_{2d}^{10}$
2'.	$\frac12\ \frac12\ \frac12$	0 0 0	$\frac12\ \frac12\ \frac12$	$\frac12\ \frac12\ \frac12$	0 0 0	$\frac12\ \frac12\ \frac12$	0 0 0	
	$2s_1+s_2+s_3$; s_2-s_3; $-s_1+s_3$	s_1-s_2; $-s_1+s_2$; $s_1+s_2+2s_3$	s_1-s_3; $s_1+2s_2+s_3$; $-s_2+s_3$	s_1-s_2; $-s_1+s_2$; 0	s_1-s_3; $s_1+2s_2+s_3$; $-s_1+s_3$	0; 0; $s_1+s_2+2s_3$	$2s_1+s_2+s_3$; s_2-s_3; $-s_2+s_3$	

Die kristallographische Form 2' ist zu 2 äquivalent mit $s_1 = s_2 = -s_3 = \frac14$.

12. $D_{2d\gamma} = S_{4\beta} + [y,\ x,\ z]\,S_{4\beta}$.

Setzt man $A = [\bar y,\ z-y,\ x-y]$ als Erzeugende von $S_{4\beta}$ und $B = [y,\ x,\ z]$, so wird $a = 0$ nach Satz 37. Aus $B^2 = E$ und $AB = BA^3$ folgen sodann:

$$b^{(1)} + b^{(2)} \equiv 0 \pmod 1, \qquad 2\,b^{(3)} \equiv 0 \pmod 1, \qquad 2\,b^{(2)} \equiv b^{(3)} \pmod 1.$$

Somit erhalten wir die Lösungen unserer Tabelle.

	$[\bar y,\ z-y,\ x-y]$	$[y-z,\ x-z,\ \bar z]$	$[z-x,\ \bar x,\ y-x]$	$[y,\ x,\ z]$	$[z-y,\ \bar y,\ x-y]$	$[x-z,\ y-z,\ \bar z]$	$[\bar x,\ z-x,\ y'-x]$	
1.	0 0 0	0 0 0	0 0 0	0 0 0	0 0 0	0 0 0	0 0 0	D_{2d}^{11}
2.	0 0 0	0 0 0	0 0 0	$\frac14\ \frac34\ \frac12$	$\frac14\ \frac34\ \frac12$	$\frac14\ \frac34\ \frac12$	$\frac14\ \frac34\ \frac12$	D_{2d}^{12}
	s_1+s_2; $2s_2-s_3$; $-s_1+s_2+s_3$	$s_1-s_2+s_3$; $-s_1+s_2+s_3$; $2s_3$	$2s_1-s_3$; s_1+s_2; $s_1-s_2+s_3$	s_1-s_2; $-s_1+s_2$; 0	$s_1+s_2-s_3$; $2s_2$; $-s_1+s_2+s_3$	s_3; s_3; $2s_3$	$2s_1$; $s_1+s_2-s_3$; $s_1-s_2+s_3$	

13. $D_{4\alpha} = C_{4\alpha} + [x,\ \bar y,\ \bar z]\,C_{4\alpha}$.

Sei $A = [\bar y,\ x,\ z]$ die Erzeugende von $C_{4\alpha}$ und $B = [x,\ \bar y,\ \bar z]$. $B^2 = E$ liefert

$$2\,b^{(1)} \equiv 0 \pmod 1. \tag{1}$$

Aus $AB = BA^3$ folgt $\qquad Ab + a \equiv Ba_3 + b \pmod 1$,

woraus $\qquad a^{(1)} + a^{(2)} \equiv b^{(1)} + b^{(2)} \pmod 1 \tag{2}$

Nach Seite 126, $C_{4\alpha}$, gibt es für a vier Möglichkeiten, wobei stets $a^{(1)} = a^{(2)} = 0$ ist; für $b^{(1)}$ und $b^{(2)}$ treten nach (1) und (2) die zwei Werte 0 und $\tfrac12$ auf. Die Bedingung

$$b \equiv (E - B)\, s \equiv \begin{pmatrix} 0 \\ 2\,s_2 \\ 2\,s_3 \end{pmatrix} \quad (\mathrm{mod}\ 1)$$

erfordert $b^{(1)} = 0$; Lösungen mit verschiedenen $b^{(1)}$ sind daher inäquivalent. Die vier Möglichkeiten von a sind nach Seite 126 ebenfalls inäquivalent. Wir erhalten daher acht Bewegungsgruppen, die wir in der nachfolgenden Tabelle mit 1 bis 8 numeriert haben. 2′ bis 8′ sind ihre jeweiligen kristallographischen Formen. Unter 3″, 5″ und 8″ haben wir Darstellungen angegeben, die wir später gebrauchen werden (siehe Seite 160). Unterscheiden wir verschiedenen Windungssinn der Viererachse nicht, so werden $D_4^3 = D_4^7$, $D_4^4 = D_4^8$ (siehe $C_{4\alpha}$).

	$[\bar y,\,x,\,z]$	$[\bar x,\,\bar y,\,z]$	$[y,\,\bar x,\,z]$	$[x,\,\bar y,\,\bar z]$	$[\bar y,\,\bar x,\,\bar z]$	$[\bar x,\,y,\,\bar z]$	$[y,\,x,\,\bar z]$		
1.	0 0 0	0 0 0	0 0 0	0 0 0	0 0 0	0 0 0	0 0 0	D_4^1	entstanden aus C_4^1
2.	0 0 0	0 0 0	0 0 0	½ ½ 0	½ ½ 0	½ ½ 0	½ ½ 0	D_4^2	
2′.	½ ½ 0	0 0 0	½ ½ 0	½ ½ 0	0 0 0	½ ½ 0	0 0 0		
3.	0 0 ¼	0 0 ½	0 0 ¾	0 0 0	0 0 ¾	0 0 ½	0 0 ¼	D_4^3	entstanden aus C_4^2
3′.	0 0 ¼	0 0 ½	0 0 ¾	0 0 ½	0 0 ¼	0 0 0	0 0 ¾		
4.	0 0 ¼	0 0 ½	0 0 ¾	½ ½ 0	½ ½ ¾	½ ½ ½	½ ½ ½	D_4^4	
4′.	½ ½ ¼	0 0 ½	½ ½ ¾	½ ½ ¾	0 0 ½	½ ½ ¼	0 0 0		
4.′	¼ ¾ ¼	½ 0 ½	¼ ¼ ¾	½ ½ 0	¾ ¾ ¾	0 ½ ½	¾ ¼ ¼		
5.=5′.	0 0 ½	0 0 0	0 0 ½	0 0 0	0 0 ½	0 0 0	0 0 ½	D_4^5	entstanden aus C_4^3
5″.	½ ½ ½	0 0 0	½ ½ ½	0 0 0	½ ½ ½	0 0 0	½ ½ ½		
6.	0 0 ½	0 0 0	0 0 ½	½ ½ 0	½ ½ ½	½ ½ 0	½ ½ ½	D_4^6	
6′.	½ ½ ½	0 0 0	½ ½ ½	½ ½ ½	0 0 0	½ ½ ½	0 0 0		
7.	0 0 ¾	0 0 ½	0 0 ¼	0 0 0	0 0 ¼	0 0 ½	0 0 ¾	D_4^7	entstanden aus C_4^4
7′.	0 0 ¾	0 0 ½	0 0 ¼	0 0 ½	0 0 ¾	0 0 0	0 0 ¼		
8.	0 0 ¾	0 0 ½	0 0 ¼	½ ½ 0	½ ½ ¼	½ ½ ½	½ ½ ½	D_4^8	
8′.	½ ½ ¾	0 0 ½	½ ½ ¼	½ ½ ¼	0 0 ½	½ ½ ¾	0 0 0		
8″.	¾ ¼ ¾	½ 0 ½	¾ ¾ ¼	½ ½ 0	¼ ¼ ¼	0 ½ ½	¼ ¾ ¾		
	$\begin{matrix} s_1+s_2 \\ -s_1+s_2 \\ 0 \end{matrix}$	$\begin{matrix} 2s_1 \\ 2s_2 \\ 0 \end{matrix}$	$\begin{matrix} s_1-s_2 \\ s_1+s_2 \\ 0 \end{matrix}$	$\begin{matrix} 0 \\ 2s_2 \\ 2s_3 \end{matrix}$	$\begin{matrix} s_1+s_2 \\ s_1+s_2 \\ 2s_3 \end{matrix}$	$\begin{matrix} 2s_1 \\ 0 \\ 2s_3 \end{matrix}$	$\begin{matrix} s_1-s_2 \\ -s_1+s_2 \\ 2s_3 \end{matrix}$		

14. $D_{4\beta} = C_{4\beta} + [\bar x,\, z-x,\, y-x]\, C_{4\beta}$.

Sei $A = [y,\, y-z,\, y-x]$ die Erzeugende von $C_{4\beta}$ und $B = [\bar x,\, z-x,\, y-x]$. Dann folgt aus $B^2 = E$:

$$-\, b^{(1)} + b^{(2)} + b^{(3)} \equiv 0 \quad (\mathrm{mod}\ 1). \tag{1}$$

Aus $AB = BA^3$ folgt $Ab + a \equiv B\,a_3 + b \ (\mathrm{mod}\ 1)$

$$b^{(3)} \equiv b^{(1)} - b^{(2)} \equiv 2\,a^{(1)} + 2\,a^{(2)} - a^{(3)} \quad (\mathrm{mod}\ 1). \tag{2}$$

Für a gibt es nach $C_{4\beta}$ (Seite 147) zwei Lösungen. Wir behaupten, daß für $D_{4\beta}$ zwei Lösungen, deren Differenz den Wert $a = 0$ ergibt, äquivalent sind. Nach (2) ist für deren Differenz $b^{(3)} = 0$, folglich nach (1) $b^{(1)} = b^{(2)}$, so daß

$$0 \equiv (E-A)\,s \equiv \begin{pmatrix} s_1 - s_2 \\ s_3 \\ s_1 - s_2 + s_3 \end{pmatrix} (\mathrm{mod}\ 1) \quad \text{und} \quad b \equiv (E-B)\,s \equiv \begin{pmatrix} 2\,s_1 \\ s_1 + s_2 - s_3 \\ s_1 - s_2 + s_3 \end{pmatrix} (\mathrm{mod}\ 1)$$

die Lösung $s_1 = s_2 = \dfrac{b^{(1)}}{2}$, $s_3 = 0$ besitzt.

Daher tritt außer der Null-Lösung nur noch eine weitere auf, von der wir in der folgenden Tabelle unter 2′ die kristallographische Form angegeben haben, die mit $s_1 = s_2 = \frac18$, $s_3 = 0$ in 2 übergeht.

	$[y,\, y-z,\, y-x]$	$[y-z,\, x-z,\, \bar z]$	$[x-z,\, x,\, x-y]$	$[\bar x,\, z-x,\, y-x]$	$[\bar y,\, \bar x,\, \bar z]$	$[z-y,\, \bar y,\, x-y]$	$[z-x,\, z-y,\, z]$	
1.	0 0 0	0 0 0	0 0 0	0 0 0	0 0 0	0 0 0	0 0 0	D_4^9
2.	$\frac34\ \frac14\ \frac12$	0 0 0	$\frac34\ \frac14\ \frac12$	$0\ \frac12\ \frac12$	$\frac14\ \frac14\ 0$	$0\ \frac12\ \frac12$	$\frac14\ \frac14\ 0$	D_4^{10}
2′.	$\frac34\ \frac14\ \frac12$	0 0 0	$\frac34\ \frac14\ \frac12$	$\frac34\ \frac14\ \frac12$	0 0 0	$\frac34\ \frac14\ \frac12$	0 0 0	
	s_1-s_2; s_3; $s_1-s_2+s_3$	$s_1-s_2+s_3$; $-s_1+s_2+s_3$; $2s_3$	$-s_1+s_2+s_3$; $-s_1+s_2$; $-s_1+s_2+s_3$	$2s_1$; $s_1+s_2-s_3$; $s_1-s_2+s_3$	s_1+s_2; s_1+s_2; $2s_3$	$s_1+s_2-s_3$; $2s_2$; $-s_1+s_2+s_3$	$s_1+s_2+s_3$; $2s_2-s_3$; 0	

15. $D_{4h\alpha} = D_{2h\alpha} + [y,\, x,\, z]\, D_{2h\alpha} = S_{4\alpha} + [x,\, y,\, \bar z]\, S_{4\alpha} + [x,\, \bar y,\, z]\, S_{4\alpha} +$
   $+\, [x,\, \bar y,\, \bar z]\, S_{4\alpha}$.

Die Faktorgruppe $D_{4h\alpha} / S_{4\alpha}$ ist eine Gruppe, die zu $C_{2v\alpha}$ isomorph ist (siehe Seite 137; wenn man in der dortigen Darstellung x und z vertauscht, so erhält man die hier verwendete Form). Sieht man von Vertauschungen der Variablen ab, so gibt es 16 Lösungen.

Zu ihrer Aufstellung gehen wir von $D_{4h\alpha} = D_{2h\alpha} + [y,\, x,\, z]\, D_{2h\alpha}$ aus und setzen $B = [y,\, x,\, z]$. Dann ist

$$b^{(1)} \equiv b^{(2)}, \quad 2\,b^{(3)} \equiv 0 \quad (\mathrm{mod}\ 1).$$

Sei ferner $A_1 = [x, \bar{y}, \bar{z}]$, $A_2 = [\bar{x}, y, \bar{z}]$ (siehe $D_{2\alpha}$). Dann gilt

$$A_1 B = B A_2,$$

und hieraus folgt die Vertauschungsrelation

$$A_1 b + a_1 \equiv B a_2 + b \quad (\text{mod } 1),$$

welche $\qquad\qquad a_1^{(1)} \equiv a_2^{(2)}, \quad a_1^{(3)} \equiv a_2^{(3)} \quad (\text{mod } 1)$

ergibt. Wegen der zweiten Kongruenz fallen alle Lösungen von $D_{2h\alpha}$, welche D_2^2 und D_2^4 als Untergruppen enthalten, außer Betracht (siehe Seite 142), es sind dies (siehe Seite 145):

$$D_{2h}^5, \quad D_{2h}^6, \quad D_{2h}^7, \quad D_{2h}^8, \quad D_{2h}^{15}, \quad D_{2h}^{16}.$$

Sei ferner $A_4 = [\bar{x}, \bar{y}, \bar{z}]$. Aus $A_4 B = B A_4$ folgt die Vertauschungsrelation

$$A_4 b + a_4 \equiv B a_4 + b \quad (\text{mod } 1),$$

woraus $\qquad\qquad a_4^{(1)} \equiv a_4^{(2)} \quad (\text{mod } 1).$

Daher fallen weiter D_{2h}^{11} und D_{2h}^{14} weg.

Ferner sieht man, daß die mit $b^{(1)} = b^{(2)} = 0$ und die mit $b^{(1)} = b^{(2)} = \frac{1}{2}$ gebildeten Lösungen mit $s_1 = \frac{1}{2}$, $s_2 = 0$ äquivalent sind, denn in der Differenz zweier solcher Lösungen tritt in den beiden ersten Komponenten von D_{2h} nur $2 s_1 = 0$, $2 s_2 = 0$ auf.

Somit treten die folgenden Bewegungsgruppen auf:

$$D_{4h}^1 = D_{2h}^1 + [y, x, z]\, D_{2h}^1 \qquad\qquad * D_{4h}^5 = D_{2h}^9 + [y, x, z]\, D_{2h}^9$$

$$D_{4h}^9 = D_{2h}^1 + [y, x, z+\tfrac{1}{2}]\, D_{2h}^1 \qquad * D_{4h}^{13} = D_{2h}^9 + [y, x, z+\tfrac{1}{2}]\, D_{2h}^9$$

$$D_{4h}^{12} = D_{2h}^2 + [y, x, z]\, D_{2h}^2 \qquad\qquad * D_{4h}^{16} = D_{2h}^{10} + [y, x, z]\, D_{2h}^{10}$$

$$* D_{4h}^4 = D_{2h}^2 + [y, x, z+\tfrac{1}{2}]\, D_{2h}^2 \qquad * D_{4h}^8 = D_{2h}^{10} + [y, x, z+\tfrac{1}{2}]\, D_{2h}^{10}$$

$$D_{4h}^{10} = D_{2h}^3 + [y, x, z]\, D_{2h}^3 \qquad\qquad * D_{4h}^{14} = D_{2h}^{12} + [y, x, z]\, D_{2h}^{12}$$

$$D_{4h}^2 = D_{2h}^3 + [y, x, z+\tfrac{1}{2}]\, D_{2h}^3 \qquad * D_{4h}^6 = D_{2h}^{12} + [y, x, z+\tfrac{1}{2}]\, D_{2h}^{12}$$

$$* D_{4h}^3 = D_{2h}^4 + [y, x, z]\, D_{2h}^4 \qquad\qquad * D_{4h}^7 = D_{2h}^{13} + [y, x, z]\, D_{2h}^{13}$$

$$* D_{4h}^{11} = D_{2h}^4 + [y, x, z+\tfrac{1}{2}]\, D_{2h}^4 \qquad * D_{4h}^{15} = D_{2h}^{13} + [y, x, z+\tfrac{1}{2}]\, D_{2h}^{13}$$

Die mit * versehenen Lösungen sind gegenüber der kristallographischen Darstellung verschoben.

16. $D_{4h\beta} = D_{2h\gamma} + [y, x, z]\, D_{2h\gamma}$.

Bilden wir die Faktorgruppe $D_{4h\beta} / S_{4\beta} = C_{2v\gamma}$, so wissen wir von Seite 140, daß es hierzu vier Lösungen gibt, wenn man von der Vertauschung von x und y absieht. Daher gibt es zu $D_{4h\beta}$ vier Bewegungsgruppen. Um sie aufzustellen, gehen wir von $D_{4h\beta} = D_{2h\gamma} + [y, x, z]\, D_{2h\gamma}$ aus und setzen $B = [y, x, z]$. Dann ist $\qquad b^{(1)} + b^{(2)} \equiv 0 \quad (\text{mod } 1), \qquad 2 b^{(3)} \equiv 0 \quad (\text{mod } 1).$ \hfill (1)

Setzen wir ferner (siehe Seite 146) $A = [z-y,\, z-x,\, z]$, so kommt aus $AB = BA$ die Vertauschungsrelation

$$A\,b + a \equiv B\,a + b \quad (\text{mod } 1).$$

Diese ergibt mit (1)

$$a^{(1)} - a^{(2)} \equiv b^{(3)} \quad (\text{mod } 1). \tag{2}$$

Nach dem Ergebnis über $D_{2h\gamma}$ ist hierdurch $b^{(3)}$ bestimmt (siehe Seite 146). Daher erhalten wir die vier Lösungen:

$$D_{4h}^{17} = D_{2h}^{25} + [y,\, x,\, z]\, D_{2h}^{25}, \qquad D_{4h}^{18} = D_{2h}^{26} + [y,\, x,\, z]\, D_{2h}^{26},$$
$$D_{4h}^{19} = D_{2h}^{28} + [y,\, x,\, z+\tfrac{1}{2}]\, D_{2h}^{28}, \qquad D_{4h}^{20} = D_{2h}^{27} + [y,\, x,\, z+\tfrac{1}{2}]\, D_{2h}^{27}.$$

Daß wir die erhaltenen Gruppen richtig bezeichnet haben, stellt man durch einen Vergleich mit dem Lehrbuch von P. NIGGLI, Seite 327–331, fest, wo zu jeder Bewegungsgruppe die Untergruppen angegeben werden.

§ 25. Die Bewegungsgruppen des kubischen Systems

1. $T_\alpha = D_{2\alpha} + [z,\, x,\, y]\, D_{2\alpha} + [y,\, z,\, x]\, D_{2\alpha}.$

Aus dieser Zerlegung folgt, daß die Faktorgruppe $T_\alpha / D_{2\alpha} = C_{3\alpha}$ ist. Sei $A = [z,\, x,\, y]$ die Erzeugende von $C_{3\alpha}$ und seien $B = [\bar{x},\, \bar{y},\, z]$, $C = [x,\, \bar{y},\, \bar{z}]$. Aus $CA = AB$ folgt die Vertauschungsrelation mit Satz 37

welche ergibt $\qquad c \equiv A\,b \quad (\text{mod } 1),$

$$c^{(1)} \equiv b^{(3)} \quad (\text{mod } 1), \qquad c^{(2)} \equiv b^{(1)} \quad (\text{mod } 1), \qquad c^{(3)} \equiv b^{(2)} \quad (\text{mod } 1). \tag{1}$$

Wegen (1) fallen zur Bildung der Bewegungsgruppen von T_α die Lösungen D_2^2 und D_2^3 weg (siehe Seite 142), während D_2^1 und D_2^4 obiger Bedingung genügen. Somit finden wir die Bewegungsgruppen:

$$T^1 = D_2^1 + [z,\, x,\, y]\, D_2^1 + [y,\, z,\, x]\, D_2^1,$$
$$T^4 = D_2^4 + [z,\, x,\, y]\, D_2^4 + [y,\, z,\, x]\, D_2^4.$$

2. $T_\beta = D_{2\beta} + [z,\, x,\, y]\, D_{2\beta} + [y,\, z,\, x]\, D_{2\beta}.$

Seien $A = [z,\, x,\, y]$, $B = [y,\, x,\, \bar{x}-y-z]$, $C = [\bar{x}-y-z,\, z,\, y]$. Aus $CA = AB$ folgt die Vertauschungsrelation

$$C\,a + c \equiv A\,b + a \quad (\text{mod } 1),$$

und hieraus mittels $a^{(1)} + a^{(2)} + a^{(3)} \equiv 0 \pmod 1$

$$a^{(1)} \equiv c^{(1)} - b^{(3)} \quad (\text{mod } 1).$$

Da für $D_{2\beta}$ nur die Null-Lösung auftritt (siehe Seite 142), darf nach Satz 37 $c^{(1)} = b^{(3)} = 0$ gesetzt werden, somit muß $a^{(1)} = 0$ sein. In analoger Art müssen $a^{(2)} = a^{(3)} = 0$ sein. Daher gibt es zu T_β nur die Null-Lösung, sie heißt T^2.

3. $T_\gamma = D_{2\gamma} + [z,\, x,\, y]\, D_{2\gamma} + [y,\, z,\, x]\, D_{2\gamma}$.

Seien $A = [z,\, x,\, y]$, $B = [y-z,\, x-z,\, \bar{z}]$, $C = [\bar{x},\, z-x,\, y-x]$.

Aus $CA = AB$ folgt mittels der Vertauschungsrelation $2\, a^{(1)} \equiv c^{(1)} - b^{(3)}$ (mod 1), somit wie oben $a^{(1)} = 0$ und durch zyklische Vertauschung $a^{(2)} = a^{(3)} = 0$.

Zu $D_{2\gamma}$ gibt es zwei Lösungen, die beide die zyklische Vertauschung der Variablen gestatten (D_2^9 in der Form 2'), daher erhalten wir

$$T^3 = D_2^8 + [z,\, x,\, y]\, D_2^8 + [y,\, z,\, x]\, D_2^8,$$
$$T^5 = D_2^9 + [z,\, x,\, y]\, D_2^9 + [y,\, z,\, x]\, D_2^9.$$

4. $T_{h\alpha} = D_{2h\alpha} + [z,\, x,\, y]\, D_{2h\alpha} + [y,\, z,\, x]\, D_{2h\alpha}$; $T_{h\alpha}/D_{2h\alpha} = C_{3\alpha}$.

Nach Satz 37 nehmen wir die Verschiebungen von $C_{3\alpha}$ gleich Null. Ferner können nur diejenigen Lösungen von $D_{2h\alpha}$ genommen werden, die die zyklische Vertauschung der Variablen zulassen; es sind dies D_{2h}^1, D_{2h}^2 und D_{2h}^{15} (siehe Seite 142 und 145). Daher erhalten wir

$$T_h^1 = D_{2h}^1 + [z,\, x,\, y]\, D_{2h}^1 + [y,\, x,\, z]\, D_{2h}^1,$$
$$T_h^2 = D_{2h}^2 + [z,\, x,\, y]\, D_{2h}^2 + [y,\, x,\, z]\, D_{2h}^2,$$
$$T_h^6 = D_{2h}^{15} + [z,\, x,\, y]\, D_{2h}^{15} + [y,\, x,\, z]\, D_{2h}^{15}.$$

5. $T_{h\beta} = D_{2h\beta} + [z,\, x,\, y]\, D_{2h\beta} + [y,\, x,\, z]\, D_{2h\beta}$; $T_{h\beta}/D_{2h\beta} = C_{3\alpha}$.
Analog wie bei 4. finden wir

$$T_h^3 = D_{2h}^{23} + [z,\, x,\, y]\, D_{2h}^{23} + [y,\, x,\, z]\, D_{2h}^{23},$$
$$T_h^4 = D_{2h}^{24} + [z,\, x,\, y]\, D_{2h}^{24} + [y,\, x,\, z]\, D_{2h}^{24}.$$

6. $T_{h\gamma} = D_{2h\gamma} + [z,\, x,\, y]\, D_{2h\gamma} + [y,\, x,\, z]\, D_{2h\gamma}$; $T_{h\gamma}/D_{2h\gamma} = C_{3\alpha}$.
Wie bei 4. finden wir

$$T_h^5 = D_{2h}^{25} + [z,\, x,\, y]\, D_{2h}^{25} + [y,\, x,\, z]\, D_{2h}^{25},$$
$$T_h^7 = D_{2h}^{27} + [z,\, x,\, y]\, D_{2h}^{27} + [y,\, x,\, z]\, D_{2h}^{27}.$$

7. $T_{d\alpha} = C_{3v\alpha} + [x,\, \bar{y},\, \bar{z}]\, C_{3v\alpha} + [\bar{x},\, y,\, \bar{z}]\, C_{3v\alpha} + [\bar{x},\, \bar{y},\, z]\, C_{3v\alpha}$; $T_{d\alpha}/C_{3v\alpha} = D_{2\alpha}$.
Setzen wir $A = [z,\, x,\, y]$, $M = [y,\, x,\, z]$, $B = [x,\, \bar{y},\, \bar{z}]$, $C = [\bar{x},\, y,\, \bar{z}]$, $D = [\bar{x},\, \bar{y},\, z]$.
Aus $BM = MC$ kommt $b^{(3)} = c^{(3)}$, daher fällt D_2^4 weg (Siehe Seite 142).
Aus $BA = AD$ kommt $b^{(1)} = d^{(3)}$, daher fallen D_2^2 und D_2^3 weg.
Somit erhalten wir

$$T_d^1 = C_{3v}^5 + [x,\, \bar{y},\, \bar{z}]\, C_{3v}^5 + [\bar{x},\, y,\, \bar{z}]\, C_{3v}^5 + [\bar{x},\, \bar{y},\, z]\, C_{3v}^5,$$
$$T_d^4 = C_{3v}^6 + [x,\, \bar{y},\, \bar{z}]\, C_{3v}^6 + [\bar{x},\, y,\, \bar{z}]\, C_{3v}^6 + [\bar{x},\, \bar{y},\, z]\, C_{3v}^6.$$

Anderer Weg: Setzt man $T_{d\alpha} = T_\alpha + [y, x, z]\, T_\alpha$, so fällt wegen $b^{(3)} = c^{(3)}$ die Lösung T^4 weg. Aus $A M = M A^2$ folgt mit $a = 0$

$$m^{(1)} = m^{(2)} = m^{(3)} = \begin{cases} 0 \\ \tfrac{1}{2} \end{cases},$$

somit haben wir

$$T_d^1 = T^1 + [y, x, z]\, T^1,$$
$$T_d^4 = T^1 + [y+\tfrac{1}{2},\ x+\tfrac{1}{2},\ z+\tfrac{1}{2}]\, T^1.$$

8. $T_{d\beta} = T_\beta + [y, x, z]\, T_\beta$.

Wie bei 7. erhalten wir

$$T_d^2 = T^2 + [y, x, z]\, T^2,$$
$$T_d^5 = T^2 + [y+\tfrac{1}{2},\ x+\tfrac{1}{2},\ z+\tfrac{1}{2}]\, T^2.$$

9. $T_{d\gamma} = T_\gamma + [y, x, z]\, T_\gamma$.

Sei $M = [y, x, z]$. Wie bei 7. muß $m^{(1)} = m^{(2)} = m^{(3)} = \begin{cases} 0 \\ \tfrac{1}{2} \end{cases}$ sein.

Sind ferner $B = [\bar{x},\ z-x,\ y-x]$ und $C = [z-y,\ \bar{y},\ x-y]$ aus $D_{2\gamma}$, so gilt $M B = C M$ und daher die Vertauschungsrelation

$$M b + m \equiv C m + c \quad (\text{mod } 1),$$

woraus

$$c^{(1)} + b^{(2)} \equiv m^{(3)} \quad (\text{mod } 1),$$
$$b^{(3)} + c^{(3)} \equiv m^{(3)} \quad (\text{mod } 1).$$

Daher sind $T^3 + [y+\tfrac{1}{2},\ x+\tfrac{1}{2},\ z+\tfrac{1}{2}]\, T^3$ und $T^5 + [y, x, z]\, T^5$ unmöglich; wir erhalten

$$T_d^3 = T^3 + [y, x, z]\, T^3.$$
$$T_d^6 = T^5 + [y+\tfrac{1}{2},\ x+\tfrac{1}{2},\ z+\tfrac{1}{2}]\, T^5.$$

10. $O_\alpha = D_{4\alpha} + [z, x, y]\, D_{4\alpha} + [y, z, x]\, D_{4\alpha}.$ $O_\alpha / D_{4\alpha} = C_{3\alpha}$.

Für $C_{3\alpha}$ kommt wiederum nur die Null-Lösung in Betracht. Ferner ist zu erwarten, daß nur diejenigen Lösungen von $D_{4\alpha}$ auftreten können, die bei zyklischer Vertauschung der Variablen in sich übergehen. Zum Beweis sei $A = [z, x, y]$ die Erzeugende von $C_{3\alpha}$, $B = [\bar{x}, \bar{y}, z]$ und $C = [x, \bar{y}, \bar{z}]$ seien Elemente aus $D_{2\alpha}$. Aus $A B = C A$ folgt die Vertauschungsrelation $A b + a \equiv C a + c$ (mod 1), die liefert

$$b^{(3)} \equiv c^{(1)}, \qquad b^{(1)} \equiv c^{(2)}, \qquad b^{(2)} \equiv c^{(3)} \quad (\text{mod } 1). \tag{1}$$

Seien ferner $L = [\bar{y}, x, z]$ und $M = [y, \bar{x}, z]$ Elemente aus $D_{4\alpha}$. Aus $A L = M A^2$ folgt die Vertauschungsrelation $A l + a \equiv M a_2 + m$ (mod 1), und hieraus mit $a = 0$

$$l^{(3)} \equiv m^{(1)}, \qquad l^{(1)} \equiv m^{(2)}, \qquad l^{(2)} \equiv m^{(3)} \quad (\text{mod } 1). \tag{2}$$

Wie man aus der Tabelle für $D_{4\alpha}$ sieht (siehe Seite 154), sind (1) und (2) nur für D_4^1, D_4^4, D_4^5 und D_4^8 erfüllt, und zwar in den Darstellungen 1, 4″, 5″ und 8″. Somit treten folgende Bewegungsgruppen auf:

$$O^1 = D_4^1 + [z,\, x,\, y]\, D_4^1 + [y,\, z,\, x]\, D_4^1 = T^1 + [y,\, \bar{x},\, z]\, T^1,$$

$$O^2 = D_4^5 + [z,\, x,\, y]\, D_4^5 + [y,\, z,\, x]\, D_4^5 = T^1 + [y+\tfrac{1}{2},\, \bar{x}+\tfrac{1}{2},\, z+\tfrac{1}{2}]\, T^1,$$

$$O^6 = D_4^8 + [z,\, x,\, y]\, D_4^8 + [y,\, z,\, x]\, D_4^8 = T^4 + [y+\tfrac{3}{4},\, \bar{x}+\tfrac{3}{4},\, z+\tfrac{1}{4}]\, T^4,$$

$$O^7 = D_4^4 + [z,\, x,\, y]\, D_4^4 + [y,\, z,\, x]\, D_4^4 = T^4 + [y+\tfrac{1}{4},\, \bar{x}+\tfrac{1}{4},\, z+\tfrac{3}{4}]\, T^4.$$

Unterscheiden wir verschiedenen Windungssinn der Viererachse nicht, so wird $O^6 = O^7$ (siehe $D_{4\alpha}$).

11. $O_\beta = T_\beta + [x+y+z,\, \bar{z},\, \bar{x}]\, T_\beta$.

Setzen wir $U^{-1}\,[\bar{y},\, x,\, z]\, U = [x+y+z,\, \bar{z},\, \bar{x}] = L$, so folgt aus $L^2 = E$

$$2l^{(1)} + l^{(2)} + l^{(3)} \equiv 0 \quad (\mathrm{mod}\ 1),$$

$$-\, l^{(3)} + l^{(2)} \equiv 0 \quad (\mathrm{mod}\ 1),$$

$$-\, l^{(1)} + l^{(3)} \equiv 0 \quad (\mathrm{mod}\ 1).$$

Hieraus folgt $\qquad l^{(1)} = l^{(2)} = l^{(3)} = 0,\quad \tfrac{1}{2},\quad \pm\tfrac{1}{4}.$

Setzen wir $l^{(1)} = \tfrac{1}{2}$, so erhalten wir eine zur Null-Lösung äquivalente Lösung; die Äquivalenz wird durch $s_1 = s_2 = \tfrac{1}{2}$, $s_3 = 0$ vermittelt. $l^{(1)} = \tfrac{1}{4}$ und $l^{(1)} = -\tfrac{1}{4}$ ergeben als Differenz $l^{(1)} = \tfrac{1}{2}$ und sind daher äquivalent. Somit treten nur auf

$$O^3 = T^2 + [x+y+z,\, \bar{z},\, \bar{x}]\, T^2,$$

$$O^4 = T^2 + [x+y+z+\tfrac{1}{4},\, \bar{z}+\tfrac{1}{4},\, \bar{x}+\tfrac{1}{4}]\, T^2.$$

12. $O_\gamma = D_{4\beta} + [z,\, x,\, y]\, D_{4\beta} + [y,\, z,\, x]\, D_{4\beta} = T_\gamma + [x-z,\, x,\, x-y]\, T_\gamma$.

Analog den vorigen Beispielen sieht man leicht, daß folgende Bewegungsgruppen auftreten

$$O^5 = D_4^9 + [z,\, x,\, y]\, D_4^9 + [y,\, z,\, x]\, D_4^9 = T^3 + [x-z,\, x,\, x-y]\, T^3,$$

$$O^8 = D_4^{10} + [z,\, x,\, y]\, D_4^{10} + [y,\, z,\, x]\, D_4^{10} = T^5 + [x-z,\, x,\, x-y]\, T^5.$$

13. $O_{h\alpha} = O_\alpha + [y,\, x,\, z]\, O_\alpha$.

Sei $C = [y,\, x,\, z]$, $A = [x,\, \bar{y},\, \bar{z}]$ und $B = [\bar{x},\, y,\, \bar{z}]$ aus O.

Aus $C^2 = E$ folgt $2c^{(3)} = 0$. Aus $AC = CB$ folgt die Vertauschungsrelation $Ac + a \equiv Cb + c \ (\mathrm{mod}\ 1)$, deren dritte Zeile ergibt

$$a^{(3)} - b^{(3)} = 2c^{(3)} = 0.$$

Somit fallen O^6 und O^7 nicht in Betracht, denn D_4^8 und D_4^4 erfüllen diese Bedingung nicht (siehe Seite 154).

Außerdem muß wegen der zyklischen Vertauschung $c^{(1)} = c^{(2)} = c^{(3)}$ sein.
Daher treten auf

$$O_h^1 = O^1 + [y, x, z]\, O^1,$$
$$O_h^2 = O^1 + [y+\tfrac{1}{2},\ x+\tfrac{1}{2},\ z+\tfrac{1}{2}]\, O^1,$$
$$O_h^3 = O^2 + [y+\tfrac{1}{2},\ x+\tfrac{1}{2},\ z+\tfrac{1}{2}]\, O^2,$$
$$O_h^4 = O^2 + [y, x, z]\, O^2.$$

14. $O_{h\beta} = O_\beta + [y, x, z]\, O_\beta.$

Man findet leicht

$$O_h^5 = O^3 + [y, x, z]\, O^3,$$
$$O_h^6 = O^3 + [y+\tfrac{1}{2},\ x+\tfrac{1}{2},\ z+\tfrac{1}{2}]\, O^3,$$
$$O_h^7 = O^4 + [y, x, z]\, O^4,$$
$$O_h^8 = O^4 + [y+\tfrac{1}{2},\ x+\tfrac{1}{2},\ z+\tfrac{1}{2}]\, O^4.$$

15. $O_{h\gamma} = O_\gamma + [y, x, z]\, O_\gamma.$

Seien $C = [y, x, z]$, $A = [\bar{x}, z-x, y-x]$, $B = [z-y, \bar{y}, x-y]$. Aus $C^2 = E$
und $AC = CB$ folgen

$$c^{(1)} + c^{(2)} \equiv 0 \quad (\text{mod } 1), \qquad b^{(1)} - a^{(2)} \equiv c^{(3)} \quad (\text{mod } 1).$$

Hierdurch ist $c^{(3)}$ bestimmt. Die Tabelle für $D_{4\beta}$ auf Seite 155 liefert $c^{(3)} = 0$
für D_4^9 und $c^{(3)} = \tfrac{1}{2}$ für D_4^{10}. Somit treten auf:

$$O_h^9 = O^5 + [y, x, z]\, O^5.$$
$$O_h^{10} = O^8 + [y, x, z+\tfrac{1}{2}]\, O^8.$$

———

Zusammenfassend erhalten wir:

*Es gibt 230 räumliche Bewegungsgruppen, wenn man den Windungssinn der
Achsen beachtet. Identifiziert man Gruppen mit verschiedenem Windungssinn der
Achsen, so treten 219 Bewegungsgruppen auf.*

§ 26. *Bewegungsgruppen im Raume von n Dimensionen*

Wir wollen in diesem Paragraphen einige Sätze herleiten, die sich auf Bewegungsgruppen in einem Raume von n Dimensionen beziehen und die sich mit den Methoden beweisen lassen, die wir im vorhergehenden entwickelt haben.

1. *Zyklische Gruppen.*

Sei $A = (1, 2, ..., n)$ das erzeugende Element einer zyklischen Gruppe der Ordnung n, geschrieben als zyklische Vertauschung der n Zahlen $1, 2, ..., n$. Es gilt $A^n = E$. Ordnen wir jeder Zahl $1, 2, ..., n$ eine Variable $x_1, x_2, ..., x_n$ zu, so gehen unter A über: x_1 in x_2, x_2 in x_3, ..., x_{n-1} in x_n und x_n in x_1. Daher erhalten wir für A die folgende Darstellung durch eine quadratische Matrix

$$A = \begin{pmatrix} 0 & 1 & 0 & . & . & . & 0 \\ 0 & 0 & 1 & . & . & . & 0 \\ \multicolumn{7}{c}{\dotfill} \\ 0 & . & . & . & . & 0 & 1 \\ 1 & 0 & 0 & . & . & . & 0 \end{pmatrix}.$$

Diese besitzt n Zeilen und n Kolonnen und heißt daher vom *Grade n*; man nennt sie in der Gruppentheorie die reguläre Darstellung von A.

Sei (A, a) das erzeugende Element einer zugehörigen Bewegungsgruppe. Wir behaupten, daß jede Lösung (A, a) der Null-Lösung äquivalent ist. Nach Satz 33 müssen wir zum Beweis zeigen, daß sich

$$a \equiv (E - A)\, s \quad (\mathrm{mod}\ 1) \tag{1}$$

in s lösen läßt. (1) lautet ausgeschrieben

$$a^{(1)} \equiv s_1 - s_2 \quad (\mathrm{mod}\ 1)$$
$$a^{(2)} \equiv s_2 - s_3 \quad (\mathrm{mod}\ 1)$$
$$\dotfill \tag{2}$$
$$a^{(n)} \equiv s_n - s_1 \quad (\mathrm{mod}\ 1).$$

Bezeichnen wir $s_i - s_{i+1} = t_i$, so wird

$$t_1 + \cdots + t_n = 0. \tag{3}$$

Aus
$$A^n = E$$
folgt nach § 18, Gleichung I

$$(A^{n-1} + A^{n-2} + \cdots + A + E)\, a \equiv 0 \quad (\mathrm{mod}\ 1). \tag{4}$$

Rechnen wir $A^{n-1} + \cdots + A + E$ aus, so erhalten wir die n-reihige quadratische Matrix, an deren jeder Stelle eine 1 steht und die wir im folgenden mit H_n bezeichnen wollen. Hiermit wird aus (4)

$$H_n\, a = \begin{pmatrix} 1 & 1 & \cdot & \cdot & \cdot & 1 \\ 1 & 1 & \cdot & \cdot & \cdot & 1 \\ \cdots\cdots\cdots\cdots \\ 1 & 1 & \cdot & \cdot & \cdot & 1 \end{pmatrix} a \equiv 0 \quad (\text{mod } 1), \tag{5}$$

was für a nur die eine Bedingung bedeutet

$$a^{(1)} + a^{(2)} + \cdots + a^{(n)} \equiv 0 \quad (\text{mod } 1). \tag{6}$$

Lösen wir die $n-1$ ersten Kongruenzen von (2), indem wir

$$a^{(i)} = t_i, \quad i = 1, \ldots, n-1$$

setzen, so ist nach (3) und (6) auch die n-te Kongruenz $a^{(n)} \equiv t_n$ (mod 1) erfüllt. Somit

SATZ 39: *Zur zyklischen Permutationsgruppe von n Elementen in ihrer regulären Darstellung in n Dimensionen gibt es nur eine Bewegungsgruppe.*

In der Ebene $n = 2$ haben wir auf diese Weise die Klasse C_k mit der Bewegungsgruppe C_k^{I} (siehe Seite 113), im Raume die Klasse $C_{3\alpha}$ mit der Bewegungsgruppe C_3^4 (siehe Seite 130) gefunden.

2. *Die symmetrische Gruppe.*

Wir behaupten, daß die $n-1$ Elemente

$$A_1 = (1, 2), \quad A_2 = (2, 3), \quad \ldots, \quad A_{n-1} = (n-1, n) \tag{A}$$

die symmetrische Gruppe der n Elemente $1, 2, \ldots, n$ erzeugen. Zum Beweise zeigen wir

a) jede Transposition $(i, i+k)$,

b) jeder Zyklus $(1, 2, \ldots, m)$

läßt sich als Produkt der erzeugenden Elemente schreiben. Um mit der unten auftretenden Multiplikation der Matrizen in Einklang zu kommen, schreiben wir die Produkte der Zyklen der Transpositionen von *links* nach *rechts*.

a) $(i, i+k) =$

$$= (i, i+1)\,(i+1, i+2) \cdots (i+k-1, i+k)\,(i+k-2, i+k-1) \cdots (i+1, i).$$

Dies bedeutet: Man vertauscht zuerst i mit $i+1$, darauf $i+1$ mit $i+2$ usw., bis $i+k$ an der i-ten Stelle steht. Sodann muß man i an die $(i+k)$-te Stelle bringen.

b) $(1, 2, ..., m) = (m - 1, m) ... (2, 3) (1, 2)$.

Hierdurch ist unsere Behauptung bewiesen, denn jede Permutation ist das Produkt von Zyklen. Hat ein Zyklus die Form $(1, 2, ..., m)$, so kann man ihn nach b) durch die Erzeugenden darstellen. Hat er die Form $(i_1, i_2, ..., i_m)$, so bringen wir ihn durch b) auf ein Produkt von Transpositionen; auf jede dieser wenden wir a) an, womit er durch die Erzeugenden dargestellt ist.

Aus der Schreibweise (A) der Erzeugenden sieht man unmittelbar, daß gilt

$$A_k A_{k+1} = (k, k+2, k+1) \quad \text{und} \quad A_k A_l = (k, k+1) (l, l+1) \quad \text{für} \quad l > k+1,$$

und daß somit zwischen ihnen die Relationen bestehen:

$$\text{I. } A_k^2 = E, \quad k = 1, 2, ..., n-1;$$
$$\text{II. } (A_k A_{k+1})^3 = E, \quad k = 1, 2, ..., n-2;$$
$$\text{III. } (A_k A_l)^2 = E, \quad l > k+1; \quad k = 1, 2, ..., n-3.$$

Wir untersuchen zuerst die symmetrische Gruppe $\mathfrak{S}_3$ von drei Elementen und der Ordnung 6. Sie wird nach dem vorangehenden erzeugt durch

$$A_1 = (1, 2) = \begin{pmatrix} 0 & 1 & 0 \\ 1 & 0 & 0 \\ 0 & 0 & 1 \end{pmatrix} \quad \text{und} \quad A_2 = (2, 3) = \begin{pmatrix} 1 & 0 & 0 \\ 0 & 0 & 1 \\ 0 & 1 & 0 \end{pmatrix}.$$

Wir stellen die FROBENIUSschen Kongruenzen für die Erzeugenden (A_1, a_1) und (A_2, a_2) der zugehörigen Bewegungsgruppen auf:

Aus $A_1^2 = E$ folgt $(E + A_1) a_1 \equiv 0 \pmod 1$, was ergibt

$$a_1^{(1)} + a_1^{(2)} \equiv 0 \quad \pmod 1, \tag{1}$$
$$2 a_1^{(3)} \equiv 0 \quad \pmod 1. \tag{2}$$

Aus $A_2^2 = E$ folgt $(E + A_2) a_2 \equiv 0 \pmod 1$, was ergibt

$$2 a_2^{(1)} \equiv 0 \quad \pmod 1, \tag{3}$$
$$a_2^{(2)} + a_2^{(3)} \equiv 0 \quad \pmod 1. \tag{4}$$

Aus $(A_1 A_2)^3 = E$ folgt nach der Formel $(B, b)^3 = [B^3, (B^2 + B + E) b]$

$$[(A_1 A_2)^2 + A_1 A_2 + E] (A_1 a_2 + a_1) \equiv 0 \quad \pmod 1. \tag{5}$$

Nun ergibt, wie man leicht nachrechnet, $(A_1 A_2)^2 + A_1 A_2 + E$ die Matrix, bei der an jeder Stelle eine 1 steht und die wir im folgenden mit H_3 bezeichnen. Da die Multiplikation dieser Matrix mit A_1 die Vertauschung zweier Kolonnen bewirkt, ergibt der Koeffizient von a_2 ebenfalls die Matrix H_3, so daß (5) ergibt

$$H_3 (a_1 + a_2) \equiv 0 \quad \pmod 1,$$

oder $\qquad a_1^{(1)} + a_1^{(2)} + a_1^{(3)} + a_2^{(1)} + a_2^{(2)} + a_2^{(3)} \equiv 0 \quad \pmod 1. \tag{6}$

Wegen (1) und (4) wird hieraus

$$a_1^{(3)} + a_2^{(1)} \equiv 0 \quad (\mathrm{mod}\ 1), \tag{7}$$

und daher mittels (2) und (3)

$$a_1^{(3)} \equiv a_2^{(1)} \equiv \left\{ \begin{array}{c} 0 \\ \tfrac{1}{2} \end{array} \right. \quad (\mathrm{mod}\ 1). \tag{8}$$

Nach Satz 29 sind zwei Lösungen äquivalent, wenn es eine Spalte s gibt, so daß die Differenz dieser beiden Lösungen, die wir kurz wiederum mit a_i bezeichnen, die folgenden Kongruenzen erfüllt

$$(E - A_1)\, s \equiv a_1 \quad (\mathrm{mod}\ 1),$$

oder ausgeschrieben
$$\begin{pmatrix} s_1 - s_2 \\ -s_1 + s_2 \\ 0 \end{pmatrix} \equiv \begin{pmatrix} a_1^{(1)} \\ a_1^{(2)} \\ a_1^{(3)} \end{pmatrix} \quad (\mathrm{mod}\ 1), \tag{9}$$

und
$$(E - A_2)\, s \equiv \begin{pmatrix} 0 \\ s_2 - s_1 \\ -s_2 + s_3 \end{pmatrix} \equiv \begin{pmatrix} a_2^{(1)} \\ a_2^{(2)} \\ a_2^{(3)} \end{pmatrix} \quad (\mathrm{mod}\ 1). \tag{10}$$

Wenn $a_1^{(3)} = a_2^{(1)} = 0$ ist, so sind (9) und (10) wegen (1) und (4) durch Bestimmung von s zu lösen: Null-Lösung, in der Kristallographie mit C_{3v}^5 bezeichnet (siehe Seite 131). Ist hingegen $a_1^{(3)} = a_2^{(1)} = \tfrac{1}{2}$, so sind (9) und (10) nicht zu lösen, und wir erhalten die Bewegungsgruppe C_{3v}^6.

Wir werden am Ende dieses Abschnittes über die symmetrische Gruppe begründen, warum die beiden angegebenen Lösungen auch nicht durch einen Automorphismus der Gruppe äquivalent werden können und dadurch rechtfertigen, daß das vereinfachte Äquivalenzkriterium ausreichend ist.

Als Verallgemeinerung dieses Ergebnisses wollen wir im folgenden beweisen, daß es zur symmetrischen Gruppe $\mathfrak{S}_n$ von $n \geqq 3$ Dingen in ihrer angegebenen Darstellung durch Permutationen stets genau zwei Bewegungsgruppen gibt. Dieser Satz ist nach dem bewiesenen richtig für $n = 3$; nehmen wir an, daß er für die $\mathfrak{S}_n$ gelte und beweisen, daß er dann auch für die $\mathfrak{S}_{n+1}$ richtig ist.

Bezeichnen wir wiederum mit a_i die Differenzen zweier Lösungen, so behaupten wir genauer:

Als solche Differenzen treten nur auf:

I.   a) $a_i^{(k)} = 0$ für $k \neq i$, $k \neq i + 1$, $i = 1, \ldots, n$.

      b) $a_i^{(i)} = - a_i^{(i+1)}$,

      Null-Lösung.

II. a) $a_i^{(k)} = \tfrac{1}{2}$ für $k \neq i$, $k \neq i + 1$, $i = 1, \ldots, n$,

      b) $a_i^{(i)} = - a_i^{(i+1)}$.

Damit zwei Lösungen äquivalent sind, muß für ihre Differenz a_i nach Satz 29 gelten:

1) $(E - A_1)\, s \equiv a_1 \pmod 1$,

   oder ausführlich geschrieben (wir lassen im folgenden «mod 1» stets weg)

$$
\begin{aligned}
s_1 - s_2 &\equiv a_1^{(1)} & (1, 1) \\
- s_1 + s_2 &\equiv a_1^{(2)} & (1, 2) \\
0 &\equiv a_1^{(3)} & (1, 3) \\
&\;\cdots\cdots\cdots \\
0 &\equiv a_1^{(n+1)} & (1, n+1)
\end{aligned}
$$

Entsprechende Kongruenzen müssen für die Erzeugenden $A_2, \ldots, A_{n-2}$ bestehen bis zu

$n - 1)$ $(E - A_{n-1})\, s \equiv a_{n-1}$

$$
\begin{aligned}
0 &\equiv a_{n-1}^{(1)} & (n-1,\, 1) \\
&\;\cdots\cdots\cdots \\
0 &\equiv a_{n-1}^{(n-2)} & (n-1,\, n-2) \\
s_{n-1} - s_n &\equiv a_{n-1}^{(n-1)} & (n-1,\, n-1) \\
- s_{n-1} + s_n &\equiv a_{n-1}^{(n)} & (n-1,\, n) \\
0 &\equiv a_{n-1}^{(n+1)} & (n-1,\, n+1)
\end{aligned}
$$

$n)$ $(E - A_n)\, s \equiv a_n$

$$
\begin{aligned}
0 &\equiv a_n^{(1)} & (n,\, 1) \\
&\;\cdots\cdots\cdots \\
0 &\equiv a_n^{(n-1)} & (n,\, n-1) \\
s_n - s_{n+1} &\equiv a_n^{(n)} & (n,\, n) \\
- s_n + s_{n+1} &\equiv a_n^{(n+1)} & (n,\, n+1)
\end{aligned}
$$

Beweis der Behauptung b) für $i = n$:

Aus $A_n^2 = E$ folgt in der letzten Zeile

$$
a_n^{(n)} + a_n^{(n+1)} \equiv 0. \tag{11}
$$

(n, n) ist durch die Wahl von s_{n+1} zu erfüllen, $(n, n+1)$ ist nach (11) eine Folge davon.

Beweis der Behauptung a):

Aus $(A_1 A_n)^2 = E$ folgt

$$
A_1 (A_n A_1 + E)\, a_n + (A_1 A_n + E)\, a_1 \equiv 0,
$$

oder ausgeschrieben

$$\begin{pmatrix} 1 & 1 & 0 & \cdot & \cdot & \cdot & 0 \\ 1 & 1 & 0 & & & & \cdot \\ 0 & 0 & 2 & & & & \cdot \\ \cdot & & & \cdot & & & \cdot \\ \cdot & & & & 2 & 0 & 0 \\ \cdot & & & & 0 & 1 & 1 \\ 0 & \cdot & \cdot & \cdot & 0 & 1 & 1 \end{pmatrix} (a_1 + a_n) \equiv 0.$$

Die $(n+1)$-te dieser Kongruenzen lautet

$$a_1^{(n)} + a_1^{(n+1)} + a_n^{(n)} + a_n^{(n+1)} \equiv 0,$$

was mit Rücksicht auf (11) ergibt

$$a_1^{(n)} + a_1^{(n+1)} \equiv 0. \tag{12}$$

Aus $A_1^2 = E$ folgt weiter

$$2\,a_1^{(n+1)} \equiv 0, \tag{13}$$

so daß mit Induktionsvoraussetzung und (12) folgt

$$a_1^{(3)} = a_1^{(4)} = \cdots = a_1^{(n)} = a_1^{(n+1)} = \left\{ \begin{matrix} 0 \\ \tfrac{1}{2} \end{matrix} \right. . \tag{14}$$

Aus $A_2^2 = E$ folgt $\qquad\qquad 2\,a_2^{(n+1)} \equiv 0, \tag{15}$

aus $(A_1 A_2)^3 = E$ folgt $\qquad 3\,(a_1^{(n+1)} + a_2^{(n+1)}) \equiv 0.$

Hierin (13) und (15) eingetragen ergibt

$$a_1^{(n+1)} + a_2^{(n+1)} \equiv 0. \tag{16}$$

Somit wird mit Induktionsannahme und (14) und (15)

$$a_1^{(3)} = \cdots = a_1^{(n+1)} = a_2^{(1)} = a_2^{(4)} = \cdots = a_2^{(n+1)}. \tag{17}$$

Auf diese Weise fahren wir fort, bis wir schließen:

Aus $A_{n-2}^2 = E$ folgt $\qquad\qquad 2\,a_{n-2}^{(n+1)} \equiv 0. \tag{18}$

Aus $A_{n-1}^2 = E$ folgt $\qquad\qquad 2\,a_{n-1}^{(n+1)} \equiv 0. \tag{19}$

Aus $(A_{n-2} A_{n-1})^3 = E$ folgt

$$3\,(a_{n-2}^{(n+1)} + a_{n-1}^{(n+1)}) \equiv 0$$

und hieraus unter Berücksichtigung von (18) und (19)

$$a_{n-2}^{(n+1)} \equiv -\,a_{n-1}^{(n+1)},$$

womit die Behauptung für $i = 1, \ldots, n-1$ bewiesen ist. Um den Beweis endlich für $i = n$ zu führen, betrachten wir

$$A_{n-1}^2 = E, \qquad A_n^2 = E, \qquad (A_{n-1} A_n)^3 = E.$$

Hieraus folgen die Kongruenzen

$$2\,a^{(1)}_{n-1} \equiv \cdots \equiv 2\,a^{(n-2)}_{n-1} \equiv 0, \quad a^{(n-1)}_{n-1} + a^{(n)}_{n-1} \equiv 0, \quad 2\,a^{(n+1)}_{n-1} \equiv 0.$$

$$2\,a^{(1)}_{n} \equiv \cdots \equiv 2\,a^{(n-1)}_{n} \equiv 0, \quad a^{(n)}_{n} + a^{(n+1)}_{n} \equiv 0,$$

$$3\,(a^{(1)}_{n-1} + a^{(1)}_{n}) \equiv 0, \ \ldots, \quad 3\,(a^{(n-2)}_{n-1} + a^{(n-2)}_{n}) \equiv 0.$$

Aus ihnen folgen mit Induktionsvoraussetzung

$$a^{(1)}_{n} = \cdots = a^{(n-2)}_{n} = \begin{cases} 0 \\ \tfrac{1}{2} \end{cases}.$$

Ferner läßt sich (n, n) durch Wahl von s_{n+1} lösen und $(n, n+1)$ ist wegen $a^{(n)}_{n} \equiv - a^{(n+1)}_{n}$ eine Folge davon. Hiermit ist unsere Behauptung in allen Teilen bewiesen.

Wir wollen zeigen, daß die beiden angegebenen Lösungen auch nicht bei einem Automorphismus der Gruppe äquivalent werden. Dabei dürfen wir ohne Einschränkung der Allgemeinheit annehmen, daß A_1 auf A_2 oder A_1 auf A_3 abgebildet werde.

a) A_1 werde auf A_2 abgebildet. Wir dürfen der Kürze halber die Matrizen dreireihig schreiben. Es ist

$$U^{-1} A_1 U = A_2 \qquad \text{mit} \qquad U = \begin{pmatrix} 0 & 0 & 1 \\ 0 & 1 & 0 \\ 1 & 0 & 0 \end{pmatrix}.$$

Die Äquivalenzbedingung lautet jetzt nach Satz 29, Gleichung (1)

$$(0) - \begin{pmatrix} 0 & 0 & 1 \\ 0 & 1 & 0 \\ 1 & 0 & 0 \end{pmatrix} \begin{pmatrix} 0 \\ 0 \\ \tfrac{1}{2} \end{pmatrix} \equiv - \begin{pmatrix} \tfrac{1}{2} \\ 0 \\ 0 \end{pmatrix} \equiv \begin{pmatrix} s_1 - s_2 \\ -s_1 + s_2 \\ 0 \end{pmatrix} \pmod{1},$$

was in s keine Lösung hat.

b) Werde A_1 auf A_3 abgebildet, wir dürfen die Matrizen vierreihig schreiben:

$$U^{-1} A_1 U = A_3 \qquad \text{mit} \qquad U = \begin{pmatrix} 0 & 0 & 1 & 0 \\ 0 & 0 & 0 & 1 \\ 1 & 0 & 0 & 0 \\ 0 & 1 & 0 & 0 \end{pmatrix}.$$

Die Äquivalenzbedingung ergibt

$$(0) - \begin{pmatrix} 0 & 0 & 1 & 0 \\ 0 & 0 & 0 & 1 \\ 1 & 0 & 0 & 0 \\ 0 & 1 & 0 & 0 \end{pmatrix} \begin{pmatrix} \tfrac{1}{2} \\ \tfrac{1}{2} \\ 0 \\ 0 \end{pmatrix} \equiv - \begin{pmatrix} 0 \\ 0 \\ \tfrac{1}{2} \\ \tfrac{1}{2} \end{pmatrix} \equiv \begin{pmatrix} s_1 - s_2 \\ -s_1 + s_2 \\ 0 \\ 0 \end{pmatrix} \pmod{1},$$

was in s keine Lösung besitzt. Somit:

SATZ 40: *Zur symmetrischen Gruppe $\mathfrak{S}_n$ in ihrer Darstellung durch Permutationen gibt es genau zwei Bewegungsgruppen $(n \geqq 3)$.*

3. *Die alternierende Gruppe.*

Wir behaupten zunächst, daß die alternierende Gruppe von $n + 1$ Dingen durch die $n - 1$ Transpositionen

$$T_1 = (1, 2, 3), \quad T_2 = (2, 3, 4), \quad \ldots, \quad T_{n-1} = (n - 1, n, n + 1)$$

erzeugt werden kann.

Zum Beweis erinnern wir daran, daß die alternierende Gruppe aus allen *geraden* Permutationen besteht und bemerken sodann:

a) Jeder Dreierzyklus ist das Produkt zweier Transpositionen (von links nach rechts lesen):

$$(a, b, c) = (a, b) (a, c).$$

Folglich ist jedes Produkt von Dreierzyklen eine *gerade* Permutation.

b) Das Produkt zweier Transpositionen ist in Dreierzyklen zerlegbar:

$$(a, b) (a, c) = (a, b, c),$$
$$(a, b) (c, d) = (a, b, d) (a, c, d).$$

Zusammenfassend gilt daher:

Alle geraden Permutationen sind Produkte von Dreierzyklen und jedes Produkt von Dreierzyklen ist eine gerade Permutation. Wenn wir daher zeigen können, daß sich jeder Dreierzyklus durch T_1, T_2, $\ldots$, T_{n-1} darstellen läßt, haben wir unsere Behauptung bewiesen.

Jeder Dreierzyklus aus den vier ersten Ziffern läßt sich durch T_1 und T_2 darstellen:

$$
\begin{aligned}
&(1, 3, 2) = (1, 2, 3)^2, \quad &&(1, 2, 4) = (1, 3, 2)\,(2, 3, 4)\,(1, 3, 2)\,(2, 3, 4), \\
&(1, 4, 2) = (1, 2, 4)^2, \quad &&(1, 3, 4) = (1, 2, 3)\,(1, 4, 2)\,(1, 3, 2), \\
&(2, 4, 3) = (2, 3, 4)^2, \quad &&(1, 4, 3) = (1, 3, 4)^2.
\end{aligned}
$$

Ist nun ein beliebiger Dreierzyklus gegeben, so schreiben wir ihn nach a) als Produkt zweier Transpositionen. Jede dieser Transpositionen schreiben wir sodann nach Seite 163, a), als Produkt von Transpositionen benachbarter Ziffern und fassen sodann diese nach b) zu Dreierzyklen zusammen, wodurch wir auf solche von der eben betrachteten Art gelangen. Hiermit ist unsere Behauptung bewiesen (siehe hierzu: H. WEBER, Lehrbuch der Algebra, 1912, I, § 160).

An Stelle der Erzeugenden T_1, T_2, $\ldots$, T_{n-1} verwenden wir im folgenden vorteilhafter die A_1, A_2, $\ldots$, A_{n-1}, wobei

$$
\begin{aligned}
A_1 &= T_1^{-1} = (1, 3, 2) \\
A_2 &= T_2 T_1 = (1, 2)\,(3, 4) \\
A_3 &= T_3 T_2 T_1 = (1, 2)\,(4, 5) \\
&\;\;\cdots\cdots\cdots\cdots\cdots\cdots\cdots\cdots\cdots\cdots \\
A_{n-1} &= T_{n-1} \ldots T_2 T_1 = (1, 2)\,(n, n + 1).
\end{aligned}
$$

Hierfür gilt $A_{i+1} A_i = T_{i+1},\quad i = 1, 2, \ldots, n-2.$

$$A_{i+k} A_i = (i+1,\ i+2)\ (i+k+1,\ i+k+2),\quad k \geq 2.$$

Zwischen diesen Erzeugenden bestehen die Relationen

$$A_1^3 = A_2^2 = A_3^2 = \cdots = A_{n-1}^2 = E, \tag{I}$$

$$(A_{i+1} A_i)^3 = E, \tag{II}$$

$$(A_j A_i)^2 = E \quad \text{für} \quad j > i+1. \tag{III}$$

Wie bei der symmetrischen Gruppe werden wir auch hier keinen Gebrauch von der Tatsache machen, daß solche Elemente $A_1, \ldots, A_{n-1}$, zwischen denen die Relationen I, II und III bestehen, die alternierende Gruppe erzeugen.

———

Für $n = 2$ erhalten wir die zyklische Gruppe $C_{3\alpha}$ (siehe Seite 130), zu der es nur die eine Bewegungsgruppe C_3^4 gibt.

Ich werde im folgenden zeigen, daß es für $n \geq 3$ zur alternierenden Gruppe in ihrer obigen Darstellung durch Permutationen stets drei inäquivalente Bewegungsgruppen gibt. Zu diesem Zweck müssen wir zeigen, daß es drei inäquivalente Systeme von Werten der a_i gibt.

Schreiben wir zunächst die Bedingungen für die Äquivalenz zur Null-Lösung nach Satz 29, Gleichung (2), auf:

1) $(E - A_1)\, s \equiv a_1 \pmod 1$,
   oder ausführlich geschrieben (wobei wir wiederum das «mod 1» weglassen)

$$
\begin{aligned}
s_1 \qquad\quad - s_3 &\equiv a_1^{(1)} & (1, 1)\\
-s_1 + s_2 \qquad &\equiv a_1^{(2)} & (1, 2)\\
-s_2 + s_3 &\equiv a_1^{(3)} & (1, 3)\\
0 &\equiv a_1^{(4)} & (1, 4)\\
&\cdots\cdots\cdots\cdots\cdots\\
0 &\equiv a_1^{(n+1)} & (1,\ n+1)
\end{aligned}
$$

2) $(E - A_2)\, s \equiv a_2 \pmod 1$ ergibt

$$
\begin{aligned}
s_1 - s_2 \qquad\quad &\equiv a_2^{(1)} & (2, 1)\\
-s_1 + s_2 \qquad\quad &\equiv a_2^{(2)} & (2, 2)\\
s_3 - s_4 &\equiv a_2^{(3)} & (2, 3)\\
-s_3 + s_4 &\equiv a_2^{(4)} & (2, 4)\\
0 &\equiv a_2^{(5)} & (2, 5)\\
&\cdots\cdots\cdots\cdots\cdots\\
0 &\equiv a_2^{(n+1)} & (2,\ n+1)
\end{aligned}
$$

usw.

$n-1)$ $(E - A_{n-1})\, s \equiv a_{n-1}$ (mod 1) ergibt

$$s_1 - s_2 \equiv a_{n-1}^{(1)} \qquad (n-1,\,1)$$
$$-s_1 + s_2 \equiv a_{n-1}^{(2)} \qquad (n-1,\,2)$$
$$0 \equiv a_{n-1}^{(3)} \qquad (n-1,\,3)$$
$$\cdots\cdots\cdots\cdots\cdots\cdots$$
$$0 \equiv a_{n-1}^{(n-1)} \qquad (n-1,\,n-1)$$
$$s_n - s_{n+1} \equiv a_{n-1}^{(n)} \qquad (n-1,\,n)$$
$$-s_n + s_{n+1} \equiv a_{n-1}^{(n+1)} \qquad (n-1,\,n+1)$$

Nun untersuchen wir die FROBENIUSschen Kongruenzen und sehen zu, welche ihrer Lösungen inäquivalent sind. Wir beginnen mit denjenigen, die a_1 festlegen:

Aus $A_1^3 = E$ folgt $(A_1^2 + A_1 + E)\, a_1 \equiv 0$ (mod 1).

Bezeichnen wir wiederum mit H_n die n-reihige Matrix, deren jeder Koeffizient 1 ist, so ergibt obige Kongruenz

$$\begin{pmatrix} H_3 & & 0 \\ & 3 & \\ & & \cdot \\ 0 & & 3 \end{pmatrix} a_1 \equiv 0 \qquad \text{(mod 1),}$$

was folgende Bedingungen liefert:

$$a_1^{(1)} + a_1^{(2)} + a_1^{(3)} \equiv 0 \qquad \text{(I, 1. 1)}$$
$$3\, a_1^{(4)} \equiv 0 \qquad \text{(I, 1. 4)}$$
$$\cdots\cdots\cdots\cdots\cdots\cdots$$
$$3\, a_1^{(n+1)} \equiv 0 \qquad \text{(I, 1. } n+1)$$

Aus $A_2^2 = E$ folgt $(A_2 + E)\, a_2 \equiv 0$ (mod 1), das heißt

$$\begin{pmatrix} H_2 & \cdot & \cdot & \cdot & 0 \\ \cdot & H_2 & & & \cdot \\ \cdot & & 2 & & \cdot \\ \cdot & & & \cdot & \cdot \\ 0 & \cdot & \cdot & \cdot & 2 \end{pmatrix} a_2 \equiv 0 \qquad \text{(mod 1),}$$

somit
$$a_2^{(1)} + a_2^{(2)} \equiv 0 \qquad \text{(I, 2. 1)}$$
$$a_2^{(3)} + a_2^{(4)} \equiv 0 \qquad \text{(I, 2. 3)}$$
$$2\, a_2^{(5)} \equiv 0 \qquad \text{(I, 2. 5)}$$
$$\cdots\cdots\cdots\cdots\cdots\cdots$$
$$2\, a_2^{(n+1)} \equiv 0 \qquad \text{(I, 2. } n+1)$$

Analog ergibt $A_3^2 = E$ die Kongruenzen

$$a_3^{(1)} + a_3^{(2)} \equiv 0 \qquad \text{(I, 3. 1)}$$

$$2\,a_3^{(3)} \equiv 0 \qquad \text{(I, 3. 3)}$$

$$a_3^{(4)} + a_3^{(5)} \equiv 0 \qquad \text{(I, 3. 4)}$$

$$2\,a_3^{(6)} \equiv 0 \qquad \text{(I, 3. 6)}$$

$$\cdots\cdots\cdots\cdots\cdots\cdots\cdots\cdots\cdots$$

$$2\,a_3^{(n+1)} \equiv 0 \qquad \text{(I, 3. } n+1\text{)}$$

$(A_2 A_1)^3 = E$ ergibt

$$(A_1^2 + A_2 A_1 A_2 + A_2)\,a_1 + (A_2 A_1 A_2 A_1 + A_2 A_1 + E)\,a_2 \equiv 0 \qquad \text{(mod 1)}.$$

das heißt
$$\begin{pmatrix} 0 & 3 & 0 & 0 & \cdot & \cdot & 0 \\ 1 & 0 & 1 & 1 & & & \cdot \\ 1 & 0 & 1 & 1 & & & \cdot \\ 1 & 0 & 1 & 1 & & & \cdot \\ \cdot & & & 3 & & & \cdot \\ \cdot & & & & \cdot & & \cdot \\ 0 & \cdot & \cdot & \cdot & \cdot & \cdot & 3 \end{pmatrix} a_1 + \begin{pmatrix} 3 & \cdot & \cdot & \cdot & \cdot & \cdot & 0 \\ \cdot & H_3 & & & & & \cdot \\ \cdot & & 3 & & & & \cdot \\ \cdot & & & \cdot & & & \cdot \\ \cdot & & & & \cdot & & \cdot \\ \cdot & & & & & \cdot & \cdot \\ 0 & \cdot & \cdot & \cdot & \cdot & \cdot & 3 \end{pmatrix} a_2 \equiv 0 \qquad \text{(mod 1)},$$

das heißt
$$3\,(a_1^{(2)} + a_2^{(1)}) \equiv 0 \qquad \text{(II, 1. 1)}$$

$$a_1^{(1)} + a_1^{(3)} + a_1^{(4)} + a_2^{(2)} + a_2^{(3)} + a_2^{(4)} \equiv 0 \qquad \text{(II, 1. 2)}$$

$$3\,(a_1^{(5)} + a_2^{(5)}) \equiv 0 \qquad \text{(II, 1. 5)}$$

$$\cdots\cdots\cdots\cdots\cdots\cdots\cdots\cdots\cdots$$

$$3\,(a_1^{(n+1)} + a_2^{(n+1)}) \equiv 0 \qquad \text{(II, 1. } n+1\text{)}$$

Aus $(A_3 A_1)^2 = E$ folgt

$$(A_3 A_1 A_3 + A_3)\,a_1 + (A_3 A_1 + E)\,a_3 \equiv 0 \qquad \text{(mod 1)},$$

das heißt
$$\begin{pmatrix} 0 & 2 & 0 & \cdot & \cdot & \cdot & 0 \\ 1 & 0 & 1 & & & & \cdot \\ 1 & 0 & 1 & & & & \cdot \\ \cdot & & H_2 & & & & \cdot \\ \cdot & & & 2 & & & \cdot \\ \cdot & & & & \cdot & & \cdot \\ 0 & \cdot & \cdot & \cdot & \cdot & \cdot & 2 \end{pmatrix} a_1 + \begin{pmatrix} 2 & \cdot & \cdot & \cdot & \cdot & \cdot & 0 \\ \cdot & H_2 & & & & & \cdot \\ \cdot & & H_2 & & & & \cdot \\ \cdot & & & 2 & & & \cdot \\ \cdot & & & & \cdot & & \cdot \\ \cdot & & & & & \cdot & \cdot \\ 0 & \cdot & \cdot & \cdot & \cdot & \cdot & 2 \end{pmatrix} a_3 \equiv 0 \qquad \text{(mod 1)},$$

das heißt
$$2\,(a_1^{(2)} + a_3^{(1)}) \equiv 0 \qquad \text{(III, 1. 1)}$$

$$a_1^{(1)} + a_1^{(3)} + a_3^{(2)} + a_3^{(3)} \equiv 0 \qquad \text{(III, 1. 2)}$$

$$a_1^{(4)} + a_1^{(5)} + a_3^{(4)} + a_3^{(5)} \equiv 0 \qquad \text{(III, 1. 4)}$$

$$2\,(a_1^{(6)} + a_3^{(6)}) \equiv 0 \qquad \text{(III, 1. 6)}$$

$$\cdots\cdots\cdots\cdots\cdots\cdots\cdots\cdots\cdots$$

$$2\,(a_1^{(n+1)} + a_3^{(n+1)}) \equiv 0 \qquad \text{(III, 1. } n+1\text{)}$$

a_1: Wir behandeln zuerst die Bedingungen $(1, 1)$ bis $(1, n+1)$ für a_1. $(1, 1)$, $(1, 2)$ und $(1, 3)$ sind wegen $(I, 1.\,1)$ durch Wahl von s_2 und s_3 stets zu befriedigen.

Aus $(I, 1.\,4)$ folgt

$$a_1^{(4)} = \begin{cases} 0 \\ \tfrac{1}{3} \\ \tfrac{2}{3} \end{cases}.$$

Wegen $(1, 4)$ sind diese drei Werte inäquivalent. Es wird sich im folgenden zeigen, daß durch diese drei Werte von $a_1^{(4)}$ genau drei inäquivalente Lösungen festgelegt werden.

Aus $(III, 1.\,4)$ und $(I, 3.\,4)$ folgt

$$a_1^{(5)} \equiv - a_1^{(4)},$$

wodurch $a_1^{(5)}$ bestimmt ist.

Aus $(I, 3.\,6) - (I, 3.\,n+1)$, $(III, 1.\,6) - (III, 1.\,n+1)$ und $(I, 1.\,6) - (I, 1.\,n+1)$ folgen

$$a_1^{(6)} \equiv \cdots \equiv a_1^{(n+1)} \equiv 0,$$

und diese Werte erfüllen $(1, 6) - (1, n+1)$. Hierdurch sind alle $a_1^{(i)}$ bestimmt.

a_2: Aus $(I, 1.\,5) - (I, 1.\,n+1)$, $(I, 2.\,5) - (I, 2.\,n+1)$ und $(II, 1.\,5) - (II, 1.\,n+1)$ folgen

$$a_2^{(5)} \equiv \cdots \equiv a_2^{(n+1)} \equiv 0,$$

und diese Werte genügen $(2.\,5) - (2.\,n+1)$.

Aus $(II, 1.\,2)$ und $(I, 2.\,3)$ folgt

$$a_2^{(2)} \equiv - \left(a_1^{(1)} + a_1^{(3)} + a_1^{(4)}\right),$$

wodurch $a_2^{(2)}$ festgelegt ist. Ferner genügt dieser Wert der Bedingung $(2, 2)$.

Aus $(I, 2.\,1)$ folgt $\qquad a_2^{(1)} \equiv - a_2^{(2)}.$

$(2, 3)$ ist durch Wahl von s_4 zu erfüllen, wegen $(I, 2.\,3)$ ist $a_2^{(4)}$ bestimmt und genügt $(2, 4)$.

Somit ist a_2 bestimmt und es treten zu den angegebenen drei Lösungen keine neuen hinzu.

So fahren wir im Beweise fort bis zu

a_{n-1}: Zur Diskussion brauchen wir die folgenden Gleichungen: $A_{n-1}^2 = E$ liefert $(A_{n-1} + E)\, a_{n-1} \equiv 0 \pmod 1$, das heißt

$$\begin{aligned}
a_{n-1}^{(1)} + a_{n-1}^{(2)} &\equiv 0 && (I, n-1.\,1) \\
2\, a_{n-1}^{(3)} &\equiv 0 && (I, n-1.\,3) \\
&\cdots\cdots\cdots \\
2\, a_{n-1}^{(n-1)} &\equiv 0 && (I, n-1, n-1) \\
a_{n-1}^{(n)} + a_{n-1}^{(n+1)} &\equiv 0 && (I, n-1, n)
\end{aligned}$$

$(A_{n-1} A_{n-2})^3 = E$ liefert

$(A_{n-2} + A_{n-1} A_{n-2} A_{n-1} + A_{n-1}) \, a_{n-2} + (A_{n-2} A_{n-1} + A_{n-1} A_{n-2} + E) \, a_{n-1} \equiv 0 \quad (\mathrm{mod}\,1).$

Da $A_{n-1} A_{n-2} = (n-1,\, n,\, n+1)$, $A_{n-2} A_{n-1} = (n-1,\, n+1,\, n)$,

$A_{n-1} A_{n-2} A_{n-1} = (1, 2)\,(n-1,\, n+1)$ ist, so folgt

$$\begin{pmatrix} 0 & 3 & \cdot & \cdot & \cdot & 0 \\ 3 & 0 & & & & \cdot \\ \cdot & & 3 & & & \cdot \\ \cdot & & & \cdot & & \cdot \\ \cdot & & & & 3 & \cdot \\ 0 & \cdot & \cdot & \cdot & \cdot & H_3 \end{pmatrix} a_{n-2} + \begin{pmatrix} 3 & 0 & \cdot & \cdot & \cdot & 0 \\ 0 & 3 & & & & \cdot \\ \cdot & & 3 & & & \cdot \\ \cdot & & & \cdot & & \cdot \\ \cdot & & & & 3 & \cdot \\ 0 & \cdot & \cdot & \cdot & \cdot & H_3 \end{pmatrix} a_{n-1} \equiv 0 \quad (\mathrm{mod}\,1),$$

das heißt

$$3\,(a^{(2)}_{n-2} + a^{(1)}_{n-1}) \equiv 0 \qquad (\mathrm{II},\, n-2.\,1)$$

$$3\,(a^{(1)}_{n-2} + a^{(2)}_{n-1}) \equiv 0 \qquad (\mathrm{II},\, n-2.\,2)$$

$$3\,(a^{(3)}_{n-2} + a^{(3)}_{n-1}) \equiv 0 \qquad (\mathrm{II},\, n-2.\,3)$$

$$\cdots\cdots\cdots\cdots\cdots\cdots\cdots\cdots\cdots\cdots$$

$$3\,(a^{(n-2)}_{n-2} + a^{(n-2)}_{n-1}) \equiv 0 \qquad (\mathrm{II},\, n-2.\,n-2)$$

$$a^{(n-1)}_{n-2} + a^{(n)}_{n-2} + a^{(n+1)}_{n-2} + a^{(n-1)}_{n-1} + a^{(n)}_{n-1} + a^{(n+1)}_{n-1} \equiv 0 \qquad (\mathrm{II},\, n-2.\,n-1)$$

$(A_{n-1} A_1)^2 = E$ liefert

$$(A_{n-1} A_1 A_{n-1} + A_{n-1}) \, a_1 + (A_{n-1} A_1 + E) \, a_{n-1} \equiv 0 \quad (\mathrm{mod}\,1),$$

das heißt

$$\begin{pmatrix} 0 & 2 & 0 & \cdot & \cdot & \cdot & 0 \\ 1 & 0 & 1 & & & & \cdot \\ 1 & 0 & 1 & & & & \cdot \\ \cdot & & & 2 & & & \cdot \\ \cdot & & & & \cdot & & \cdot \\ \cdot & & & & & 2 & \cdot \\ 0 & \cdot & \cdot & \cdot & \cdot & \cdot & H_2 \end{pmatrix} a_1 + \begin{pmatrix} 2 & \cdot & \cdot & \cdot & \cdot & \cdot & 0 \\ \cdot & H_2 & & & & & \cdot \\ \cdot & & 2 & & & & \cdot \\ \cdot & & & \cdot & & & \cdot \\ \cdot & & & & \cdot & & \cdot \\ \cdot & & & & & 2 & \cdot \\ 0 & \cdot & \cdot & \cdot & \cdot & \cdot & H_2 \end{pmatrix} a_{n-1} \equiv 0 \quad (\mathrm{mod}\,1),$$

das heißt

$$2\,(a^{(2)}_1 + a^{(1)}_{n-1}) \equiv 0 \qquad (\mathrm{III},\, n-1.\,1)$$

$$a^{(1)}_1 + a^{(3)}_1 + a^{(2)}_{n-1} + a^{(3)}_{n-1} \equiv 0 \qquad (\mathrm{III},\, n-1.\,2)$$

$$2\,(a^{(4)}_1 + a^{(4)}_{n-1}) \equiv 0 \qquad (\mathrm{III},\, n-1.\,4)$$

$$\cdots\cdots\cdots\cdots\cdots\cdots\cdots\cdots\cdots\cdots$$

$$2\,(a^{(n-1)}_1 + a^{(n-1)}_{n-1}) \equiv 0 \qquad (\mathrm{III},\, n-1.\,n-1)$$

$$a^{(n)}_1 + a^{(n+1)}_1 + a^{(n)}_{n-1} + a^{(n+1)}_{n-1} \equiv 0 \qquad (\mathrm{III},\, n-1.\,n)$$

Diskussion der Bedingungen $(n-1,\, 1) - (n-1,\, n+1)$:

Nach dem Ergebnis über die bisher untersuchten Gleichungen dürfen wir annehmen:

$$a^{(3)}_{n-2} = \cdots = a^{(n-2)}_{n-2} = 0.$$

Hiermit folgt aus (II, $n-2.\,3$) — (II, $n-2.\,n-2$), (I, $n-1.\,3$) — (I, $n-1.\,n-2$)

$$a^{(3)}_{n-1} = 0,\ \ldots,\ a^{(n-2)}_{n-1} = 0,$$

so daß $(n-1, 3)$ bis $(n-1, n-2)$ erfüllt ist.

Aus (III, $n-1.\,2$) folgt mit $a^{(3)}_{n-1} = 0$

$$a^{(2)}_{n-1} \equiv - (a^{(1)}_1 + a^{(3)}_1) = - s_1 + s_2,$$

wodurch $a^{(2)}_{n-1}$ bestimmt und $(n-1, 2)$ erfüllt ist.

Aus (I, $n-1.\,1$) folgt

$$a^{(1)}_{n-1} \equiv - a^{(2)}_{n-1},$$

wodurch $a^{(1)}_{n-1}$ bestimmt und $(n-1, 1)$ erfüllt ist.

Nach der Voraussetzung über die bisher untersuchten Bedingungen ist

$$a^{(n+1)}_{n-2} \equiv 0 \qquad \text{und} \qquad a^{(n-1)}_{n-2} \equiv - a^{(n)}_{n-2}.$$

Hiermit folgt mittels (I, $n-1.\,n$) aus (II, $n-2.\,n-1$)

$$a^{(n-1)}_{n-1} \equiv 0,$$

so daß $(n-1, n-1)$ erfüllt ist.

$(n-1, n)$ läßt sich durch Wahl von s_{n+1} erfüllen, aus (I, $n-1.\,n$) folgt $a^{(n+1)}_{n-1} \equiv - a^{(n)}_{n-1}$, so daß auch $(n-1, n+1)$ erfüllt ist. Hiermit ist unser Beweis zu Ende und es gilt

SATZ 41: *Zur alternierenden Gruppe in $n+1$ Variablen, dargestellt durch $(n+1)$-reihige Permutationsmatrizen, gibt es für $n \geqq 3$ genau drei inäquivalente Bewegungsgruppen.*

Wir behaupten, daß es keine Abbildung der alternierenden Gruppe auf sich gibt, wodurch die drei Lösungen äquivalent werden könnten. Von einer solchen dürfen wir annehmen, daß sie die Erzeugenden auf Erzeugende abbildet. Dabei wird A_1 auf A_1 abgebildet. Nun sind schon durch a_1 allein die drei Bewegungsgruppen bestimmt. Daraus ergibt sich unsere Behauptung.

§ 27. *Bewegungsgruppen im Raume von n Dimensionen:* *Reduktion der Darstellungen*

Die Darstellungen der zyklischen, symmetrischen und alternierenden Gruppen, die wir im vorhergehenden Paragraphen betrachtet haben, lassen sich ganzzahlig reduzieren. Hierdurch erhalten wir neue arithmetische Klassen, die wir im folgenden untersuchen wollen. Man vergleiche hierzu A. SPEISER, Gruppentheorie, § 59.

1. *Zyklische Gruppe.*

Seien wiederum x_1, x_2, ..., x_n die Veränderlichen, so bilden wir eine Reihe von $n-1$ neuen Veränderlichen y_1, y_2, ..., y_{n-1}, indem wir setzen

$$y_1 = x_2 - x_1, \quad y_2 = x_3 - x_1, \quad ..., \quad y_{n-1} = x_n - x_1. \tag{1}$$

Übt man hierauf die Permutation $A = (1, 2, ..., n)$ aus, so gehen diese Differenzen über in

$$x_3 - x_2 = y_2 - y_1, \quad x_4 - x_2 = y_3 - y_1, \quad ..., \quad x_n - x_2 = y_{n-1} - y_1, \quad x_1 - x_2 = - y_1.$$

In den Variablen y_1, y_2, ..., y_{n-1} besitzt diese Substitution die $(n-1)$-reihige Matrix

$$A_1 = \begin{pmatrix} -1 & 1 & 0 & . & . & . & 0 \\ -1 & 0 & 1 & . & . & . & 0 \\ \multicolumn{7}{c}{\dotfill} \\ -1 & 0 & 0 & . & . & . & 1 \\ -1 & 0 & 0 & . & . & . & 0 \end{pmatrix}.$$

Untersuchen wir die zugehörigen Bewegungsgruppen. Die Kongruenz

$$a \equiv (E - A_1)\, s \quad (\text{mod } 1)$$

ergibt für die Spalte a des Elementes (A_1, a)

$$a^{(1)} \equiv 2 s_1 - s_2 \qquad (\text{mod } 1)$$
$$a^{(2)} \equiv s_1 + s_2 - s_3 \qquad (\text{mod } 1)$$
$$\dotfill$$
$$a^{(n-2)} \equiv s_1 + s_{n-2} - s_{n-1} \quad (\text{mod } 1)$$
$$a^{(n-1)} \equiv s_1 + s_{n-1} \qquad (\text{mod } 1).$$

Diese Kongruenzen sind wegen $|E - A_1| \neq 0$ in s lösbar. Daher

SATZ 42: *Zur zyklischen Gruppe von n Elementen im R_{n-1} mit der Erzeugenden A_1 gibt es genau eine Bewegungsgruppe.*

Beispiele:

a) Im R_2 mit $n = 3$ haben wir $A_1 = \begin{pmatrix} -1 & 1 \\ -1 & 0 \end{pmatrix}$, was die Erzeugende der Klasse C_3 ist. Zu ihr gibt es als Bewegungsgruppe nur C_3^{I} (siehe Seiten 59 u. 115).

Nehmen wir zu A_1 die identische Darstellung hinzu, so erhalten wir die Klasse $C_{3\delta}$ und zu ihr die drei Bewegungsgruppen C_3^1, C_3^2, C_3^3 (siehe Seite 126).

b) Im R_3 erhalten wir für $n = 4$

$$A_1 = \begin{pmatrix} -1 & 1 & 0 \\ -1 & 0 & 1 \\ -1 & 0 & 0 \end{pmatrix},$$

was die Erzeugende der Klasse $S_{4\beta}$ ist. Als Bewegungsgruppe tritt S_4^2 auf (siehe Seite 129). In der dort angegebenen Darstellung muß man x, y und z zyklisch miteinander vertauschen, um die hier angegebene zu erhalten.

2. Symmetrische Gruppe.

Zunächst soll aus der symmetrischen Gruppe von drei Variablen die identische Darstellung abgespalten werden. Sind die Variablen wie vorher bezeichnet und

$$A_1 = \begin{pmatrix} 0 & 1 & 0 \\ 1 & 0 & 0 \\ 0 & 0 & 1 \end{pmatrix} \quad \text{und} \quad A_2 = \begin{pmatrix} 1 & 0 & 0 \\ 0 & 0 & 1 \\ 0 & 1 & 0 \end{pmatrix}$$

die Erzeugenden der symmetrischen Gruppe, so wird aus den Differenzen (1)

mittels A_1 $\qquad x_1 - x_2 = -y_1; \quad x_3 - x_2 = y_2 - y_1;$

mittels A_2 $\qquad x_3 - x_1 = y_2; \quad x_2 - x_1 = y_1.$

$$B_1 = \begin{pmatrix} -1 & 0 \\ -1 & 1 \end{pmatrix} \quad \text{und} \quad B_2 = \begin{pmatrix} 0 & 1 \\ 1 & 0 \end{pmatrix}$$

sind die Erzeugenden in der Darstellung zweiten Grades. Für die zugehörigen Elemente (B_1, b_1) und (B_2, b_2) der Bewegungsgruppen erhalten wir die folgenden Bedingungen:

Aus $B_1^2 = E$ folgt $(E + B_1)\,b_1 \equiv 0 \pmod 1$, somit

$$b_1^{(1)} \equiv 2\,b_1^{(2)} \pmod 1. \tag{2}$$

Aus $B_2^2 = E$ folgt $(E + B_2)\,b_2 \equiv 0 \pmod 1$, somit

$$b_2^{(2)} \equiv -\,b_2^{(1)} \pmod 1. \tag{3}$$

Aus $(B_1 B_2)^3 = E$ folgt $[(B_1 B_2)^2 + B_1 B_2 + E]\,[B_1 b_2 + b_1] \equiv 0 \pmod 1$.

Burckhardt 12

Setzt man $B_1 B_2 = B_3$, so ist $B_3^2 + B_3 + E$ .die Summe über die Elemente der zyklischen Untergruppe. Man bestätigt leicht, daß diese Summe die Null-matrix ergibt in Übereinstimmung mit einem allgemeinen Satz aus der Dar-stellungstheorie (siehe A. SPEISER, Gruppentheorie, Satz 140). Es treten also keine weiteren Relationen auf.

Um die Äquivalenz zweier Lösungen zu untersuchen, bezeichnen wir kurz mit (b_i) die Differenz zweier Lösungen. Damit diese Lösungen äquivalent sind, muß in s lösbar sein:

1. $(E - B_1) s \equiv b_1 \pmod 1$. Dies ergibt mit (2)

$$\begin{pmatrix} 2 s_1 \\ s_1 \end{pmatrix} \equiv \begin{pmatrix} 2 b_1^{(2)} \\ b_1^{(2)} \end{pmatrix} \pmod 1$$

mit der Lösung $s_1 = b_1^{(2)}$.

2. $(E - B_2) s \equiv b_2 \pmod 1$. Dies ergibt mit (3)

$$\begin{pmatrix} s_1 - s_2 \\ -s_1 + s_2 \end{pmatrix} \equiv \begin{pmatrix} b_2^{(1)} \\ -b_2^{(1)} \end{pmatrix} \pmod 1$$

mit der Lösung $b_2^{(1)} = s_1 - s_2$.

Somit ist jede Lösung der Null-Lösung äquivalent, es gibt nur eine Be-wegungsgruppe.

In der Kristallographie wird die Klasse mit C_{3v} bezeichnet, die zugehörige Bewegungsgruppe mit C_{3v}^{I} (siehe Seite 120).

Analog läßt sich die symmetrische Gruppe von vier Variablen und der Ord-nung 24 behandeln. Üben wir die Vertauschungen $A_1 = (1, 2)$, $A_2 = (2, 3)$, $A_3 = (3, 4)$ auf die Differenzen (1) aus, so erhalten wir als Erzeugende die Matrizen

$$B_1 = \begin{pmatrix} -1 & 0 & 0 \\ -1 & 1 & 0 \\ -1 & 0 & 1 \end{pmatrix}, \qquad B_2 = \begin{pmatrix} 0 & 1 & 0 \\ 1 & 0 & 0 \\ 0 & 0 & 1 \end{pmatrix}, \qquad B_3 = \begin{pmatrix} 1 & 0 & 0 \\ 0 & 0 & 1 \\ 0 & 1 & 0 \end{pmatrix}.$$

Dies ist die Klasse $T_{d\gamma}$ (siehe Seite 93).

Um die zugehörigen Bewegungsgruppen aufzustellen, geben wir wiederum zuerst die Relationen zwischen den Verschiebungen an.

1. Aus $B_1^2 = E$ folgt $(E + B_1) b_1 \equiv 0 \pmod 1$, somit

$$-b_1^{(1)} + 2 b_1^{(2)} \equiv 0 \pmod 1 \tag{1.1}$$

$$-b_1^{(1)} + 2 b_1^{(3)} \equiv 0 \pmod 1. \tag{1.2}$$

2. Aus $B_2^2 = E$ folgt $(E + B_2) b_2 \equiv 0 \pmod 1$, somit

$$b_2^{(1)} + b_2^{(2)} \equiv 0 \pmod 1 \tag{2.1}$$

$$2 b_2^{(3)} \equiv 0 \pmod 1. \tag{2.2}$$

3. Aus $B_3^2 = E$ folgt $(E + B_3)\, b_3 \equiv 0 \pmod 1$, somit

$$2\, b_3^{(1)} \equiv 0 \quad \pmod 1 \tag{3.1}$$

$$b_3^{(2)} + b_3^{(3)} \equiv 0 \quad \pmod 1. \tag{3.2}$$

4. Aus $(B_1 B_3)^2 = E$ folgt $(B_1 B_3 + E)\,(B_1 b_3 + b_1) \equiv 0 \pmod 1$, somit

$$- b_3^{(1)} + b_3^{(2)} + b_3^{(3)} - b_1^{(1)} + b_1^{(2)} + b_1^{(3)} \equiv 0 \quad \pmod 1. \tag{4.1}$$

5. Aus $(B_1 B_2)^3 = E$ folgt $[(B_1 B_2)^2 + B_1 B_2 + E]\,[B_1 b_2 + b_1] \equiv 0 \pmod 1$, somit

$$- b_2^{(1)} - b_2^{(2)} + 3\, b_2^{(3)} - b_1^{(1)} - b_1^{(2)} + 3\, b_1^{(3)} \equiv 0 \quad \pmod 1. \tag{5.1}$$

6. Aus $(B_2 B_3)^3 = E$ folgt $[(B_2 B_3)^2 + B_2 B_3 + E]\,[B_2 b_3 + b_2] \equiv 0 \pmod 1$, somit

$$b_3^{(1)} + b_3^{(2)} + b_3^{(3)} + b_2^{(1)} + b_2^{(2)} + b_2^{(3)} \equiv 0 \quad \pmod 1. \tag{6.1}$$

Aus (2.2), (3.1) folgt zunächst, daß $b_2^{(3)}$ und $b_3^{(1)}$ nur die Werte 0 und $\tfrac{1}{2}$ annehmen können. Setzt man ferner (2.1) und (3.2) in (6.1) ein, so sieht man, daß sie entweder beide gleich 0 oder beide gleich $\tfrac{1}{2}$ sind.

Äquivalenzbedingungen.

1. $(E - B_1)\, s \equiv b_1 \pmod 1$ ergibt

$$\begin{pmatrix} 2\, s_1 \\ s_1 \\ s_1 \end{pmatrix} \equiv \begin{pmatrix} b_1^{(1)} \\ b_1^{(2)} \\ b_1^{(3)} \end{pmatrix} \quad \pmod 1.$$

Setzen wir $b_1^{(3)} = s_1$, so ist nach (1.2) auch die erste Kongruenz erfüllt. Aus (4.1) folgt ferner

$$b_1^{(2)} \equiv - b_1^{(3)} + b_1^{(1)} + b_3^{(1)} \equiv s_1 + b_3^{(1)},$$

somit ist $b_1^{(2)}$ durch $b_3^{(1)}$ bestimmt.

2. $(E - B_2)\, s \equiv b_2 \pmod 1$ liefert

$$\begin{pmatrix} s_1 - s_2 \\ - s_1 + s_2 \\ 0 \end{pmatrix} \equiv \begin{pmatrix} b_2^{(1)} \\ b_2^{(2)} \\ b_2^{(3)} \end{pmatrix} \quad \pmod 1.$$

Die beiden Kongruenzen sind durch Wahl von s_2 wegen (2.1) lösbar.

3. $(E - B_3)\, s \equiv b_3 \pmod 1$ liefert

$$\begin{pmatrix} 0 \\ s_2 - s_3 \\ - s_2 + s_3 \end{pmatrix} \equiv \begin{pmatrix} b_3^{(1)} \\ b_3^{(2)} \\ b_3^{(3)} \end{pmatrix} \quad \pmod 1,$$

wovon wegen (3.2) durch Wahl von s_3 die beiden letzten lösbar sind. Für $b_2^{(3)} = b_3^{(1)} = \begin{cases} 0 \\ \tfrac{1}{2} \end{cases}$ erhalten wir die beiden Bewegungsgruppen T_d^3 und T_d^6.

3. *Alternierende Gruppe.*

a) Für $n = 2$ erhält man die zyklische binäre Gruppe C_3, die wir bereits behandelt haben.

b) Für $n = 3$ gehen wir aus von den Erzeugenden $T_1 = (1, 2, 3)$ und $T_2 = (2, 3, 4)$ (siehe Seite 169) und üben sie aus auf die Differenzen (1). Diese gehen dabei über in

$$x_3 - x_2 = y_2 - y_1, \qquad x_1 - x_2 = -y_1, \qquad x_4 - x_2 = y_3 - y_1;$$
$$x_3 - x_1 = y_2, \qquad x_4 - x_1 = y_3, \qquad x_2 - x_1 = y_1,$$

und wir erhalten somit als Erzeugende der alternierenden Gruppe der Ordnung 12 die beiden Matrizen

$$B_1 = \begin{pmatrix} -1 & 1 & 0 \\ -1 & 0 & 0 \\ -1 & 0 & 1 \end{pmatrix}, \qquad B_2 = \begin{pmatrix} 0 & 1 & 0 \\ 0 & 0 & 1 \\ 1 & 0 & 0 \end{pmatrix},$$

welche die Klasse T_γ erzeugen (siehe Seite 81).

Um die Bewegungsgruppen zu erhalten, geben wir kurz die Relationen zwischen den Verschiebungen an.

Aus $(B_1, b_1)^3 = (E, 0)$ erhält man

$$-b_1^{(1)} - b_1^{(2)} + 3\,b_1^{(3)} \equiv 0 \quad \text{(mod 1)}. \tag{a}$$

Aus $(B_2, b_2)^3 = (E, 0)$ erhält man

$$b_2^{(1)} + b_2^{(2)} + b_2^{(3)} \equiv 0 \quad \text{(mod 1)}. \tag{b}$$

Aus $[(B_1, b_1)\,(B_2, b_2)]^2 = (E, 0)$ erhält man

$$b_1^{(1)} - b_1^{(2)} + b_1^{(3)} - b_2^{(1)} + b_2^{(2)} + b_2^{(3)} \equiv 0 \quad \text{(mod 1)}. \tag{c}$$

Äquivalenzbedingungen:

$$(E - B_1)\,s = \begin{pmatrix} 2\,s_1 - s_2 \\ s_1 + s_2 \\ s_1 \end{pmatrix} \equiv \begin{pmatrix} b_1^{(1)} \\ b_1^{(2)} \\ b_1^{(3)} \end{pmatrix} \quad \text{(mod 1)}. \tag{I}$$

$$(E - B_2)\,s = \begin{pmatrix} s_1 - s_2 \\ s_2 - s_3 \\ -s_1 + s_3 \end{pmatrix} \equiv \begin{pmatrix} b_2^{(1)} \\ b_2^{(2)} \\ b_2^{(3)} \end{pmatrix} \quad \text{(mod 1)}. \tag{II}$$

Die dritte Kongruenz aus I ist in s_1 lösbar, ebenso die erste und zweite Kongruenz aus II durch s_2 und s_3. Die dritte Kongruenz aus II ist wegen (b) eine Folge der beiden ersten.

Wir dürfen somit annehmen, daß

$$b_1^{(3)} = b_2^{(1)} = b_2^{(2)} = b_2^{(3)} = 0$$

ist. Dann wird aus (a) und (c)

$$-b_1^{(1)} - b_1^{(2)} \equiv 0 \quad \text{(mod 1)},$$
$$b_1^{(1)} - b_1^{(2)} \equiv 0 \quad \text{(mod 1)},$$

und daher $b_1^{(1)} = b_1^{(2)} = \begin{cases} 0 \\ \tfrac{1}{2} \end{cases}$.

Es treten somit nur die beiden Bewegungsgruppen T^3 und T^5 auf.

ANMERKUNGEN UND LITERATURHINWEISE

Ohne auf Vollständigkeit Anspruch zu erheben, sollen hier, soweit sie nicht schon im Vorwort angeführt sind, die wichtigsten Quellen zusammengestellt werden, aus denen wir beim Durcharbeiten des Stoffes stets von neuem geschöpft haben. Der Leser wird an diesen Stellen weitere Hinweise finden, die ihm das Einarbeiten in das reichhaltige Schrifttum erleichtern.

§ 1 und 2. Ausführlichere Darstellungen finden sich in

M. Bôcher: Einführung in die höhere Algebra, Leipzig 1925.

O. Schreier und E. Sperner: Vorlesungen über Matrizen, Leipzig 1932.

L. Bieberbach: Analytische Geometrie, Leipzig 1932.

§ 4, Seite 33. Eine Darstellung der Grundgesetze der Kristallographie findet man in

P. Niggli: Baugesetze kristalliner Materie, Zeitschrift für Kristallographie, Bd. 63, S. 49—121 (1926).

§ 6. Zum arithmetischen Äquivalenzbegriff vergleiche man:

H. Minkowski: Über den arithmetischen Begriff der Äquivalenz und über die endlichen Gruppen linearer ganzzahliger Substitutionen, Crelles Journal für die reine und angewandte Mathematik, Bd. 100; Gesammelte Abhandlungen, Bd. 1.

P. Niggli und W. Nowacki: Der arithmetische Begriff der Kristallklasse und die darauf fußende Ableitung der Raumgruppen, Zeitschrift für Kristallographie, (A) *91*, S. 321—335 (1935).

Der Leser findet in dieser Arbeit insbesondere die kristallographische Bedeutung der arithmetischen Klasseneinteilung auseinandergesetzt und den Zusammenhang mit den Arbeiten von E. S. Fedoroff und B. Delaunay hergestellt.

Auf den Unterschied zwischen den beiden Arten von Kristallklassen macht auch A. Speiser, Gruppentheorie, § 68, aufmerksam.

§ 7. Man vergleiche die Darstellungen bei

G. Frobenius: Über die kogrediente Transformation der bilinearen Formen, Berliner Sitzungsberichte, 1896, S. 7—16.

L. E. Dickson: Höhere Algebra, § 60, Leipzig 1929.

Ferner das oben angegebene Buch von M. Bôcher, § 101, und F. Bäbler, Über einen Satz aus der Theorie der Kristallklassen, Comment. math. helv. *19* (1946/47).

§ 9, S. 59, Satz 17, stammt von G. Frobenius: Gruppentheoretische Ableitung der 32 Kristallklassen, S.-B. preuß. Akad. Wiss., 1911, § 5. In dieser Arbeit werden die 32 Kristallklassen mit Hilfe der Darstellungstheorie der Gruppen hergeleitet, eine analoge Herleitung der binären Gruppen findet man bei A. Speiser, Gruppentheorie, § 59.

§ 10. Zur Reduktionstheorie der quadratischen Formen siehe:

G. L. DIRICHLET: Über die Reduktion der positiven quadratischen Formen mit drei unbestimmten ganzen Zahlen, Crelles Journal für die reine und angewandte Mathematik, Bd. 40, Werke, Bd. 2.

Die auf Seite 60 erwähnte Methode von MINKOWSKI ist ausgeführt in:

H. MINKOWSKI: Geometrie der Zahlen, Leipzig 1910, S. 193—195. An dieser Stelle zeigt MINKOWSKI, daß die Gruppen C_{4v} und C_{6v} und ihre Untergruppen die einzigen ganzzahligen unimodularen binären Substitutionsgruppen sind, die orthogonalen Gruppen äquivalent sind. Man vergleiche ferner:

H. MINKOWSKI: Dichteste gitterförmige Lagerung kongruenter Körper, Nachr. Ges. Wiss. Göttingen, Math. Phys. Kl., 1904; Ges. Abhandl. Bd. 2, insbesondere § 7, wo das analoge Problem für den Raum behandelt wird. Vgl. unseren § 15.

§ 12. In der Bezeichnung der Kristallklassen haben wir uns an die auf A. SCHOENFLIES zurückgehenden gehalten. In neuester Zeit werden vom Standpunkt der Strukturforschung aus geeignetere vorgeschlagen von P. NIGGLI, Neuformulierung der Kristallographie, Experientia 2, 336–349 (1946).

§ 15. Siehe die Bemerkungen zu den §§ 9 und 10. Ferner:

G. JULIA: Sur la réduction des formes quadratiques positives, C. R. Acad. Sci., Paris, *162*, 320.

§ 16 und 17. Die FROBENIUSschen Kongruenzen wurden aufgestellt in Abschnitt V, Gleichungen (2) der Arbeit:

G. FROBENIUS: Über die unzerlegbaren diskreten Bewegungsgruppen, S.-B. preuß. Akad. Wiss. 1911.

F. SEITZ: A matrix-algebraic developpement of the crystallographic groups, Z. Kristallogr. *88* (1934), *90* (1935), *91* (1935), *94* (1936), stellt die Bewegungsgruppen auf einem algebraischen Wege zusammen, das heißt, er geht vom geometrischen Klassenbegriff aus und gibt mittels der Matrizenrechnung die Substitutionen an.

Vergleiche ferner die Darstellung in W. H. ZACHARIASEN, Theory of x-ray diffraction in crystals. New York/London 1945.

§ 16, Satz 26. Wenn man weiß, daß es nur endlich viele arithmetische Klassen im v-dimensionalen Raume gibt, so folgt mit Hilfe von Satz 26, daß es im R^v nur endlich viele Bewegungsgruppen gibt. Für den Beweis der Endlichkeit der Klassenanzahl siehe:

L. BIEBERBACH und I. SCHUR: Über die MINKOWSKIsche Reduktionstheorie der positiven quadratischen Formen, S.-B. preuß. Akad. Wiss., Physik. Math. Kl., 1928, und die dort angegebene weitere Literatur.

§ 18. Die 17 Bewegungsgruppen der Ebene werden insbesondere behandelt in den beiden Arbeiten:

G. PÓLYA: Über die Analogie der Kristallsymmetrie in der Ebene, Z. Kristallogr. *60* (1924).

P. NIGGLI: Die Flächensymmetrien homogener Diskontinuen, ebendort.

Im Unterschied zu A. SCHOENFLIES bezeichnen wir im Anschluß an die «*Internationale Tabellen zur Bestimmung der Kristallstrukturen*», Bd. 1, Berlin 1935, die Bewegungsgruppen mit lateinischen Buchstaben. Dabei ist der hochgestellte Index im binären Fall eine römische Zahl, im ternären eine arabische.

§ 26. Zur Darstellung der symmetrischen und der alternierenden Gruppe durch Erzeugende und definierende Relationen siehe:

E. H. Moore: Concerning the Abstract Groups of Order $k!$ and $\frac{1}{2}k!$ Holohedrically Isomorphic with the Symmetric and Alternating Substitution-Groups on k Letters, Proc. London Math. Soc., *28* (1897). Ebenda:

W. Burnside: Note on the Symmetric Group. Ferner:

W. Burnside: Theory of Groups of Finite Order, Cambridge 1911, Note C, p. 464.

J. A. Todd: The groups of symmetries of the regular polytopes, Proc. Cambridge Philos. Soc., *27* (1931). Vergleiche außerdem:

J. J. Burckhardt: Zur Theorie der Bewegungsgruppen, Comment. math. helv., *6* (1934).

J. J. Burckhardt: Bewegungsgruppen in mehrdimensionalen Räumen, Comment. math. helv., *9* (1936/37).

J. J. Burckhardt: Die Bewegungsgruppen der doppelt zählenden Ebene. Festschrift zum 60. Geburtstag von Prof. Dr. Andreas Speiser, Zürich 1945.

REGISTER